南京航空航天大学可持续发展研究丛书

典型生物质能源的可再生性及碳减排潜力研究

王长波　张力小　王群伟　周德群　著

NSFC-UNEP 国际合作项目（72161147003）
国家自然科学基金重点项目（71834003）
国家社会科学基金重大项目（21&ZD110）
国家杰出青年科学基金（52225902）
教育部人文社会科学研究青年基金项目（22YJCZH184）
江苏省高校哲学社会科学研究重大项目（2022SJZD050）
资助

科学出版社
北京

内 容 简 介

本书针对“生物质能源转换利用过程的资源环境影响尚不清晰，且无有效模型开展影响评估”这一难点问题，基于系统思维构建了投入产出生命周期评价与过程生命周期评价相耦合的混合生命周期评价模型，准确考量了我国生物质压缩成型、燃料乙醇、生物质气化和直燃发电等典型生物质能源转化利用过程中的能源、水资源消耗及温室气体和污染物排放等的资源环境影响。

本书适合从事能源环境经济、可再生能源产业政策分析和投入产出分析等领域的科研工作者或学生，评估结果可供可再生能源产业规划相关政府工作人员参考。

图书在版编目（CIP）数据

典型生物质能源的可再生性及碳减排潜力研究 / 王长波等著. —北京：科学出版社，2024.12

（南京航空航天大学可持续发展研究丛书）

ISBN 978-7-03-074102-8

Ⅰ. ①典… Ⅱ. ①王… Ⅲ. ①生物能源－再生能源－节能减排－研究 Ⅳ. ①TK6

中国版本图书馆 CIP 数据核字（2022）第 231180 号

责任编辑：郝 悦 / 责任校对：贾娜娜
责任印制：张 伟 / 封面设计：无极书装

科学出版社 出版
北京东黄城根北街 16 号
邮政编码：100717
http://www.sciencep.com
北京九州迅驰传媒文化有限公司印刷
科学出版社发行 各地新华书店经销
*
2024 年 12 月第 一 版 开本：720 × 1000 1/16
2024 年 12 月第一次印刷 印张：12
字数：239 000

定价：138.00 元

（如有印装质量问题，我社负责调换）

作 者 简 介

王长波，南京航空航天大学经济与管理学院副教授，澳大利亚悉尼大学访问学者，主要从事能源环境经济、投入产出分析、食物-能源-水协同优化等研究工作；主持国家自然科学基金项目 3 项（面上项目、青年科学基金项目、国际合作重点项目子课题），以及教育部人文社会科学研究青年基金项目、江苏省社会科学基金项目、江苏省高校哲学社会科学研究重大项目等省部级项目 5 项；以第一/通讯作者在《能源政策》（*Energy Policy*）、《环境管理杂志》（*Journal of Environmental Management*）、《自然资源学报》等国内外期刊发表论文 20 余篇，成果获教育部自然科学奖二等奖 1 项（排名第 4）；入选江苏省青年科技人才托举工程资助对象，担任 *Journal of Environmental Management* 副主编。

前　　言

党的二十大报告提出，要“立足我国能源资源禀赋，坚持先立后破，有计划分步骤实施碳达峰行动”①。作为可再生能源的重要组成部分，生物质能源是我国实现“碳达峰”与“碳中和”目标的重要手段之一。然而，生物质能源的低品质性和分散性，要求采用其替代化石能源之前，必须先对其进行加工转化，提升品质，这个过程势必要投入大量的外部能源，因而也会对资源环境产生一定的影响。因此，需对生物质能源转化过程的资源环境成本进行系统核算，并与化石能源进行比较，以确定其资源环境效益。生命周期评价（life cycle assessment，LCA）方法可用于系统核算产品生产过程的资源环境影响，关于如何控制 LCA 模型的精确性和准确性是当前方法学研究的热点和难点。因此本书首先实证分析了各类 LCA 模型的不确定性来源，其次在选定模型的基础上，开展了生物质能源的生命周期资源环境成本分析及其节能减排效益分析，最后针对影响系统资源环境表现的关键参数开展了敏感性分析。本书的主要研究成果如下。

（1）基于环境投入产出技术的最新进展及最新的经济与社会统计数据编制了 2012 年我国资源环境投入产出数据库。求出了 2012 年我国 140 个国民经济部门的完全能源消耗强度、水资源消耗强度、温室气体（greenhouse gas，GHG）排放强度及污染物排放（SO_2、NO_x、$PM_{2.5}$ 和 CO）强度的关键指标。该数据库不仅可以用于构建混合生命周期评价（hybrid LCA，HLCA）模型，开展生物质能源 LCA 研究，同时亦可用于其他评价对象的 LCA 研究中。

（2）提出了 LCA 模型的四大误差，并实证分析了各类误差在生物质能源 LCA 研究中的大小范围。过程生命周期评价（process-based LCA，PLCA）存在一定的截断误差（truncation error）、空间误差和时间误差，投入产出生命周期评价（input-output LCA，IO-LCA）存在聚合误差。HLCA 将 PLCA 和 IO-LCA 相结合，其内部边界划分方式会造成核算结果的不确定性。本书以玉米秸秆直燃发电系统的 GHG 排放核算为例，对各类 LCA 模型的不确定性来源进行实证分析。首先，本书构建了完整的 PLCA 模型，包含了直接资源环境影响及主要材料和设备生产过程的间接资源环境影响。在此基础上，采用 IO-LCA 核算附属设备和服务的资源环境影响，从而构建了以 PLCA 模型边界最大化（或 IO-LCA 边界最小化）为

---

①《习近平：高举中国特色社会主义伟大旗帜 为全面建设社会主义现代化国家而团结奋斗——在中国共产党第二十次全国代表大会上的报告》，https://www.gov.cn/xinwen/2022-10/25/content_5721685.htm，2022-10-25。

特点的 HLCA1 模型。将 HLCA1 核算结果与完整 PLCA 相比，发现 PLCA 的截断误差至少为 9%。其次，本书还构建了以 PLCA 模型边界最小化（或 IO-LCA 模型边界最大化）为特征的 HLCA2 模型，即仅对直接资源环境影响采用 PLCA 核算，其他部分均采用 IO-LCA 核算。通过对 HLCA1 和 HLCA2 模型核算结果的比较，发现聚合误差的最大值约为 7%。最后，将完整的 PLCA 模型中的相关参数进行不同时间和空间的设置，发现直燃发电系统 PLCA 模型的时间和空间误差范围分别为 4%～14%和 1%～16%。在评价了各类模型不确定性来源的基础上，本书认为 HLCA2 模型在数据可获得性、人力物力投入以及不确定性方面均具备一定的优势，因此采用该模型开展资源环境成本核算。

（3）采用 HLCA2 模型，核算了 12 种典型生物质能源转化过程的资源环境成本。研究发现了随着能源品质提升，系统能源消耗成本增加，可再生性下降的规律。生物质成型燃料的能源消耗成本约为 0.06 J/J，可再生性为 94%～95%，而户用沼气、生物质发电、生物质气化、生物柴油和燃料乙醇的能源消耗成本分别为 0.16 J/J、0.19 J/J、0.27 J/J、0.35 J/J 和 0.73 J/J，可再生性分别为 85%、82%～83%、73%～75%、62%～69%和 25%～30%。本书还发现了物理过程（压缩成型）、生物过程（沼气）和化学过程（生物质发电、生物质气化、生物柴油和燃料乙醇，即发电、气化、液化）之间能量投资回报率（energy return on investment，EROI）与时间成本的置换规律。物理过程仅对原料进行粉碎和压缩等物理转化，其 EROI 最高（平均为 12.81），化学过程投入大量能量改变原料形态并提高能源品质，其 EROI 最低（平均为 3.15），生物过程虽然也改变原料形态并提升能源品质，但却用较长的时间成本（转化过程缓慢）置换能源消耗成本，其 EROI 居中（平均为 4.38）。

（4）定量核算了 2020 年我国生物质能源的节能减排效益和贡献。基于不同的能源使用终端，为各类生物质能源选定了参照化石能源系统，并采用统一的核算模型（HLCA2）将生物质能源和化石能源从能源生产、运输到能源使用整个生命周期范围的资源消耗和 GHG 排放进行了对比分析。结果发现各类生物质能源均具有一定的节能和减排效益。作为供热燃料时，1 t 生物质成型燃料可节约化石燃料 14 695～18 174 MJ，减少 GHG 排放 1878～2333 kg CO_2-eq。作为炊事燃料时，1 m^3 沼气可节约化石燃料 19 MJ，减少 GHG 排放 7 kg CO_2-eq；1 m^3 生物质燃气可节约化石燃料 4～12 MJ，减少 GHG 排放 0.5～1 kg CO_2-eq。作为火力发电的替代燃料时，1 kW·h 生物质电可节约化石能源 8～10 MJ，减少 GHG 排放 806～945 g CO_2-eq。作为传统车用柴油的替代燃料时，1 t 生物柴油（作为 BD20 燃料）可节能 37 413 MJ，减少 GHG 排放 2816 kg CO_2-eq。作为传统车用汽油的替代燃料时，1 t 燃料乙醇（作为 E10 燃料）可节能 15 449 MJ，减少 GHG 排放 1275 kg CO_2-eq。然而，生物质能源的节水效益不明显。在污染物减排方面，除代煤能源（成型燃料和直燃发电）具有较为明显的 SO_2 和 NO_x 减排效益外，其他能源类型的污染物减排效益不明显。

本书的创新点包含三个方面。第一，基于我国 2012 年的投入产出表，构建了适合生物质能源的资源环境效应分析的 HLCA 模型，定量估算了各类 LCA 模型的时间、空间、截断和聚合误差，证明了 HLCA 模型在生物质能源评价中的适用性。第二，揭示了生物质能源转化过程的能量流动规律，发现随着能源品质的提升，系统能源消耗增加，系统可再生性下降的规律。第三，基于不同能源终端使用，为各类生物质能源选定了参照化石能源，并采用统一的系统边界，对比分析了生物质和化石能源的资源环境成本，评价了生物质能源节能减排效益。

生物质能源不是免费的午餐，对其利用需付出不同程度的能源消耗成本和环境代价。当前阶段我国直燃发电、压缩成型和户用沼气技术发展较为成熟，节能减排效益较高，应优先发展和实现商业化。直燃发电和成型燃料主要替代煤炭，对改善我国以煤为主的能源结构和煤燃烧引起的环境污染问题具有重要意义。生物质气化、燃料乙醇和生物柴油在当前阶段的能源消耗成本较高且节能减排效益不明显，可继续加强研发，将其作为未来化石能源替代的技术储备。

王长波

2024 年 9 月

目　　录

第1章　我国生物质能源发展的态势

1.1　生物质能源在我国能源结构中地位和作用

生物质是人类使用历史最悠久的能源类型，对生物质的能源化利用可以追溯到原始人类利用森林自然火灾获取火种的时期，直至钻木取火的出现。目前生物质能源已成为仅次于煤炭、石油和天然气的世界第四大能源，其年产量约占全球一次能源供应的 9.5%，占全球可再生能源供应的 69.5%[1]。根据国际能源机构的估计，到 2050 年，全球生物质资源的潜力为 100～600 EJ[2]，相当于一次能源需求的 15%～65%[1]。除了在可再生能源组合中起主导作用外，生物质能源作为唯一的可再生碳源，被认为是最有希望的化石能源替代品，有可能减少 GHG 排放。生物质原料在生长过程中通过光合作用吸收大气中的 CO_2，因而生物质能源的使用过程可以视为“零排放”。如果与碳捕集、利用与封存（carbon capture, utilization and storage，CCUS）相结合，生物质能源利用有助于实现中性甚至负碳排放。因而生物质能源广受各国政府重视，成为各国低碳发展路径中不可或缺的一员。

作为一个农业大国，生物质能源利用在我国有着悠久的历史。传统上，生物质能源是我国农村地区重要的生活能源。据统计，在 20 世纪 70 年代末，秸秆、薪柴和沼气等生物质能源在我国农村生活用能中所占比重高达 71%左右，而随着农村地区经济条件的改善，这一比重在 2008 年已下降为 28%左右，且呈持续下降的趋势[3]。传统的生物质能源利用方式不仅燃烧效率低下，还会造成室内空气污染，严重威胁人们的健康。在国家环境保护力度不断加大和农民收入不断增加的背景下，农业剩余物的处理已经成为难题，亟须通过工业过程将秸秆等低品质的生物质原料转化为高品质的现代燃料，如生物质颗粒燃料、生物天然气和燃料乙醇等。

我国政府一直积极推动现代可再生能源的发展，以实现低碳转型和可持续发展目标。从 20 世纪 70 年代开始，我国政府大力支持农村户用沼气池建设，既解决了农村用能短缺问题，也保护了森林资源。到 2006 年《中华人民共和国可再生能源法》施行后，生物质成型燃料、直燃发电等技术开始迅速发展，在优化我国能源结构和减少 GHG 排放等方面发挥了重要作用。当前我国能源消费仍以煤炭为主，据《中华人民共和国 2019 年国民经济和社会发展统计公报》，煤炭在能源消费结构中占比约 58%。在可再生能源电力方面，据国家能源局报告①，2020 年底，我国可再生能源发电装机总规模达到 9.3 亿千瓦，占总装机的比重达到 42.4%。其中：水电装机 3.7 亿千瓦、风电装机 2.8 亿千瓦、光伏发电装机 2.5 亿千瓦、生物质发电装机 2952 万千瓦，占比分别约为 40%、30%、27%和 3%。可见，我国生物质能源的利用潜力还有待于进一步开发。

1.2 典型生物质能源利用与发展前景

1.2.1 生物质能原料资源储量

我国生物质能资源种类十分丰富，依照生成方式和来源主要分为两大类，即各类废弃物和人工培育的生物质能资源。前者主要包括农业剩余物、林业剩余物、生活废弃物和工业有机废弃物等，后者包括各类能源农作物、能源林木及用于生产生物燃料的藻类微生物等。其中，工业有机废水成分较为复杂，对其进行处理为环保法规的强制要求，处理过程不一定产生能源；微藻资源开发利用技术仍处在早期发展阶段，难以大规模应用。因此，本书未将二者作为生物质能资源考虑。

1. 农业剩余物

农业剩余物主要包括农作物秸秆及由农产品加工所产生的稻壳、玉米芯、甘蔗渣等加工剩余物等。根据 2010 年底农业部②科技教育司发布的《全国农作物秸秆资源调查与评价报告》，我国农作物秸秆年理论资源量为 8.20 亿 t（风干，含水量为 15%），其中以玉米秸、稻草和麦秸为主，三者所占比重分别为 32%、25%和 18%，可收集资源量为 6.87 亿 t（约为 3.38 亿 tce）。长期以来，我国粮食产量始终保持在 4.5 亿～5.0 亿 t，预计这种趋势在很长时期内不会有大变化，因而我国年农业剩余物产量较为稳定。

当前我国农业剩余物的用途主要包括饲料化、肥料化、燃料化、基料化和原料化，即秸秆“五化”利用。据调查，我国 2021 年仍有 12%的秸秆资源被废弃或露天焚烧（图 1-1）。秸秆“五化”利用以饲料化为主，其次为燃料化和肥料化，原料化和基料化利用程度较低，各类利用方式发展不平衡。

①《清洁低碳，能源结构这样转型》，http://www.nea.gov.cn/2021-04/09/c_139869431.htm，2023-12-17。

② 2018 年，国务院机构改革，组建农业农村部，不再保留农业部。

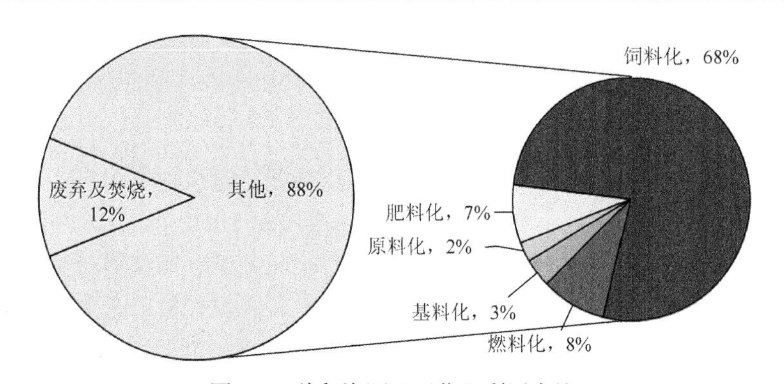

图 1-1 秸秆资源“五化”利用占比

资料来源：2022 年农业农村部发布的《全国农作物秸秆综合利用情况报告》

2. 林业剩余物

林业剩余物主要包括可采伐剩余物、造材剩余物和加工剩余物，以及森林抚育间伐和修枝、灌木林平茬、经济林和竹林修剪枝丫、林下灌丛、苗圃去干、城市绿化修剪等行为产生的剩余物。根据国家发展和改革委员会能源研究所的研究成果，综合考虑林业发展和林业剩余物资源收集条件和已开发利用情况，2008 年我国林业剩余物资源量和能源化利用可获得量如图 1-2 所示，其中林业剩余物可获得量约为 9500 万 t，可折算为 5424 万 tce。截至 2020 年，此数据变化不大。从地区分布看，我国华东、华南、西南三地区所占林业剩余物资源量最大，三者共占我国林业剩余物资源总量的 65.89%[4]。考虑到林业剩余物的采伐制约因素较多（如生态保护制约），尽管未来我国森林面积会不断增加，短期内年林业剩余物产量不会发生较大变化。

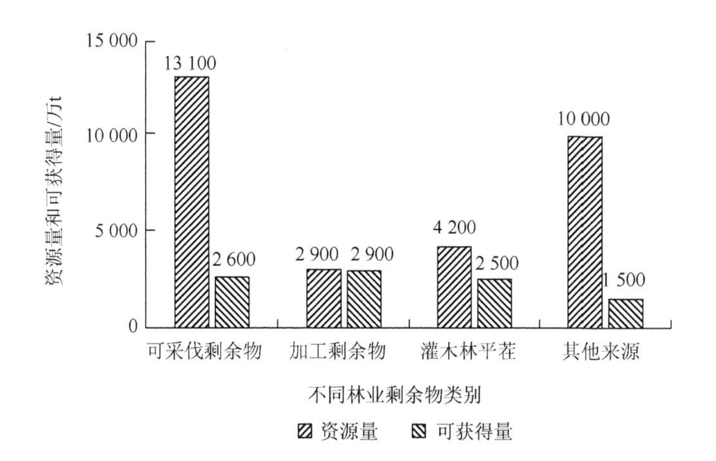

图 1-2 2008 年我国林业剩余物资源量和能源化利用可获得量

资料来源：国家发展和改革委员会能源研究所发布的《中国生物质能技术路线图研究》

3. 畜禽粪便

畜禽粪便是粮食、农作物秸秆和牧草等其他形态生物质的转化形式，包括畜禽排出的粪便、尿及其与垫草的混合物。畜禽粪便资源量通常根据不同畜禽的存栏数、品种、体重、粪便排泄量等参数估算。例如，2010 年国家发展和改革委员会能源研究所根据我国猪、牛、马、驴、骡、骆驼、羊和家禽等畜禽的养殖量，综合考虑畜禽粪便的用途和性质、收集条件及生态环境保护对畜禽粪便处理的要求，估算了 2008 年我国畜禽粪便的资源量和可获得量，同时对 2015 年和 2020 年的资源量进行了模拟（图 1-3）。2008 年全国畜禽粪便总量约为 17.8 亿 t，模拟结果显示，到 2015 年上升至 22.4 亿 t，2020 年达到 25.4 亿 t。其中，能源化利用可获得的资源主要为规模化养殖场产生的粪便，约占总量的 76%（约为 19.2 亿 t）。2008 年我国各类畜禽粪便资源量占比如图 1-4 所示。

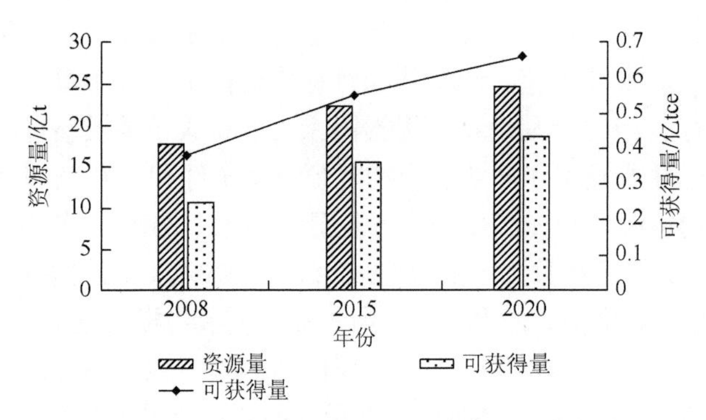

图 1-3　我国畜禽粪便的资源量和可获得量

柱状图所示为实物单位表示的可获得量，折线图所示为标准煤单位表示的可获得量

资料来源：国家发展和改革委员会能源研究所发布的《中国生物质能技术路线图研究》

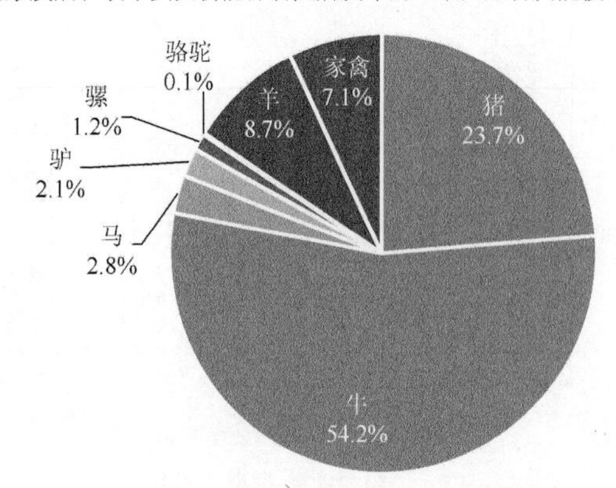

图 1-4　2008 年我国各类畜禽粪便资源量占比

合计不等于 100%，是四舍五入修约所致

资料来源：国家发展和改革委员会能源研究所发布的《中国生物质能技术路线图研究》

4. 生活垃圾

近三十年来，随着中国经济的高速发展，以及城市化水平的迅速提高，城市生活垃圾量也在快速增长。国家统计局统计数据显示，2020 年全国城市生活垃圾清运量为 23 511.7 万 t，垃圾无害化处理量为 23 452.3 万 t，无害化处理率为 99.7%，相较于 2008 年（66.8%）提高了约 30 个百分点（表 1-1）。当前生活垃圾处理方法主要包括卫生填埋、堆肥和焚烧三种方式，其中最能体现垃圾处理"减量化、资源化、无害化"要求的是焚烧处理法，全国有 463 座处理厂，年处理量为 14 607.6 万 t，占垃圾无害化处理量的 62.3%，相较于 2008 年（15.2%）上升了约 47 个百分点，说明我国生活垃圾资源化利用率显著提高。同时在无害化处理中还有约 33.1%的垃圾进行了卫生填埋，剩余 4.6%的生活垃圾主要进行了堆肥处理。根据国家统计局定义，只有垃圾发电厂投入发电设备作为燃料使用的垃圾才能算作能源消费量，直接用于填埋和堆肥的生活垃圾不能算入能源范畴。根据入炉垃圾的低位热值计算，2020 年生活垃圾资源可获得量约为 2074 万 tce。总体上看，我国大部分生活垃圾已进行无害化处理，但其在资源化利用率上还有待进一步提高。

表 1-1　2020 年全国城市生活垃圾清运量与无害化处理量

处理方式	处理厂数/座	处理能力/（万 t/d）	处理量/万 t	比重
清运总量			23 511.7	
无害化处理	1 287	97	23 452.3	99.7%
卫生填埋	644	34	7 771.5	33.1%
堆肥	180	57	1 073.2	4.6%
焚烧	463	6	14 607.6	62.3%

资料来源：《中国统计年鉴 2021》

5. 液体燃料原料

生物质液体燃料原料按照技术类型划分，可以分为第一代、第二代和第三代生物质液体燃料原料。其中第一代原料是指糖类和淀粉类等原料，包括主粮作物和木薯、甜高粱、麻风树等能源植物；第二代原料主要包括农作物秸秆、草和木材等农林剩余物，此类原料中的纤维素能够实现乙醇等液体燃料的制取；第三代主要是指微生物（工程微藻、油藻）等。其他液体燃料原料还包括废弃糖类和动植物油脂。

按照我国生物质液体燃料的非粮化发展要求，可用于发展生物质液体燃料的资源主要包括废弃糖类和动植物油脂，以及木薯、甜高粱、麻风树等能源植物和农作物秸秆资源等。由于第二代和第三代生物燃料技术发展还不成熟，本节所指液体燃料原料不包括纤维素和微生物，主要有陈化粮、木薯、甜高粱、废弃油脂、油料籽实等。根据国家发展和改革委员会能源研究所的评价结果，2020年各类液体燃料原料的模拟资源量如图1-5所示。

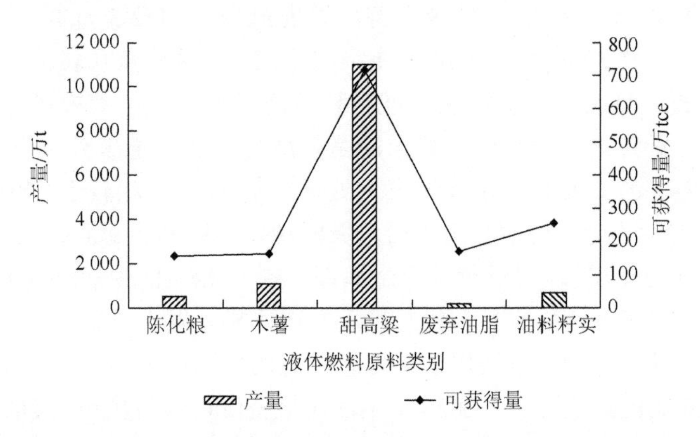

图1-5 2020年我国液体燃料原料资源可获得量及产量模拟结果

资料来源：国家发展和改革委员会能源研究所发布的《中国生物质能技术路线图研究》

由图1-5可知，2020年全年液体燃料原料资源可获得量模拟结果为1465万tce，其中接近一半来自甜高粱。我国甜高粱种植地主要集中在江苏、山东、辽宁等地的沿海，这些地区的盐碱地难以种植粮棉油作物，但适合种植甜高粱，年产量为1.1亿t（含茎秆）。木薯也是我国重要的液体燃料原料，年产量为1100万t，其中70%的产量来自广西。当前我国适合生产生物柴油的油料籽实主要包括小桐子、乌桕、油桐等，年产量为700万t。此外，目前我国陈化粮和废弃油脂年产量较为稳定，2020年产量分别为525万t和200万t左右。

6. 边际土地资源

按照“不与人争粮、不与粮争地”的基本原则，我国生物质能源作物的种植主要依赖于边际土地资源。根据国土资源部2001年印发的《全国土地分类（试行）》，全国土地利用现状调查和变更调查数据，林业部门关于宜林地、农业部门关于农业用地的相关数据，国家发展和改革委员会能源研究所初步评价了可用于发展能源农作物和能源林木的边际土地资源潜力。据估算，2011年我国有3200万～7500万hm^2边际性土地，包括734万～937万hm^2后备耕地（可用于发展能源农作物）、866万hm^2冬季农闲田（可用于种植油菜）、1600万～5704万hm^2后备林地（可用于发展各类能源林），另有343万hm^2现存低产油料林经改造可用于发展生物柴油。

7. 小结

根据以上分析，2020 年我国农林剩余物、畜禽粪便、城市生活垃圾及生物质液体燃料资源的可获得量约为 49 384 万 tce，占当年一次能源消耗总量的 10.8%左右。

1.2.2　生物质压缩成型技术发展现状

生物质成型燃料是农林剩余物经过粉碎、干燥、压块、冷却等工艺之后形成的具有一定形状和致密度的固体燃料，主要用于城市供热，也可以用作农村居民炊事燃料[5]。从 20 世纪 30 年代起，美国、英国、德国和日本等国相继开展了秸秆压缩成型技术的研究。目前，国外已经在生活领域大量使用生物质成型燃料，如欧洲各国的供热几乎 100%采用颗粒燃料。

我国生物质压缩成型技术是在“七五”计划时期（1986～1990 年）由中国林业科学研究院林产化学工业研究所发起研究的，第一台生物质成型机采用稻壳作为原料，实验地点为湖南的一家食品加工厂。但由于技术瓶颈，我国生物质成型燃料迟迟未迎来大规模的商业化发展。生物质压缩成型技术主要包括活塞冲压、螺旋挤压、液压及滚压方式，目前技术上较为先进的为滚压方式[6]。表 1-2 总结了我国压缩成型技术及设备的研究进程。可以看出，自 20 世纪 80 年代以来，科研机构和大学都不断推进着我国压缩成型设备的研发工作。到目前为止，该技术已经较为成熟，实现了商业化发展。当前我国秸秆压块燃料主要用于集中供热和发电，目前规模较大的企业有广州迪森热能技术股份有限公司、吉林宏日新能源股份有限公司和北京盛昌绿能科技股份有限公司等。

表 1-2　压缩成型技术及设备的研究进程

年份/时期	研究成果	研发单位
“七五”计划时期	第一个设立了对生物质致密成型机及生物质成型理论的研究课题	中国林业科学研究院林产化学工业研究所
1985	第一台 ZT-63 型生物质压缩成型机	湖南省衡阳市粮食机械厂
1986	引进一台 OBM-88 型棒状燃料成型机	江苏省连云港市东海粮食机械厂
1998	MD-15 型固体燃料成型机	东南大学、江苏省科学技术情报研究所和国营 9305 厂
2004	HPB-Ⅲ型秸秆成型机	河南农业大学
2004	Highzones 生物质压缩成型技术	清华大学和北京惠众实科技有限公司
2006	HPB-Ⅳ型液压驱动活塞式成型机	河南农业大学

续表

年份/时期	研究成果	研发单位
2006	TYK-Ⅱ秸秆成型机	合肥天焱绿色能源开发有限公司
2008	BIO-37型生物质致密成型机	辽宁省能源研究所有限公司
2010	生物质压块、颗粒、冲压3种成型技术与装备	山东大学

2000年后，我国生物质成型燃料进入规模化发展时期。截至2013年底，我国已建成生物质成型燃料厂或示范点1000余处，年产生物质成型燃料约近700万t。作为一个新兴行业，我国生物质成型燃料年产量数据统计工作尚不成熟，联合国粮食及农业组织（Food and Agriculture Organization of the United Nations，FAO）仅统计了我国木质颗粒燃料的生产数量。根据统计结果，2012～2017年我国木质颗粒燃料产量呈上升趋势，从10万t增加到87万t，年均增长率为54%（图1-6）。但近年来我国木质颗粒燃料产量基本持平，可能与国家对森林资源的管理力度加大有关。根据历年可再生能源发展规划，我国2010年、2015年和2020年的生物质成型燃料年利用量分别为500万t、1000万t和3000万t。由此可见，即使加上秸秆成型燃料产量，我国完成生物质成型燃料发展目标仍具有一定难度。

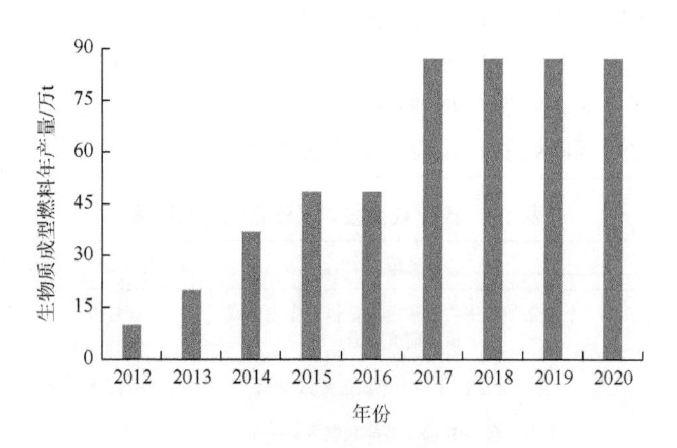

图1-6　我国木质颗粒燃料历年产量

资料来源：FAO

1.2.3　生物质液体燃料发展现状

生物质液化技术是指通过水解、热解或催化等方法将生物质转化为液体燃料的技术[7]。主要液化产品包括汽油、柴油、液化石油气等液体烃类产品，有时也包括甲醇和乙醇等醇类燃料。

1. 燃料乙醇

中国在 20 世纪末开始使用燃料乙醇，第一批试点工厂是在中国第十个五年计划（2001～2005 年）开始时建立的。在此期间，生产燃料乙醇的主要原料是谷物淀粉，如玉米和小麦陈化粮。然而，这种以谷物为基础的乙醇被认为是对粮食安全的威胁。随后，国家鼓励将木薯、甘薯和甜高粱等其他类型的原料用于燃料乙醇生产。这些原料一般种植在我国边际土地上，但由于边际土地开发困难且水资源条件受限，油料作物的种植面临巨大挑战。有学者认为大规模种植油料作物，也将存在与粮争地和与粮争水的风险。在这一背景下，以农业和林业剩余物为原料生产的纤维素乙醇被认为具有较好的发展前景。作为世界上最大的水稻和小麦生产国，以及第二大玉米生产国，我国用于纤维素乙醇生产的农业剩余物非常丰富。2006 年，我国先后建立了两个纤维素乙醇试点工厂，生产能力分别为 500 t 和 300 t。然而，目前纤维素乙醇的转化技术仍处于初级阶段，还不能进行大规模投产。

由图 1-7 可知，2002 年后我国燃料乙醇行业开始迅速发展，但近十年来产量增长较为缓慢。2002 年我国燃料乙醇产量仅为 5.6 万 t，2006 年迅速增加到 133 万 t，年均增长率为 121%，主要原因为《中华人民共和国可再生能源法》的施行对燃料乙醇行业起到了促进作用。到 2017 年，我国燃料乙醇产量达到 260 万 t/a，排在世界第三位，仅次于美国和巴西。受新冠疫情影响，2020 年我国燃料乙醇产量有所下降（298 万 t），但 2021 年之后呈现上升趋势。

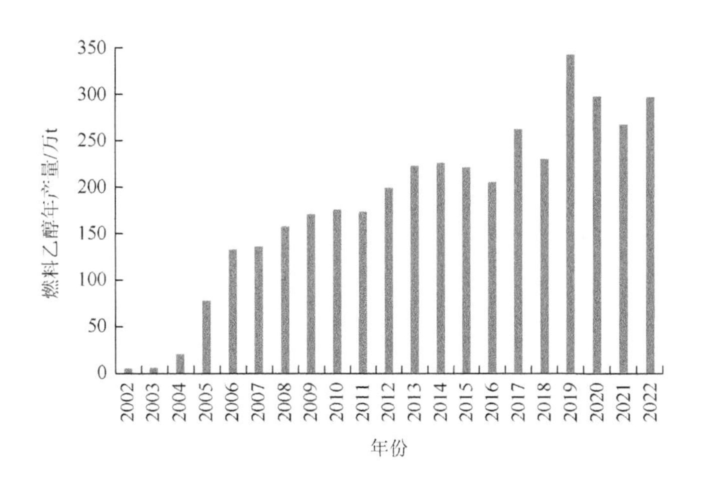

图 1-7　我国 2002～2022 年燃料乙醇产量

资料来源：《生物燃料年度报告 2023》（*Biofuels Annual 2023*）

为进一步推动新兴燃料乙醇产业的发展，2017 年国家发展和改革委员会、国家能源局等 15 个部门联合印发了《关于扩大生物燃料乙醇生产和推广使用车用乙醇汽油的实施方案》。该方案首次为国家到 2020 年在所有汽车上采用 E10 汽油设定了时间表。根据该方案，我国 2020 年燃料乙醇使用量至少需要达到 50 PJ（约 1700 万 t），以满足汽油消耗量，即每年约 1.2 亿 t（或每年 500 PJ）[8]。然而目前尚有差距。因此，我国燃料乙醇产业仍存在广阔的发展空间。

2. 生物柴油

相较于燃料乙醇，生物柴油的发展规模较小，但两者的发展趋势较为相似。由图 1-8 可知，近年来我国生物柴油产量开始迅速增加，但年际波动较大，其产量从 2006 年的 26 万 t 增长到 2022 年的 214 万 t 左右，年均增速为 14%。从图 1-8 中还可以看出，我国生物柴油产量在 2016～2018 年出现下降，到 2020 年恢复至 128 万 t，这种产量的变化主要受油价波动、原材料和劳动力成本增加的影响。

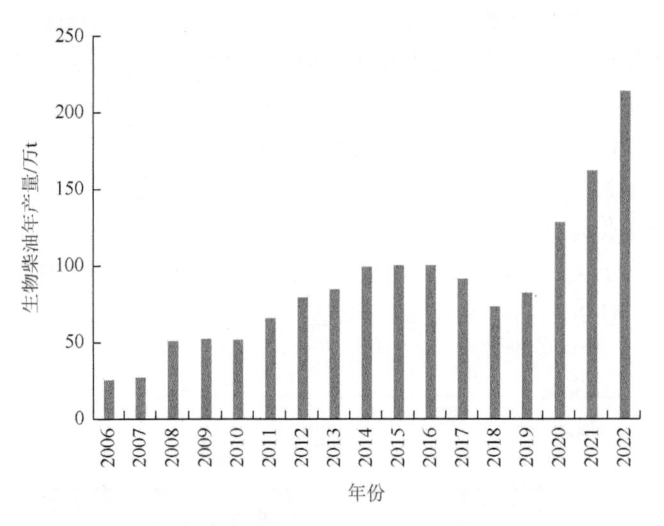

图 1-8　我国 2006～2022 年生物柴油产量

资料来源：*Biofuels Annual 2023*

1.2.4　生物质气化发展现状

1. 生物质热解气化

热解气化是指秸秆、木材等原料（如玉米芯、棉秆、玉米秸等）粉碎后，经过气化炉热解、氧化和还原反应转化成可燃气体，主要用作炊事燃料。秸秆气化技术的核心设备是气化炉，主要包括固定床气化炉、流化床气化炉两类。前者主要适用于块状物料及大颗粒原料，制造简单，运行部件少，热效率高，但内部过程难以控制，内部物料容易搭桥形成空腔，处理量小。后者则适合含水量高、热值低、着火困难的原料，原料适应性强，可大规模高效利用。

我国秸秆热解气化技术始于 20 世纪 80 年代。自 1994 年山东桓台建成我国第一个秸秆气化集中供气站试点后，山东、江苏、河南、北京等地陆续推广应用了秸秆气化技术，据农业部统计，截至 2010 年底，全国共建成秸秆气化集中供气站 900 处，运行数量为 600 处，供气 20.96 万户，每个正在运行的供气站平均供气约 350 户。我国科研单位正积极推进气化关键设备的研发工作，取得了一定成效（表 1-3）。然而，由于气化效率低下、生物质焦油问题无法解决及经济效益差等问题，目前热解气化技术还未能实现商业化发展，仍处于试点阶段[9]。

表 1-3　秸秆热解气化炉研发单位及其成果

研发单位	产品名称
山东省科学院能源研究所	XFF 系列秸秆气化炉
大连市环境科学设计研究院	LZ 系列生物质干馏热解气化装置
中国农业机械化科学研究院	ND 系列生物质气化炉
大丰市宝鹿生物科技有限公司	BL-390A 型气化炉
中国科学院广州能源研究所	GSQ 型气化炉

2. *沼气*

为了解决农村能源短缺问题，我国政府从 20 世纪 70 年代开始大力推广户用沼气池，防止植被破坏问题继续恶化。其后，我国政府先后启动了“生态家园富民工程项目”“利用亚行贷款农村能源生态建设项目”“农村沼气建设国债项目”等户用沼气池建设项目，从而促使中国沼气建设得到了快速发展，这对节约能源、改善中国农村生态环境和促进农民增收都产生了明显的效果。到 2015 年底，我国共建有约 4200 万口户用沼气池，年产沼气量约为 158 亿 m^3（图 1-9）。但是，我国户用沼气池存在“重建轻管”、技术落后、配套设备缺乏标准等问题，使得沼气池的废弃率较高[10]。同时，随着农村地区经济条件的改善和畜禽养殖方式的转变，户用沼气池数量在近年来开始出现下降趋势。尽管在 2019 年户用沼气产量有所回升（160 亿 m^3），但自此以后产量开始下降。另外，我国大中型沼气项目的发展逐渐受到国家重视。2009 年，我国大中型沼气池共 5.69 万处，年产沼气 9.17 亿 m^3，到 2022 年，沼气产量约 30 亿 m^3 [11]。根据《全国农村沼气发展“十三五”规划》，2020 年我国沼气年利用量应达到 207 亿 m^3，在户用沼气和大中型沼气项目的共同支撑下，这一目标基本完成。

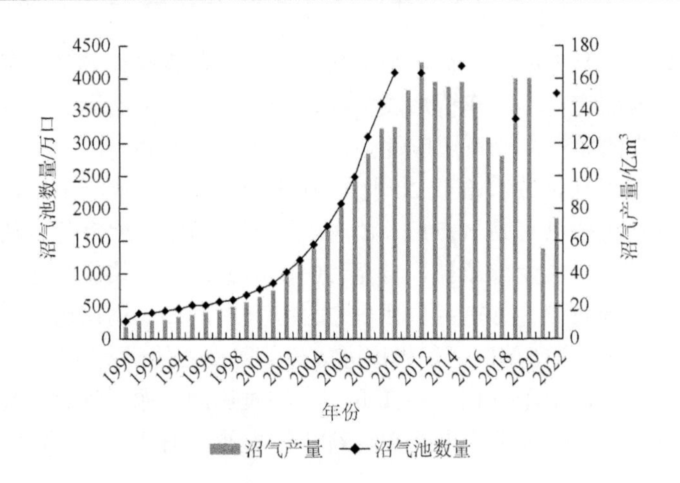

图 1-9　我国 1990—2022 年累计户用沼气池数量（部分公开）和沼气产量

资料来源：《中国农村能源年鉴》

3. 生物天然气

生物天然气即生物甲烷，是通过对沼气提纯而获得的，相当于天然气，因此而获名。我国生物天然气的发展从 2015 年起进入一个新的时代，这得益于沼气行业开始从户用沼气池转移到大中型沼气工程。截至 2016 年底，全国共建设沼气厂 11.3 万座（不含户用沼气厂）[8]，其中大型沼气厂 6737 座，超大型沼气厂 34 座。这些项目中约 99.32%使用动物粪便作为原料，458 座沼气厂使用稻草，306 座沼气厂使用工业废物。生物天然气项目通常是超大型沼气厂的衍生产品，这些项目遵循标准 NY/T667-2011，该标准规定了厌氧消化池的总体积必须大于等于 5000 m^3，日产沼气量大于等于 5000 m^3。目前尚未有任何报告记载我国第一个生物天然气项目，然而从经济角度来推测，最早的生物天然气项目可能源于垃圾填埋项目。因为填埋气体积远大于普通农业沼气工程产生的沼气，因此更可能升级为生物甲烷气。

2015 年，农业部和国家发展和改革委员会联合印发文件《2015 年农村沼气工程转型升级工作方案》，目标是找到一个合适的区域建设大型沼气项目（日产量超过 500 m^3），并实施生物天然气示范项目。文件规定生物天然气表示气体中甲烷含量超过 95%，1 m^3 沼气通常可提纯 0.6 m^3 生物天然气。2015～2017 年，中央政府财政拨款资助了生物天然气试点项目 64 个，这些项目的天然气日产量必须超过 10 000 m^3。每个项目 1 m^3 产能补贴 2500 元，最高补贴 5000 万元。鼓励省级和地方政府设立对应资金，而其他项目则由项目业主自己出资。

以上 64 个生物天然气项目分布于我国 20 个省份，其中河北、吉林和内蒙古的项目数量最多。目前没有关于生物天然气项目的运营情况的官方统计数据，但是几乎所有大型生物天然气项目（每日沼气产量大于等于 5 万 m^3）均来自工业废水处理。2017 年，国家能源局印发了《生物天然气开发利用县域规划大纲》，其中规定项目的开发应以县域分布式能源系统的形式纳入县域规划。2018 年，国家能源局要求各省为生物天然气发展制订当地中长期计划。例如，安徽省制订了到 2030 年年生产 15 亿 m^3 生物天然气的目标，这将替代该省天然气消费量的 30%。此外，项目还可处理 440 万 t 秸秆和 1570 万 t 畜禽粪污，生产 740 万 t 有机肥。2019 年，国家发展和改革委员会等 10 个部委联合发布的《关于促进生物天然气产业化发展的指导意见》，可作为该新兴能源产业的章程。根据指导意见，到 2025 年和 2030 年，生物天然气的目标产量分别为 100 亿 m^3/a 和 200 亿 m^3/a。

1.2.5　生物质发电发展现状

生物质发电技术主要包括三种：直燃发电、气化发电及混燃发电。生物质发电与燃煤发电并没有本质上的区别，其原理是将秸秆等原料送入锅炉中直接燃烧，使其产出高压过热蒸汽，通过汽轮机的涡轮膨胀做功，驱动发电机发电。生物质发电与其他生物质能源类型相比有着独特的优势，主要表现在其对农林剩余物的充分利用上。发电对原料的要求相对较低，只要保证原料的水分控制在一定范围内（＜15%），基本都能满足生物质发电厂的燃料要求。在 2005 年以前，我国生物质发电技术发展缓慢，累计装机容量仅为 2 GW，主要以甘蔗渣发电为主[12]。这一阶段，我国几乎没有使用农林剩余物发电。随着碳减排压力的增大，我国政府出台了一系列鼓励生物质发电的法律和政策，如《中华人民共和国可再生能源法》、强制上网政策及电价补贴等，扫清了我国生物质发电产业的发展障碍[13, 14]。如图 1-10 所示，2006～2020 年，我国生物质发电装机容量从 2.2 GW 增至 29.5 GW，年均增速约为 20%。从发电量看，我国生物质发电量逐年上升。2006 年发电量仅为 75 亿 kW·h，到 2020 年增加到 1326 亿 kW·h，年均增速约为 23%。根据《可再生能源中长期发展规划》，到 2020 年我国生物质发电总装机容量将达到 3000 万 kW，2020 年底已基本完成规划目标。

从发电技术类型看，自从 2006 年山东单县第一座直燃发电站建立后，直燃发电逐渐成为我国生物质发电的主要类型。2010 年，直燃发电的装机容量占生物质发电总装机容量的 60%左右[14]。在发电原料上，我国直燃发电主要原料为农林剩余物、生活垃圾和沼气等。近年来，随着城市固体废弃物的增加，垃圾发电新增装机容量增速较快。根据中国产业发展促进会生物质能产业分会的统计，2020 年我国生物质发电累计装机容量中有 52%来自垃圾焚烧发电，45%来自农林剩余物燃烧发电，其余主要为沼气发电（3%）。

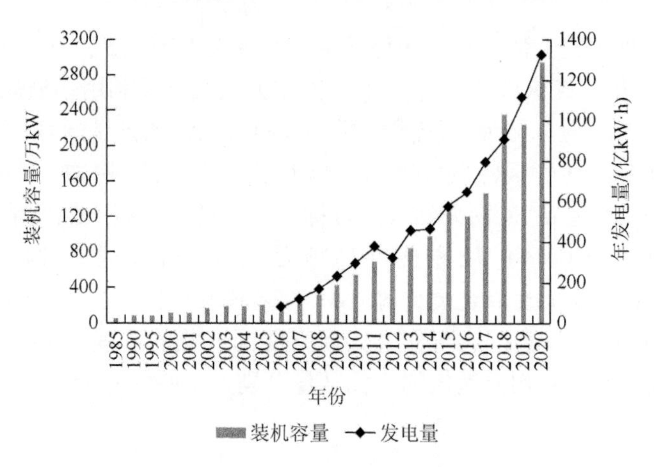

图 1-10 我国历年生物质发电累计装机容量和年发电量

资料来源：北极星电力网

1.2.6 不同技术成熟度比较分析

不难发现，我国生物质能源技术种类繁多，但发展水平差异却较大。表 1-4 列出了我国主要的生物质能源技术，并对技术成熟度做了对比。可以发现，目前我国发展较为成熟的生物质能源技术主要包括沼气、生物质压缩成型、燃料乙醇、直燃发电及混燃发电。我国政府也高度重视以上几类技术的发展和应用，并在《可再生能源中长期发展规划》和历次生物质能源发展规划中设定了各类能源的发展目标。

表 1-4 我国生物质能源技术发展现状

技术类别	技术成熟度			
	研发阶段	试点示范	早期商业化应用需要政府支持	成熟商业化
户用沼气池		√	√	
大中型沼气池			√	
生物质压缩成型				√
生物质气化		√		
燃料乙醇		√	√	
生物柴油		√		
直燃发电			√	√
混燃发电			√	
气化发电		√		
纤维素乙醇	√	√		

第 2 章　问题的提出

2.1　研究背景及意义

2.1.1　研究背景

以化石能源消费为主的人类经济社会，已经遭受来自能源安全、气候变化及环境污染等方面的巨大威胁。我国化石能源储量以煤为主，而油气资源相对匮乏。在 1993 年成为石油净进口国之后，2014 年我国进口原油总量达 3.1 亿 t，对外依存度为 59.6%，而 2030 年这一比例预计达到 77%[15]。以煤为主的能源结构是影响我国大气环境质量的主要因素，近年来华北地区严重的雾霾天气也被指与煤炭燃烧有关[16]。以燃煤发电为例，每发 1 kW·h 电（约消耗 400 g 煤），将排放 1.0 kg CO_2、8.0 g SO_2、6.9 g NO_x 及 3.4 g 颗粒物[17]。目前，我国已经是世界上 GHG 排放总量最多的国家，在国际气候变化和 GHG 减排任务等谈判中，面临着巨大的压力[18]。因此，开发和利用可再生能源，优化我国的能源消费结构，降低对石油的依赖程度和煤炭的消费比例，是保障国家能源安全、应对气候变化及控制环境污染的重大国家需求。

作为一种重要的可再生能源，生物质能源一直以来都是科学界关注的焦点[5, 19-21]。除了稳定性好和易存储等特征，与其他可再生能源相比，生物质能源不可替代的优势在于其形态可塑造性，即作为唯一的含碳可再生能源，生物质能源可以通过加工转化成各种形态的优质能源，包括电力、燃气、液体燃料和生物质成型燃料等[22]。因而，生物质能源能够满足现代社会对能源的多样化需求，在我国可再生能源发展战略中占有非常重要的地位。然而，与其他可再生能源类型一样，生物质能源也是低品质的分散能源，要实现其化石能源替代功能，需要先对其进行加工转化、品质提升，这个过程势必要投入一定的外部能量，其中就包括化石能源。因此，生物质能源是否具备节能减排效益，还需从生命周期的角度对其进行资源环境成本的核算，并与化石能源相比较。经过几十年的探索和发展，我国沼气、生物质压缩成型、生物质发电、燃料乙醇和生物柴油技术已经发展得较为成熟，并且实现了不同程度的产业化[23-28]。生物质成型燃料年利用量和生物质发电总装机容量基本完成我国《生物质能发展“十三五”规划》设定的目标，但是燃料乙醇和生物柴油利用量仅分别完成目标的 75%和 64%。生物质气化及纤维素乙醇还存在较大技术瓶颈，目前仍处于研发或试点阶段[29-32]。

随着我国“碳达峰”与“碳中和”目标的提出，包括生物质在内的可再生能源将迎来新的发展机遇。在这种强劲的发展势头下，对生物质能源转化过程的资源环境成本进行梳理，评估生物质能源的资源环境效应就显得尤为重要。生物质能源类型多样，既包含了各种原料类型，如农业剩余物、林业剩余物、畜禽粪便、能源作物，同时还包含了多种能源形态，如生物质压缩成型、生物柴油/燃料乙醇、生物质气化/沼气及生物质发电等。不同的原料在其生长过程中各具特点，在种植收集过程中的投入也存在较大差异。比如，农业剩余物比林业剩余物更为分散，且生产过程投入较大。此外，不同的能源类型实际上代表着不同的能源转化梯度，即由固体到液体再到气体和电是转化梯度的提升[33]。对于生物质能源而言，其品质可以提升到何种程度？不同品质提升路径的资源环境成本是否存在一定的变化规律？这些问题的答案尚不清晰。尤其是不同转化路径的化石能源成本如何变化，直接影响了生物质能源的可再生性。因而，生物质能源转化过程的资源环境成本需要明确。很多学者对生物质能源的资源储量进行了核算，从资源禀赋的角度评价了生物质能源的化石能源替代潜力[34, 35]。此外，由于生物质能源在生长过程中通过光合作用吸收 CO_2，因而其燃烧过程被认为是零排放的[36]。然而，越来越多的学者对生物质能源的节能效益、GHG 减排和环境保护作用产生了怀疑[37, 38]。生物质能源环境表现是否友好，不能只看生物质原料及生物质燃烧过程是否清洁，更不能只关注能源消耗及碳排放，还应该从全生命周期的角度综合分析生物质能源从原料收集、加工转化到废弃物处置整个产业链的环境负荷是多少。LCA 方法被广泛应用于生物质能源的资源环境效应研究中。对生物质能源进行生命周期评价，既可以防止污染物在产业链条中转移（比如生物质原料是清洁的，但加工转化过程可能会产生环境污染），又可以防止污染物类别转移（如生物质能源替代化石能源可以减少某类污染物的排放，但同时却使其他污染物排放量增加）。然而，传统的 LCA 方法系统边界确定方式较为主观，导致不同研究结果之间差异较大[39, 40]。目前亟须建立适合我国生物质能源转化过程的生命周期分析模型，将各类生物质能源转化类型及其所替代的化石燃料类型纳入统一的系统边界及核算体系，使各类转化技术的资源环境成本及效益具有可比性。

为此，本书将构建适合我国生物质能源转化过程的生命周期分析模型，并对模型的不确定性开展实证研究。通过选取各类生物质能源转化过程的典型案例，揭示不同生物质能源的资源环境成本特征及转化过程的能量流动规律，选取参照化石能源系统核算各类生物质能源的资源环境效益，并根据《可再生能源中长期发展规划》和《生物质能发展“十三五”规划》对生物质能源发展设定的目标，评价政策情景下我国生物质能源的节能减排能力及贡献。

2.1.2　研究意义

生物质能源的发展受到我国政府的高度重视，被认为具有较大的节能减排潜力，但目前尚缺乏针对生物质能源转化过程的资源环境成本核算方法及实证研究。因此，本书尝试建立适合我国生物质能源转化过程的生命周期分析模型，并对各类转化技术进行资源环境成本效应研究，这具有非常重要的理论与现实意义。

1. 丰富可再生能源评价方法学体系

本书基于我国 2012 年投入产出表构建了资源环境投入产出数据库，并基于此建立了针对我国生物质能源转化过程的 HLCA 模型，解决了以往评价方法由主观边界确定等原因引起的评价不确定性问题，以及由于基础参数缺乏而无法进行资源环境影响核算的问题。该模型对我国生物质能源及其他可再生能源评价具有较好的针对性和适用性，为今后可再生能源发展项目评价提供了方法学借鉴。

2. 为我国生物质能源产业发展提供定量化依据

本书核算了我国生物质能源转化过程的资源环境成本，提供了我国各类生物质能源的资源环境影响谱系，核算了生物质能源的节能减排效益并评价了其对 2020 年我国节能减排目标实现所做的贡献。在此基础上，本书基于资源环境表现确立了各类技术发展的优先级，从而能够为国家制定生物质能源发展战略提供重要的数据信息。

2.2　国内外研究进展

2.2.1　生物质能源的资源环境效应研究

1. 生物质能源的资源效应研究

对于生物质能源的资源效应，目前学术界主要关注其能源效应[41]。自从生物质能源开始出现，其对化石能源的替代效益就开始受到关注[42]。能源效应的研究从一开始仅关注生物质能源转化系统的能源转化效率[43-45]，逐渐发展为关注整个产业链，即从原料收集、加工转化到废弃物处置整个生命周期阶段的能源效应，其中使用较多的是 LCA 方法，该方法所关注的指标主要包括净能量收益（net energy income，NEI）、EROI、能量回收期（energy payback time，EPBT）等[38, 46-50]。学者对各类生物质能源转化过程都进行了生命周期能耗分析，包括生物质发电[51, 52]、生物质成型燃料[53, 54]、液体燃料[55, 56]、生物质气化[57, 58]及沼气等[25, 59]。一般认为，生物质能源的发展和利用有助于减轻对化石能源的依赖，因为尽管生物质能源转化过程需要化石能源的投入，但其能量投入产出比较高，整个转化过程具有正能量收益[60, 61]。Farrell 等[62]分析了 6 个具有代表性的燃料乙醇项目，发现燃料乙醇的能源投入产出比大于 1。Hill 等[63]的研究表明，在现有技术水平下玉米乙醇和大豆柴油分别能获得 25%和 93%的净能量收益。Nguyen 和 Gheewala[48]对泰国木薯乙醇生产的能源平衡效益进行了研究，发现木薯乙醇具有 22.4 MJ/L 的能源效益，且在整个生命周期中比化石能源少消耗 6.3%的石油。Keoleian 和 Volk[60]发现生物质与煤混合燃烧发电、直燃发电及气化发电的净能量产出率（即净能量产出比能量投入）分别为 0.34、0.99 和 12.8。Reed 等[61]发现采用地板加工剩余物生产木质颗粒燃料，整个过程也具有正能量收益，并揭示主要的能耗来自原料干燥和压缩成型过程。

然而，还有许多学者对生物质能源的节能效益提出了质疑，尤其是对生物质燃料乙醇的质疑更为激烈。Pimentel 教授及其同事曾多次发表文章，认为玉米乙醇的生产能耗高于产能，净能量产出为负值，这一观点在美国引起了轰动[37, 64-66]。Farrell 等和 Cleveland 等先后在 *Science* 杂志发表关于玉米乙醇的研究成果。Cleveland 等[67]认为 Farrell 等[62]得出玉米乙醇代替石油能获得正效益的结论没有考虑修复土壤侵蚀的能量代价，因为玉米的快速生长会导致土壤退化和水土流失。无独有偶，Yang 和 Chen[38]核算了我国玉米乙醇的能耗情况，认为在整个过程中投入的化石能源是产出的能量的 1.7 倍，并指出以往研究得出正能量收益结论的主要原因是这些研究未考虑废水处理问题。Kucukvar 和 Tatari[68]指出海藻与煤混合燃烧发电过程是否具有正收益取决于海藻干燥的方式，采用天然气干燥会使系统出现负能量收益。由此可以看出，目前关于生物质能源是否能减少化石燃料消耗还存在较大的争议，这些争议的主要来源就是系统边界不一致，即各类研究所考虑的数据清单不一致。系统边界的差异会导致研究结果的不确定性，且无法进行比较。因此，学者正努力尝试解决生物质能源评价过程中的核算系统边界不一致及误差问题[69, 70]，这也是本书所要解决的问题之一。

除了能耗，越来越多的学者指出能源生产过程的水资源消耗应引起重视[71, 72]。能源和水资源是支持人类经济社会活动最重要的两大资源，能源和水资源的可持续利用之间存在着千丝万缕的关系[73]，能源生产部门是仅次于灌溉的第二大水资源用户[74]。水资源需求存在于能源供应链的方方面面：油气资源勘探需用水，火电厂冷却需大量用水，一些生物质原料种植过程也需要用水灌溉[75, 76]。我国可利用水资源较为紧缺，因而研究生物质能源转化过程的水资源消耗具有重要的现实意义。目前对我国生物质能源水资源消耗的研究还比较少见，因而需要进一步关注[77]。

2. 生物质能源的环境效应研究

生物质能源由于其碳中性特征被认为是减少 GHG 排放的重要手段[78]。然而，越来越多的学者认为评价生物质能源是否具有减排效益，需要关注其整个生命周期的排放情况，即不仅需要关注生物质燃料燃烧过程，还需要将生物质能源转化过程的能源和物料投入及废弃物处置纳入核算边界内[79, 80]。采用生命周期分析方法，学者对生物质燃料乙醇、压缩成型、气化及生物质发电等都进行了环境影响评价，并指出生物质能源转化及利用的 GHG 排放要小于其所替代的化石燃料产生的排放[50, 54, 60, 81-87]。Hill 等[63]研究了 2002～2004 年美国玉米和大豆种植过程对化肥、杀虫剂等的投入情况，认为用这两种作物生产燃料乙醇可以分别减少 12%和 41%的 GHG 排放。Nguyen 和 Gheewala[48]认为泰国的木薯乙醇具有显著的减排效益，和化石能源相比，木薯乙醇的 CO_2、CH_4、CO 和 NO_x 的排放量分别减少了 6.4%、6.2%、15.4%和 15.8%。Yang 和 Chen[86]对我国玉米乙醇的 GHG 排放的研究结果表明，使用玉米乙醇替代车用汽油，1 kg 乙醇可以减少 11.61 kg CO_2-eq 的 GHG 排放。Shafie 等[50, 52]分别对马来西亚水稻秸秆直燃发电及其与煤混燃发电进行了环境影响分析，发现秸秆直燃发电与当地燃煤发电及天然气发电比较，1 kW·h 电分别能减少 GHG 排放 1.79 kg CO_2-eq 和 1.05 kg CO_2-eq。我国秸秆成型及生物质发电系统也被认为具有一定的减排效益[88, 89]。

然而，与化石能源节约效益一样，生物质能源的减排效益也存在着争议[80]。产生争议的原因主要有以下几种：系统边界不一致、转化技术水平不同、选择的参照物不同、采用的生物质原料不同，以及污染物在产品和副产品之间的分配方式不同等[86, 90-93]。Mckechnie 等[94]发现采用种植的生物质原料生产乙醇，会造成比化石能源更多的 GHG 排放。此外，采用活立木发展生物质能源也要远远大于采用林业剩余物所造成的排放。Azadi 等[95]的研究结果表明，采用海藻气化替代天然气是否能减少 GHG 排放，取决于原料干燥方式，采用化石能源干燥则减排效益不明显。Butnar 等[96]对西班牙两种能源作物发电的环境影响进行了分析，发现虽然生物质发电能够降低天然气发电所带来的全球变暖效应，但其所造成的臭氧层消耗及酸化问题却比化石能源发电更为严重。Keoleian 和 Volk[60]的研究结果表明，生物质与煤混合燃烧发电产生的 NO_x 排放比单纯的燃煤电厂还高。这说明在评价生物质能源的环境效应时，仅考虑 GHG 排放是不全面的，还需要考虑其他污染物的排放。

3. 小结

通过对现有生物质能资源环境效应研究的相关文献的梳理，本书总结出以下几点问题，并在此基础上进一步推进对生物质能源的资源环境效应的研究。

（1）从评价方法来说，目前多采用 PLCA 方法研究生物质能源的资源环境效应，这种方法在对生物质能源转化过程进行详细解析时具有较大的优势，但存在主观边界设定问题，即受客观数据或条件所限，研究边界必须划定在某个节点使研究可以进行。这种主观边界划分带来的问题首先是不能真实反映生物质能源的资源环境成本，特别是在不同生物质能类型之间或与化石能资源环境成本进行对比时，由于系统边界不一致，可能会做出错误的判断。此外，PLCA 方法还会使研究结果存在时间和空间误差，这部分内容将在 4.2 节进行详细论述。

（2）从所涉及的资源环境指标看，在节能减排压力的背景下，主要侧重于能耗及 GHG 排放的研究。目前用于生物质能源消耗成本分析的指标主要是净能量收益及投入产出比[67, 97]，而 Chen H 和 Chen G Q[98]提出了一个新的指标，即用化石能源投入除以总可再生能源产出，实质为能量投入产出比的倒数，反映的是生产一单位可再生能源所需要投入的化石能源。该指标可以反映系统的可再生性，目前已经被应用于太阳能和风力发电系统评价中[99, 100]。本书将采用该指标反映生物质能源转化过程的可再生性。此外，生物质能源的生命周期水资源消耗值得进一步研究。从环境效应的角度来看，目前的研究主要关注 GHG 排放，对其他污染物排放的研究工作需要进一步开展。

（3）从研究对象来看，由于石油危机的驱动，各国普遍开展了对生物质燃料乙醇的相关研究。西方国家较早使用生物质能源，如欧洲国家多采用生物质颗粒作为壁炉燃料，因而国外对生物质颗粒燃料和生物质发电的研究也比较多。然而国外的生物质能资源环境效应不能简单地移植到国内，目前我国对生物质能源的 LCA 研究还较少，所发表的研究也存在方法各异、系统边界不一致等问题，仍需进一步对我国生物质能源转化过程进行系统研究。

（4）从投入的属性来看，劳动服务等无形投入的资源环境影响核算。除实物投入外，无形投入也会产生一定的能耗、GHG 和污染物排放[101, 102]。我国生物质能源产业某种程度上是劳动密集型的，尤其是资源收集阶段。我国农业机械化水平较低，农业种植、秸秆收割、收集和储运都需要大量的劳动力投入，因而不能忽视由此带来的能耗及排放[28]。目前劳动力和服务只在生物质能源的经济性评价中有所涉及[103]，未来需要进一步研究无形投入的资源环境影响，完善生物质能资源环境核算体系。

2.2.2 LCA 方法研究进展

LCA 是一种评价产品、工艺或服务从原材料采集，到产品生产、运输、使用及最终处置整个生命周期阶段（从摇篮到坟墓）的能耗及环境影响的分析工具[104-106]。生命周期评价思想萌芽于 20 世纪 60 年代末 70 年代初，但直到 80 年代晚期才得到广泛应用[107]。方法学的发展往往是由其应用领域的需求推动的。过去几十年，

LCA 的应用已经从单一的工业产品逐渐拓展到自然资源开采、生产工艺、工业园区以及各类工程项目等具有系统性质的评价对象[108, 109]，涉及的领域包括能源、环境、经济评价以及社会政策等各方面[110, 111]。针对评价对象的不断扩展和日趋复杂化，LCA 方法体系也在不断地改进自身缺陷，发展出新的形式。目前，根据系统边界及方法学原理的不同，LCA 方法可分为 PLCA、IO-LCA 及 HLCA。这三类 LCA 方法在分析和评价不同尺度的研究对象时各有利弊，在研究具体问题时往往需要结合使用上述方法以发挥其各自的优势。

本节将对 LCA 方法学体系的发展脉络进行简单梳理，并结合实例对三类 LCA 方法的特点和在实际研究中的适用性进行分析。在此基础上，本书将重点分析 HLCA 方法产生的原因、存在的问题及进一步的研究方向。

1. 基于清单分析的 PLCA 方法

PLCA 是最为传统和经典的 LCA 方法，它是一种自下而上的分析方法，主要基于产品生产或服务全生命周期过程中物料、能量和污染物排放的投入产出清单来进行评价。在国际环境毒理与化学学会（Society of Environmental Toxicology and Chemistry，SETAC）及国际标准化组织（International Organization for Standardization，ISO）的推动下，PLCA 在国际范围内迅速发展，目前仍是主流的 LCA 方法[104, 106, 112]。1997 年，ISO 颁布了第一个 LCA 国际标准 ISO14040《生命周期评价原则与框架》，随后又相继颁布了该系列的其他几项标准和技术报告。根据 ISO 的规定，LCA 的基本结构分为四个部分：目标和范围的确定（goal define and scoping）、清单分析（inventory analysis）、影响评价（impact assessment）、改善评价（improvement assessment）或结果解释（result interpretation）[104, 113]。PLCA 是一种自下而上的分析方法，通过实地调查、监测或运用二手统计资料收集产品生产过程各阶段的能源和物料投入，计算产品的环境影响[114]。

PLCA 方法的优点在于针对性强，它能够精确地分析具体产品或服务的全生命周期的环境负荷，对不同产品的环境影响进行比较，且能够根据产品或服务的具体情况调整评价模型，确定评价的范围和精度[115, 116]。然而，基于清单分析的 PLCA 方法不可避免地存在截断误差，即核算是不完整的[39, 117]。从理论上说，完整的生命周期清单数据的收集需要通过向前递推的方式，先厘清产品生产或服务提供过程的各类投入清单，进而延伸至这些投入的生产过程，直至矿石和化石能源开采阶段。然而，产品生产过程存在着大量的能源和物料投入，每种投入也都是经过一定的环节生产出来的，有时还会出现“回路”（如炼钢需要电力，发电同样需要钢铁投入）。在有限的时间和人力物力条件下，要实现对全部清单数据的收集几乎是不可能的。事实上，任何一种产品的生产过程都直接或间接地与国民经济系统中的各行业相联系，在实际操作中 PLCA 方法往往会根据现有数据条件，将系统边界定义于某个节点，尽可能地包含对产品评价非常关键的投入数据，而将对结果影响可以忽略不计的部分排除在外，从而使得产品评价可以顺利进行[118]。然而这种主观的系统边界设定往往缺乏科学依据，使得 PLCA 计算结果存在截断误差，有时甚至出现矛盾的结论[108, 119]。比如，Hocking[120]和 Camo[121]等都在 *Science* 杂志上发表了关于一次性纸杯和塑料杯的环境影响对比结果，但是两者得出的结论却正好相反。

为了解决数据收集过程中的回路问题，Heijungs 和 Suh 提出了一种 PLCA 的矩阵算法[122, 123]。这种方法将生命周期清单数据以矩阵的形式进行整理，矩阵的行代表生命周期的各个阶段，列则代表各个阶段的投入或产出（产出用正数表示，投入用负数表示）。矩阵算法的优势在于能够反映产品上游生产过程复杂的投入产出关系，且能够避免因回路问题而造成无法继续进行的情况。但是，矩阵算法同样无法解决由主观边界设定造成的截断误差问题。可见，关于 PLCA 核算的边界完整性问题亟待解决，以提高评价结果的可靠性。此外，PLCA 核算只能基于实物投入，对以货币及劳动力等无形投入为主的产品生产和服务提供过程则不能有效进行评价[117]。

除了截断误差之外，PLCA 方法可能还存在时间和空间误差。时间误差，主要是指评价所采用的参数与评价对象所处年份不一致。空间误差则是指采用了与研究对象地理位置不一致的参数。不同地区的生产技术水平存在差异，因而产品生产的资源环境影响也存在区别。由于我国生命周期基础数据库发展尚不完备，学者在开展 LCA 研究时经常会采用不同年份的数据或直接采用国外数据库（如 ecoinvent 数据库），所得评价结果失真现象严重，难以为中国相关产业发展提供有效信息[124, 125]。如何实现不同行业生命周期数据库的本土化一直是困扰我国 LCA 研究者的难题。

2. IO-LCA 方法

1）IO-LCA 方法的提出

为了消除 PLCA 在系统边界确定和清单数据收集上的弊端，Lave 等[118]和 Hendrickson 等[126]将经济投入产出表分析方法引入 LCA 中，创建了 IO-LCA（也称经济投入产出生命周期评价，economic input-output LCA，EIO-LCA）模型。投入产出表是由里昂惕夫（Leontief）于 20 世纪 30 年代研究并创立的一种反映经济系统各部门之间投入与产出数量依存关系的分析方法[127]。这种分析方法在 1965 年以前主要用于经济分析，之后随着资源环境问题的日益显著，逐渐被引入自然资源开发利用与环境保护等各个领域[118, 128, 129]。

与 PLCA 不同，IO-LCA 方法是基于投入产出表建立的一种自上而下的生命周期分析方法。它首先利用投入产出表计算出部门层面的能耗及排放水平，其次通过评价对象与经济部门的对应关系评价具体产品或服务的环境影响。由于投入产出表的边界是整个国民经济系统，因而环境投入产出模型的核算边界也是整个国民经济系统，故而能够完整地核算产品或服务的能耗及环境影响。此外，投入产出表是以货币的形式反映各部门之间的物质和能量流动的，因而对于某个部门的产品或服务而言，采用投入产出表可以分析其他行业部门为生产该产品或服务所产生的间接能耗与排放。IO-LCA 模型的计算过程可用矩阵表示，首先获得各部门的直接能耗及排放矩阵，其次通过与反映各部门之间直接和间接投入产出关系的直接消耗系数矩阵（来源于投入产出表）相乘，即可得到国民经济各部门的完全能耗或污染物排放强度(代表的是该部门每单位货币产出的完全能耗或排放)[109]。在评价具体产品时，只需要将所评价的产品或服务的价格乘以其在投入产出表中对应部门的完全能耗或排放强度，即可算出该产品在生产或提供服务过程中所产生的全部能耗或排放。

2）IO-LCA 方法的应用

目前，采用 IO-LCA 方法对产品或服务进行评价主要有三种形式：直接部门对应、划分产品或服务生产过程及拆分投入产出表部门[108, 109, 130]（图 2-1）。在核算中采取何种形式，取决于产品或服务与投入产出表中的部门是否具有良好的对应关系。具体来说，当产品或服务与部门对应关系较好时，可以直接将产品或服务的价格与相应的部门完全能耗或排放因子相乘［图 2-1（a)]，而当产品或服务与部门匹配关系不明确时，则需要厘清产品或服务在生产过程中的设备及原料等的投入（同样也是商品)，再将这些投入对应到相应部门进行环境负荷计算并加和［图 2-1（b)]。另一种解决产品与部门不对应的方法则是通过划分现有部门或者新建部门使之与所要评价的产品或服务相对应［图 2-1（c)]。

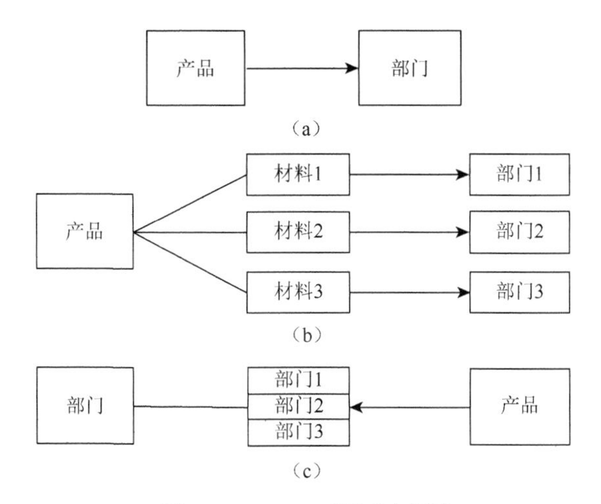

图 2-1　IO-LCA 框架示意图

由于 IO-LCA 提供的能耗及排放强度是部门层面的，因而该方法最早主要应用于对国民经济各部门能耗及排放结构等的宏观分析[131-133]。随后 IO-LCA 方法也不断被应用于建筑业、水电、可再生能源工程等的环境影响评价中，但较少应用于工业产品评价[134, 135]。近年来，北京大学工学院陈国谦课题组利用不同年份和区域的投入产出表构建了 IO-LCA 模型，引入了能、GHG、能值（emergy）和㶲（exergy）等生态环境要素及水、土地等自然资源要素，构建了多区域、多尺度及多要素的资源环境投入产出数据库，并对我国宏观经济体进行了研究，估算了国民经济各部门自然资源消耗及 GHG 排放量[110, 136-138]。

3）PLCA 方法与 IO-LCA 方法的比较

采用 IO-LCA 方法进行产品或服务评价最有价值之处在于消除了 PLCA 方法在计算过程中的截断误差。这种截断误差包含两个方面，即横向截断误差和纵向截断误差。如图 2-2 所示，PLCA 方法在清单分析过程中无法将所有物料消耗全部收集，且无法包含劳动力和资本等非实物投入带来的计算误差，由此造成的误差被称为横向截断误差。由于时间和人力物力所限，核算过程无法将各投入从资源开采到产品生产全过程的环境影响进行计算，由此造成的误差则属于纵向截断误差。Treloar[139]和 Lenzen[39]采用 PLCA 方法和 IO-LCA 方法对澳大利亚 135 个经济部门进行生命周期评价，结果表明 31%的工业部门的截断误差超过 50%，而以能源投入为主的部门的截断误差一般较小。IO-LCA 虽然能避免截断误差，但其计算精确性和针对性却不如 PLCA。由于 IO-LCA 是采用部门层面的强度数据进行评价的，因而评价结果只能是部门平均水平，而不能对部门内的产品进行比较，这被称为部门聚合误差（aggregation error）。比如，采用投入产出表中的电力部门评价我国水电的环境影响，则会存在误差，因为我国电力部门主要使用的是火电，

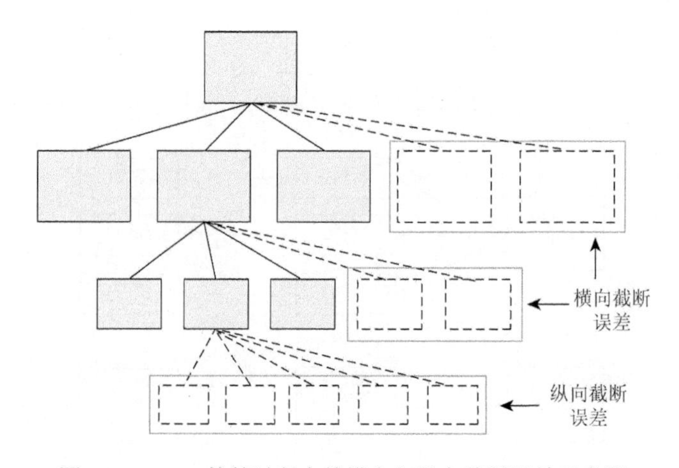

图 2-2　PLCA 核算过程中的横向与纵向截断误差示意图

其次才是水电，同时还包括其他可再生能源发电类型。因此在实际应用中 IO-LCA 主要用于评价部门层面，而几乎不单独应用于对具体产品的评价[39]。IO-LCA 的其他缺陷还表现在时间滞后性上，投入产出表每隔几年发布一次（一般为五年），因而不能很好地反映当前技术水平。该方法还需要大量的基础数据作为支撑，以建立环境投入产出系数矩阵。此外，IO-LCA 仅能反映产品或服务的生产阶段，不能反映其使用阶段，因而该方法的评价结果并不能反映全生命周期的资源环境影响。

表 2-1 给出了 PLCA 与 IO-LCA 的比较，除了边界上的不同，在数据、生命周期阶段、结果分析及投入等方面也存在差别。

表 2-1　PLCA 与 IO-LCA 的比较

比较主题	问题	PLCA	IO-LCA
边界	边界确定	根据数据质量主观确定边界	研究边界与国民经济系统保持一致
	直接和间接	必须通过反复迭代才能计算间接影响	自动包含直接和间接影响
	进出口	可以准确计算进口原料的环境影响	一般视评价对象为本国生产的产品，采用多尺度投入产出分析方法可在一定程度上区分国内外产品[37-38]
数据	类型	公共数据或私人数据	公共数据
	时效性	可根据需要收集近期数据	间隔数年定期发布
	完整性	不完整	完整的国民经济数据
	针对性	可对具体产品进行评价	只能对部门内产品进行统一评价
	单位	实物单位	货币单位
	数据来源	常引用其他文献参数，与评价对象产地、生产时间不一致[39]	构建能耗及排放强度数据库
生命周期阶段	运行、使用阶段	依数据条件而定	不包括
	最终处置阶段	依数据条件而定	不包括
结果分析	结果重现	公共数据情况下可以	可以
	产品比较	可以比较	不能比较归属同一部门的产品
	产品改进	具体到产品	只能到部门层面
投入	时间	多	少
	成本	高	低

3. HLCA *方法*

HLCA 方法是指将 PLCA 和 IO-LCA 结合使用的方法。该方法由 Bullard 等[119]在 20 世纪 70 年代第一次石油危机之后提出，主要用于能源投入产出分析。比如，对于自然资源开采过程，可以将交通运输、机械耗能等现场能耗及排放采用 PLCA 方法计算，而开采设备等投入产生的上游影响则用 IO-LCA 方法核算。将 PLCA

和 IO-LCA 结合，既可以消除截断误差，又可以提高对具体评价对象的针对性，同时还能将产品的使用和报废阶段纳入评价范围[140]。虽然 HLCA 思想萌芽较早，但生命周期评价的主流方法一直是 PLCA 方法，直到 20 世纪 90 年代末期 HLCA 方法才逐渐被采用。根据 PLCA 与 IO-LCA 结合的方式的不同，目前存在三种不同形式的 HLCA 模型：分层混合生命周期评价（tiered hybrid LCA，TH LCA）、基于投入产出的混合生命周期评价（I-O based hybrid LCA，IOH LCA）及集成混合生命周期评价（integrated hybrid LCA，IH LCA）[117]（图 2-3）。

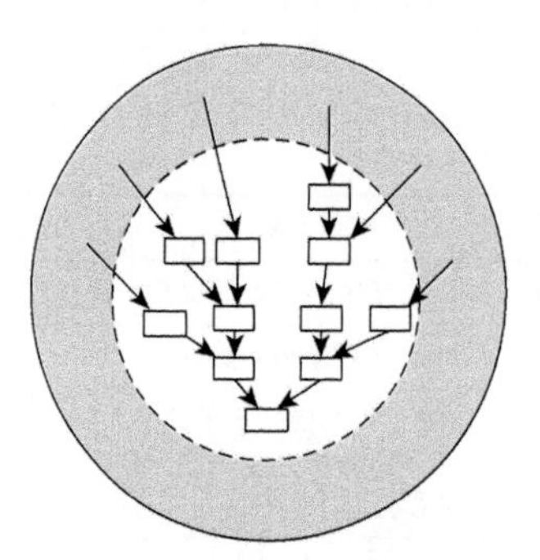

（a）分层混合生命周期评价

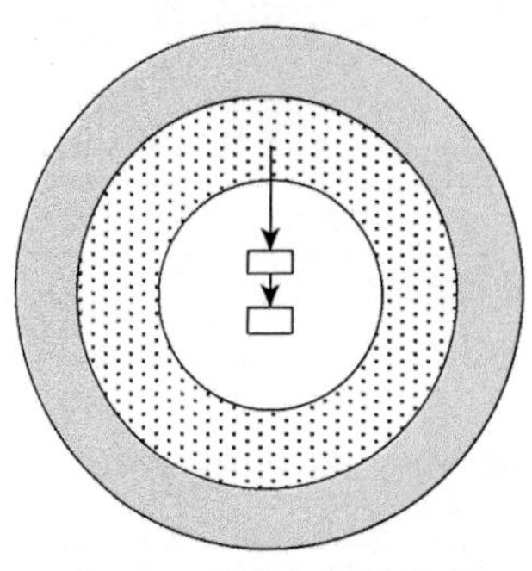

（b）基于投入产出的混合生命周期评价

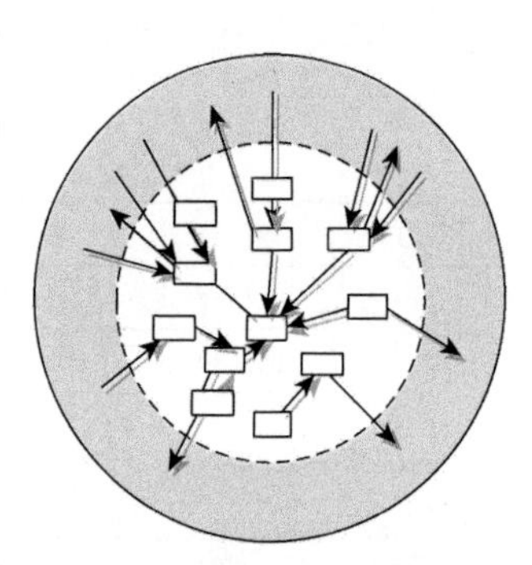

（c）集成混合生命周期评价

图 2-3　三种不同形式的 HLCA 模型

1）TH LCA

在采用 TH LCA 方法进行评价时，一般首先采用 PLCA 方法对直接和下游投入进行分析，如建设、运行维护及报废阶段的直接物料、能源的投入及排放。其次，对于上游的自然资源开采、设备制造则采用 IO-LCA 方法进行计算。一般而言，TH LCA 模型中 PLCA 部分与 IO-LCA 部分的边界划分，要依据数据可获得性、评价精确度要求及人力物力条件等决定。在采用 TH LCA 进行核算时，对过程数据较为清楚的投入一般采用 PLCA 方法直接进行计算，而对目标产品生产过程中未知的投入则采用 IO-LCA 计算[117]。对这些未知投入的货币价值，可以采用评价对象的总产值减去已知投入（即 PLCA 核算部分）的价值进行计算。需要注意的是，在采用 IO-LCA 方法计算未知投入环境影响时，必须首先通过专家判断这些投入属于哪个经济部门。TH LCA 方法在评价主要投入以进口为主的对象时优势较为明显，因为投入产出表代表的仅仅是某个国家或地区的情况，进口产品不适合采用 IO-LCA 方法进行评价。比如，Hondo 等[141]对日本商品和服务产生的能耗及 CO_2 排放进行分析时，就采用了 PLCA 方法对进口产品进行了评价。

近年来，随着生物质能源的快速发展，一些学者开始尝试采用 TH LCA 方法对我国的生物质能源节能减排潜力进行评价。这些研究一般对生物质能源转化过程中直接消耗的化石能源（如运输耗油、用电等）采用 PLCA 方法计算，对设备及劳动力等则采用IO-LCA方法计算。李小环等[69]采用HLCA方法核算了我国木薯乙醇生产过程的GHG排放量，结果表明木薯乙醇生命周期内GHG的77.92%来自直接排放，22.08%源于间接排放。Wang等[92]、Wang等[142]和Zhang等[140]已经采用该方法对我国的生物质压缩成型、气化及农村户用沼气池系统进行了能耗及GHG排放的评价，表明了该方法在生物质能源转化过程评价中的适用性。这种HLCA模型同样适用于其他自然资源及能源开发项目，如水电、风电、太阳能发电等[114]。此外，一些学者开始重视将系统思维与TH LCA相结合，提出了系统核算（system accounting）方法，这一概念是相对于末端核算（terminal accounting）而言的[143, 144]。该方法强调将评价对象视为一个系统，在划定系统边界，厘清系统内及系统边界上各类投入后，采用TH LCA方法对整个系统的环境影响进行评价。由于TH LCA方法能够追溯所有投入的上游环境影响，因而采用系统核算方法进行评价可以保证结果的完整性。目前系统核算方法已经应用于我国典型工业园区建筑、人工湿地、风电及太阳能发电技术等的能耗及GHG排放评价[99, 100, 145]。

然而，也有学者指出TH LCA方法存在重复计算问题[146, 147]。这主要是因为PLCA核算部分所包含的物料投入已经被包含在整个投入产出表中了，因此IO-LCA核算部分应该减去PLCA的核算结果。但由于在TH LCA中PLCA和IO-LCA部分是分别核算、简单相加的，目前还没有理想的办法避免重复计算。此外，这种相加的核算方式也不利于发挥投入产出表的系统分析功能，如分析末端产品增加对上游各工业部门的影响。

2）IOH LCA

IOH LCA通过将现有部门进行拆分或添加一个新的部门到现有投入产出表，使部门能够较好地对应所评价的产品或服务，并用评价对象的过程清单数据替换投入产出表中相应部门的平均数据（图2-3）。Joshi[109]在其研究中展示了该方法的数学推导过程，此外他还利用该方法分解了汽车油箱生产部门，并对比了塑料制和钢铁制汽车油箱的生命周期环境负荷。Baral和Bakshi[70]采用该模型对比了汽油和生物质乙醇生产及使用过程的能耗情况，其研究结果表明，生物质乙醇生产过程的能源投资回收率（0.78～2.28）低于传统汽油及柴油的投资回收率（分别为4～4.5和8.1～8.32），这主要是因为该研究考虑了生物质转化过程投入设备的上游产业能耗，这与传统过程分析方法所得到的主流结论是相反的。

需要注意的是，与IO-LCA方法一样，IOH LCA方法也只能计算产品生产过程中的自然资源消耗及污染排放，而产品使用及报废阶段的排放则应在采用PLCA方法或TH LCA方法单独计算后加总到HLCA部分。因此，IOH LCA方法在评价在产品使用或项目运行过程投入极少的对象时具有更好的适用性。比如，Chang[130]通过对建筑业部门的划分，对我国的各类建筑物建造过程进行了能耗及GHG排放评价。然而，与TH LCA方法一样，IOH LCA方法需要单独计算产品使用及报废部分并将其与制造部分进行相加，因而采用投入产出表进行行业系统分析的难度较大。

3）IH LCA

IH LCA 方法相对于前两种 HLCA 方法而言更为复杂，要求使用者对投入产出表有更为深刻的理解，矩阵运算要求高，但该方法中过程分析与投入产出表的结合程度最好，且能避免重复计算的问题[100]。IH LCA 方法由 Heijungs 和 Suh 提出，其过程生命周期部分是用技术矩阵表示的，矩阵的元素代表每个过程单位运行时间所消耗的材料或能源，均用实物单位表示，而投入产出表部分与前两种方法一样都是货币单位[122, 123]。这两种矩阵的结合是通过矩阵边界的能量流及物质流交换的，比如，产品生产过程上游的截断误差通过投入产出表进行计算，产品下游的截断误差则同样也可以由投入产出表进行计算。由于该方法对数据和矩阵计算要求都很高，目前还停留在方法演示及假设案例说明阶段[146, 148-150]。

4）与 PLCA 和 IO-LCA 的区别

从数据要求、数据不确定性、系统边界、人力及时间需求和应用简便性来看，PLCA、IO-LCA 及 HLCA 方法都各不相同，但是很难断定其中哪种方法具有绝对的优越性，因为这些方法的选择需要考虑具体的研究目标和范围、数据质量及时间长短。

从系统边界来看，IO-LCA 方法和 HLCA 方法比 PLCA 方法更为完整，因为前两种方法都基于经济投入产出表，其评价边界可以推广至整个国民经济系统。从数据要求来看，PLCA 方法的数据要求是三种方法中最高的，其评价结果针对性强、最为详细，比较适合用于对具体的产品进行评价，但是评价结果是不完整的，且所投入的时间和人力物力也最多。IO-LCA 方法和 HLCA 方法可以更多地基于环境投入产出表来进行计算，因而数据要求相对较低。但是，IH LCA 方法是个例外，因为该方法非常依赖过程生命周期分析，仅将截断误差部分用投入产出表进行核算，故而数据要求相对较高。基于投入产出表的评价方法都会受到数据时间滞后性的影响，因为投入产出表并非每年发布，如我国目前最新的投入产出表发布于 2020 年。但是，PLCA 方法同样会受到时间滞后性的影响。例如，PLCA 研究经常引用其他文献中的参数，而这些参数往往是针对其他国家产品或多年前计算的，因此时效性欠佳。需要注意的是，采用 IO-LCA 或 IOH LCA 方法进行评价时，必须单独计算评价对象的使用和报废阶段的环境影响。

4. 小结

从以上论述可知，HLCA 方法是未来 LCA 方法的重要发展趋势之一。根据 2.2.2 节第 1 部分的论述，目前生物质能源转化过程主要采用 PLCA 方法进行分析，但采用 PLCA 方法所面临的截断误差、时间误差及空间误差还缺乏定量化核算。

采用 HLCA 方法评价生物质能源的资源环境效应可以有效地避免截断误差。由于生物质能源还属于新兴产业，其基础统计数据还不足以支撑 IOH LCA 方法及 IH LCA 方法的使用。目前比较适合采用 TH LCA 方法对生物质能源进行评价，因为这既保留了过程分析对生物质能源转化过程的详细解析，又能保证核算边界的完整性。TH LCA 方法面临的主要难点在于如何划分过程分析和投入产出分析的边界，且目前未有定量化的研究证明边界划分对结果的影响大小。

从 LCA 模型准确性的角度来说，应尽可能地将所有数据都包含在评价中，因而截断误差应该尽可能避免[151]。从这个角度来说，HLCA 方法优于 PLCA 方法。但由于 TH LCA 方法保留了一部分过程分析，因而过程分析所面临的其他问题（时间误差和空间误差）同样会造成 HLCA 方法核算结果的不确定性。在对具体对象进行生命周期分析时，应该先判断这些误差的大小，而后选择最科学的方法进行研究。

此外，实现生命周期数据的本土化，一直是困扰我国 LCA 领域研究者的难题。数据的非本土化，造成了时间误差和空间误差。HLCA 模型利用我国投入产出表构建数据库，在一定程度上减小了非本土化数据库对评价结果的影响。

2.3　研 究 内 容

基于解决 LCA 方法在生物质能资源环境效应分析中的适用性和准确性问题，发现生物质能品质提升过程的能量流动规律，以及评价生物质能源对节能减排目标实现的贡献等研究目标，本书设置了以下主要内容。

1. HLCA 模型构建及其不确定性研究

首先，结合我国 2012 年国家经济投入产出表，构建资源环境投入产出数据库；其次，对生物质能源转化过程进行解析，建立针对各类生物质能源（压缩成型、气化、液化、发电）的 HLCA 模型，确定过程分析和投入产出分析的系统边界；最后，以玉米秸秆直燃发电系统为例，对该模型的边界选择进行讨论，实证分析 HLCA 模型不同边界选择对核算结果造成的不确定性。具体来说，就是要分析本书所建模型 5 用于模拟生物质发电资源环境成本时各类误差的大小，用数量化依据证明本书所建 HLCA 模型的优势。

2. 生物质能源的资源环境成本分析

采用本书所建的 HLCA 模型，模拟生物质压缩成型、燃料乙醇、生物柴油、生物质气化、沼气及生物质发电的能耗、水资源消耗、GHG（CO_2、CH_4 及 N_2O）排放及污染物（包含 SO_2、NO_x、$PM_{2.5}$ 和 CO）排放成本；分析不同生物质能源品质提升路径（固-液-气-电）和不同转化过程（物理过程-生物过程-化学过程）

的生物质能资源环境成本及可再生性变化规律；模拟能耗-GHG 排放、能耗-GHG 排放-水资源消耗、能耗-GHG 排放-经济成本之间的耦合关系。

3. 生物质能源的节能减排效益研究

根据能源终端用途的不同，为各类生物质能源选择替代化石燃料类型：生物质成型燃料供热-燃煤供热、生物质燃气-民用天然气、沼气-民用天然气、生物质发电-燃煤发电、燃料乙醇-石化汽油、生物柴油-石化柴油。采用 HLCA 模型，在统一的系统边界下评价生物质能源及其参照化石能源的生命周期资源环境成本，对比分析各类生物质能源的节能减排效益。

4. 生物质能源的生命周期敏感性分析

通过对生物质能源生命周期资源环境成本的分析，遴选出对各系统资源环境表现产生影响的关键参数，并通过开展生命周期敏感性分析，判断这些参数对研究结果的影响范围。根据敏感性分析的结果，可判断关键参数对系统表现的重要性，从而有针对性地提出改善生物质能系统资源环境表现的建议。

2.4 研究方案及技术路线

2.4.1 研究方案

1. 典型案例点调查与过程参数监测

本书对每类生物质能源转化技术选取了 2～3 个典型案例进行实地调研，且涉及不同的生物质原料类型，包括农业剩余物、林业剩余物、能源作物及禽畜粪便等；获取的参数主要包括：系统效率、生命周期物料、能耗及资金投入清单、生物质燃料使用的 GHG 和污染物排放清单等。

除了现场调研，本书还进行了文献调研，通过对二手数据的再计算，对本书的案例点进行补充。

2. 环境投入产出分析方法

以我国 2012 年 139 部门国家投入产出表中的数据为基础数据，根据环境投入产出理论的最新进展，构建评价生物质能源资源环境效应的投入产出数据库。具体资源环境指标如下：①资源指标，包含能耗（总能耗、非可再生能耗及可再生能耗）和水资源消耗；②环境指标，包含 GHG（CO_2、CH_4及 N_2O）排放及其他主要污染物（SO_2、NO_x、$PM_{2.5}$和 CO）排放。模型构建的详细过程可参见第 3 章内容。

3. 混合生命周期分析方法

根据各类生物质能源转化过程的特点，划分生命周期阶段，采用过程分析和投入产出分析相结合的 TH LCA 模型对各类生物质能源的资源环境成本进行核算，以确保系统边界的完整性（避免截断误差）。核算的结果为过程分析部分与投入产出分析部分之和。具体的模型构建方式及不确定性分析可参见第 4 章的内容。

2.4.2　技术路线

根据本书的核心研究内容——模型构建及验证、典型案例资源环境成本分析、节能减排效益分析，设计了如图 2-4 所示的技术路线图。

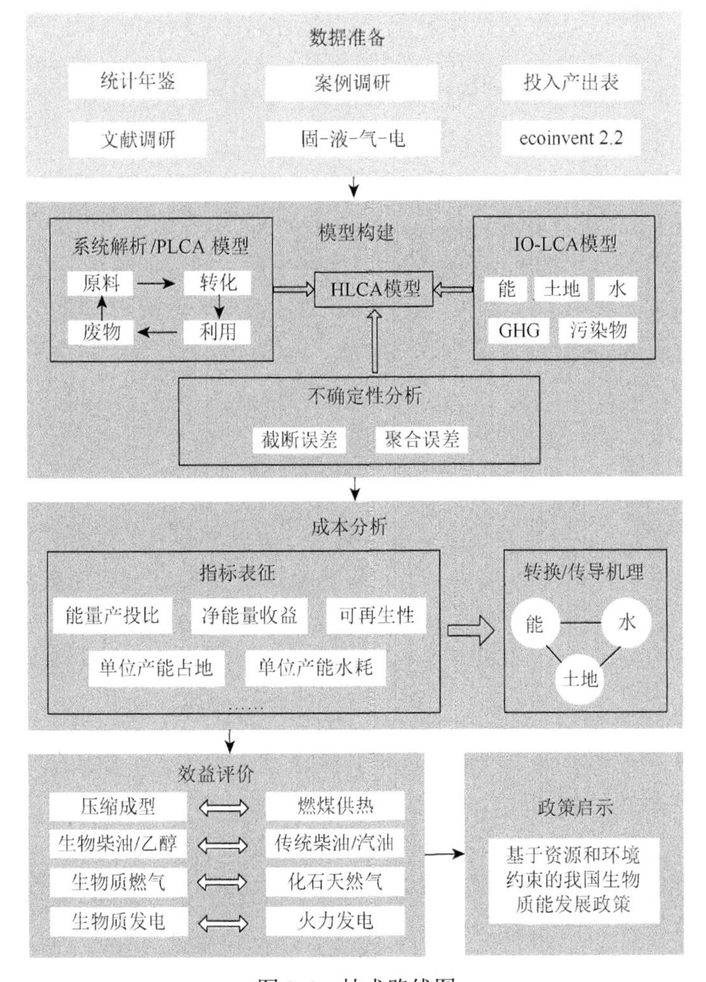

图 2-4　技术路线图

第 3 章 HLCA 模型的建立

3.1 HLCA 模型介绍

HLCA 模型，即将 PLCA 模型与 IO-LCA 模型相结合而产生的分析方法[114]。根据 HLCA 模型的定义，在计算生物质能源的资源环境成本时，一部分成本的计算采用 PLCA 方法完成，另一部分则采用 IO-LCA 方法完成［式（3-1)］。

$$C_{\text{total}} = C_{\text{P}} + C_{\text{IO}} \tag{3-1}$$

其中，C_{total} 为生物质能源的总资源环境成本；C_{P} 和 C_{IO} 分别为通过 PLCA 和 IO-LCA 计算所得的资源环境成本。

如第 2 章所介绍的，这里的资源环境成本包括：能耗（总能耗、可再生能耗、非可再生能耗）、水资源消耗、GHG（CO_2、N_2O、CH_4）排放及污染物（SO_2、NO_x、$PM_{2.5}$ 和 CO）排放。资源环境成本的计算主要采用物料或服务投入使用量乘以其资源环境负荷系数，其中，运用 PLCA 方法计算的部分一般采用实物投入量，而运用 IO-LCA 方法计算的部分则采用货币投入量。具体计算公式如下：

$$C_{\text{P}} = \sum C_{\text{P},i} = \sum I_i \varepsilon_i \tag{3-2}$$

$$C_{\text{IO}} = \sum C_{\text{IO},j} = \sum P_j E_{\text{SC},j} \tag{3-3}$$

其中，PLCA 核算部分的资源环境成本（C_{P}）为各过程投入的资源环境成本（$C_{\text{P},i}$）之和，$C_{\text{P},i}$ 由过程的实物投入量（I_i）与各投入的资源环境负荷系数（ε_i）相乘而得。IO-LCA 核算部分的资源环境成本（C_{IO}）则是由系统各投入的生产者价格①（P_j）乘以该投入所对应的国民经济部门的资源环境负荷系数（$E_{\text{SC},j}$）并加总而得。

PLCA 计算过程所需要的资源环境负荷系数主要通过现场调查和监测、能源统计年鉴、生命周期数据库（如 ecoinvent 数据库）和已发表文献获得，IO-LCA 计算所涉及的资源环境负荷系数则来自本书所建立的资源环境投入产出数据库。如前文所述，本章将以 2012 年国家投入产出表中的数据为背景数据，构建资源环境投入产出数据库。

---

① 生产者价格，即指商品的出厂价格，一般将销售价格扣除税费即可近似估算。

3.2　资源环境投入产出数据库的建立

3.2.1　我国投入产出表简介

投入产出表是由国家定期发布（一般为五年），用于反映国民经济系统各部门之间经济活动（表现为为其他部门提供产品和服务，并同时接受其他部门提供的产品和服务）的经济分析工具。投入产出表的演变过程与我国国民经济核算体系的发展历史是分不开的。我国国民经济核算体系经历了由物质产品平衡表体系（system of material product balances，MPS）到国民核算体系（system of national accounts，SNA）的演变[130]。受苏联影响，我国在 1952 年至 1984 年采用的是 MPS，因而这一阶段的投入产出表以实物型投入产出表为主。随着我国逐步从计划经济迈向市场经济，MPS 的缺陷逐渐显露，因而逐渐开始采用 SNA。1985 年至 1992 年是 MPS 和 SNA 两种核算体系共存的阶段，从 1993 年开始，我国正式采用 SNA。在 SNA 下，投入产出表为货币型。表 3-1 展示了我国投入产出表的发展历程[130]。

表 3-1　我国投入产出表的发展历程

年份	类型	统计对象		备注
		商品	部门	
1973	实物型	61		我国第一个投入产出表
1981	实物型	146		仅包含生产部门
	货币型		26	仅包含生产部门
1983*	货币型		22	仅包含生产部门
1987	货币型		118	含 101 个生产部门和 17 个非生产部门 开始建立投入产出表编制体系：每逢末尾为 2 和 7 的年份编制投入产出表，每逢末尾为 0 和 5 的年份编制延长表
1990*	货币型		33	
1992	实物型	151		增加废弃物处置部门
	货币型		119	
1995*	货币型		33	
1997	货币型		124	
2000*	货币型		23	

续表

年份	类型	统计对象		备注
		商品	部门	
2002	货币型		42 和 122	采用了全新的国民经济行业分类标准
2005*	货币型		42	
2007	货币型		42 和 135	
2010*	货币型		42	
2012	货币型		139	

*代表延长表

3.2.2 IO-LCA 模型介绍

IO-LCA 模型是将经济投入产出表引入资源环境评价领域而产生的方法。投入产出表在经济学分析中的应用已经发展得很完善，其应用必须满足一些基本假设[118, 152]，如比例性假设，即投入产出模型结构主要是用线性方程式来表示的，这就要求每一部门的产出是该部门各种投入水平的线性函数。本节是按投入产出表中固有的平衡关系来建立 IO-LCA 模型的，即中间使用+最终使用=总产出。模型推导过程如下：

$$\sum_{j=1}^{n} x_{ij} + F_i = X_i \tag{3-4}$$

由直接消耗系数 $a_{ij} = \dfrac{x_{ij}}{X_j}$，得到 $x_{ij} = a_{ij} X_j$，将其代入方程（3-4），可得到如下方程组：

$$\begin{aligned} a_{11}X_1 + a_{12}X_2 + \cdots + a_{1n}X_n + F_1 &= X_1 \\ a_{21}X_1 + a_{22}X_2 + \cdots + a_{2n}X_n + F_2 &= X_2 \\ &\vdots \\ a_{n1}X_1 + a_{n2}X_2 + \cdots + a_{nn}X_n + F_n &= X_n \end{aligned} \tag{3-5}$$

其中，$\sum_{j=1}^{n} x_{ij}$ 为部门 i 供中间使用的产品总量。令 $A = (a_{ij})_{n\times n}$，$X = (X_1, X_2, \cdots, X_n)^{\mathrm{T}}$，$F = (F_1, F_2, \cdots, F_n)^{\mathrm{T}}$，利用矩阵变化可得 $AX + F = X$，进一步可得 $X = (I - A)^{-1} F$。a_{ij} 为直接消耗系数，即某一产品部门（如 j 部门）生产 1 单位产

品需要直接消耗另一个部门（如部门 i）的产品或服务的数量；X_j 为 j 部门产品的总投入；F_i 为部门 i 产品的最终使用量减调入量和进口量；X_i 为部门 i 的总产出；I 为 $n\times n$ 阶单位矩阵；$(I-A)^{-1}$ 为里昂惕夫逆矩阵。

投入产出分析法可以与传统的清单式的过程分析法相结合，应用于资源环境成本的核算中[129, 153]。引入直接资源环境负荷系数对角矩阵 $R_{n\times n}$，这种环境负荷可以是资源消耗或污染物排放系数，如能源消耗系数、碳排放系数及污染物排放系数等。可以采用公式 $r_i=\dfrac{b_i}{X_i}$ 计算，其中，元素 r_i 为部门 i 的单位货币产出引起的某种资源环境负荷量；b_i 为部门 i 的直接资源环境负荷量。

用 E 表示总资源环境负荷向量（完全资源环境负荷向量），则整个经济活动所引起的完全（直接和间接）环境负荷可以表示为

$$E=RX=R(I-A)^{-1}F \tag{3-6}$$

式（3-6）中矩阵 I、A 和 F 均为已知量，因此只要获得国民经济各部门直接资源环境负荷系数，即矩阵 R，即可获得国民经济部门的完全资源环境负荷数据库。

3.2.3　对石油和天然气开采产品部门的拆分

1. 部门拆分方法介绍

由于本书将分别对比不同生物质能源类型与其替代化石燃料的资源环境成本，因此需要获得较为细致的化石能源生产部门的完全资源环境负荷强度。2012 年投入产出表涉及的化石能源生产部门主要包含“煤炭采选产品”和“石油和天然气开采产品”，因而需要对“石油和天然气开采产品”进行划分，细分为“石油开采产品”和“天然气开采产品”。

关于投入产出表部门划分的问题，可以参考 Joshi[109]的研究。Chang[130]基于 2007 年国家投入产出表对建筑业部门的划分，也为本书提供了方法基础。如图 3-1 所示，假设需要将“石油和天然气开采产品”部门 m 划分为“石油开采产品”部门 m_a 和“天然气开采产品”部门 m_b 两个子部门，则直接消耗系数矩阵 $A(n, n)$将变为 $A^*(n+1, n+1)$。由于假定投入产出表中各部门之间的关系是线性的（投入产出表基本假设之一），对部门 m 的划分不会影响其他部门之间的相互作用关系，因此矩阵 A 和 A^*中阴影部分的系数是保持不变的。要实现部门划分，必须求出 A^* 矩阵中的 $4n-2$ 个未知数，用于求解未知数的方程共有 $2n-1$ 个。根据欧训民和张希良[154]的研究，石油和天然气开采过程的能源消耗及能源消费种类是相似的。因此，可以将其他部门对部门 m 的中间投入（即第 m 列的数据）按照部门 m_a 和部

门 m_b 的总产出占部门 m 总产出的比例分配至两个部门。假设部门 m_a 总产出占部门 m 总产出的比例为 s，则根据子部门获得的中间投入之和等于原部门获得的中间投入这一原则，可以得出以下方程组：

$$
\begin{aligned}
sa_{1,m_a} + (1-s)a_{1,m_b} &= a_{1,m} \\
sa_{2,m_a} + (1-s)a_{2,m_b} &= a_{2,m} \\
&\vdots \\
sa_{n,m_a} + (1-s)a_{n,m_b} &= a_{n,m}
\end{aligned}
\tag{3-7}
$$

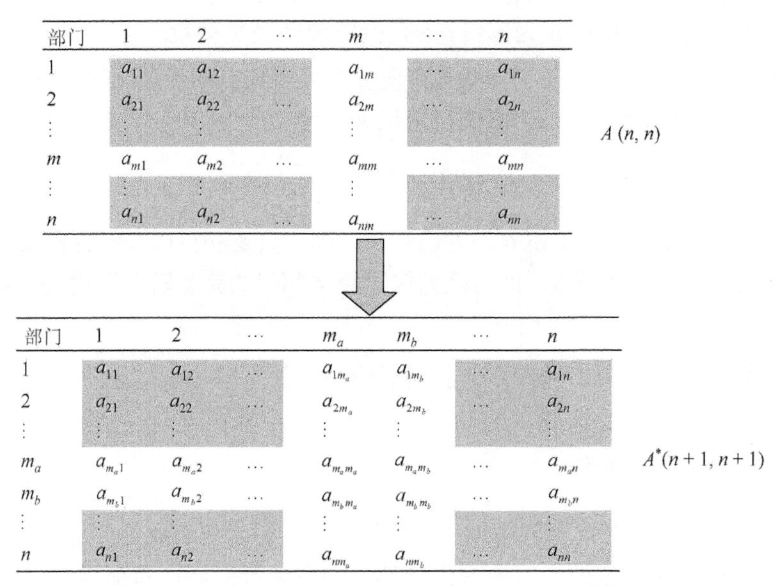

图 3-1　投入产出表部门拆分示意图

此外，部门 m 为其他部门提供的中间消费产品，也是部门 m_a 和部门 m_b 提供的中间消费产品之和，因此有如下方程组：

$$
\begin{aligned}
a_{m_a,1} + a_{m_b,1} &= a_{m,1} \\
a_{m_a,2} + a_{m_b,2} &= a_{m,2} \\
&\vdots \\
a_{m_a,n} + a_{m_b,n} &= a_{m,n}
\end{aligned}
\tag{3-8}
$$

$$
s(a_{m_a,m_a} + a_{m_b,m_a}) + (1-s)(a_{m_a,m_b} + a_{m_b,m_b}) = a_{m,m} \tag{3-9}
$$

2. 数据获取

根据以上介绍的部门拆分方法，对第 m 列数据的拆分需要分别获得“石油开采产品”部门和“天然气开采产品”部门的总产值。2012 年，我国原油产量为 2.07 亿 t，天然气产量为 1067 亿 m^3[155]。根据总量平衡原则，本节仅需估算“石油开采产品”部门的总产值，再将原“石油和天然气开采产品”部门的总产值减去“石油开采产品”部门的总产值，即可获得“天然气开采产品”部门的总产值，从而获得两个子部门的总产值占原部门总产值的比重。2012 年我国原油的价格约为 5581 元/t[156]，由此可以计算出总产值约为 11 553 亿元，占部门总产值的 86%。

对第 *m* 行数据的拆分遵循以下四个原则。第一，凡是原投入产出表中从“石油和天然气开采产品”部门购买的产品数为 0 的部门，在拆分后的表中从“石油开采产品”部门和“天然气开采产品”部门购买的产品数均为 0。第二，在原表中从“石油和天然气开采产品”部门购买的产品数为非 0 的部门，可根据《中国能源统计年鉴》中各工业部门对原油和天然气的消耗量进行分配。第三，若某个部门仅消耗了原油和天然气中的一种，则将原表中未划分的该部门从“石油和天然气开采产品”部门购买的产品全部归为新表中的其中一个部门。第四，若某个部门同时消耗了原油和天然气，则将原表中未划分的该部门从“石油和天然气开采产品”部门购买的产品按照消耗的原油和天然气标准量比重进行分配。

3.2.4　各部门直接资源环境负荷的估算

如前所述，本书涉及的资源环境指标包含能源消耗、水资源消耗、GHG 排放、SO_2 排放、NO_x 排放、CO 排放及 $PM_{2.5}$ 排放。为了编制资源环境投入产出数据库，首先必须获得各部门的直接资源环境负荷。

1. 直接能源消耗量估算

《中国能源统计年鉴 2013》[157]中包含了我国 2012 年 44 个部门的 30 种能源消费量。根据 Peters 等[158]的研究中提到的处理方法，在对统计年鉴中的能源消耗数据进行加上损失、减去回收及扣除非能源使用和中间转化等处理后，可以获得各部门的最终能源消费量。

由于统计年鉴仅包含 44 个部门的能源消费数据，需要将这些数据分配至 140 个部门。对于煤炭（含煤制品）的分配，可根据投入产出表中各部门从“煤炭采选产品”部门的购买量的比重进行分配；油品消耗可根据投入产出表中各部门从“石油开采产品”和“精炼石油和核燃料加工品”部门的购买量之和的比重进行分配；天然气消耗的分配可根据投入产出表中各部门从“天然气开采产品”和“燃气生产和供应”部门的购买量之和的比重进行分配；电力消耗则按照投入产出表中各部门从“电力、热力生产和供应”部门的购买量的比重进行分配；其他能源消耗类型按照各部门总产出的比重进行分配。

2. 直接水资源消耗

水资源消耗涉及两个概念，即供水量和耗水量[159]。供水量既包含真正消耗掉的水，也包含虽然利用但最后回归水源地的部分。《2012 年中国水资源公报》[160]中统计了 2012 年我国各部门的供水量和耗水量数据，其中 2012 年全国总供水量为 6131.2 亿 m^3，生活用水、工业用水、农业用水和生态环境补水各占 12.1%、22.5%、63.6%和 1.8%；全国总耗水量为 3244.5 亿 m^3，各用户耗水率分别为农田灌溉 63%、林牧渔业及牲畜 75%、工业 24%及生态环境补水 80%。为获得 140 部门水资源消耗量，可按照投入产出表中各部门从“水的生产和供应”部门的购买量比重，对公报中四类水资源消耗数据进行分配。

3. 直接 GHG 排放

本书所涉及的 GHG 种类包含 CO_2、CH_4 和 N_2O，并根据各类 GHG 的增温潜值（CO_2 为 1，CH_4 为 23，N_2O 为 296），将 GHG 统一核算为 CO_2 当量（CO_2-eq）[161]。

1）直接 CO_2 排放估算

直接 CO_2 排放包含能源燃烧产生的排放和工业过程产生的排放。估算能源燃烧产生的排放，需要的数据包括各工业部门的能源消费量、各能源燃烧的碳排放系数及各行业的碳氧化率。能源消费数据在 3.2.4 节第 1 部分中已经介绍。本节收集了反映中国燃烧技术水平的碳排放系数[161, 162]和各行业的碳氧化率[163]。

此外，本节还核算了 2012 年我国比较重要的工业过程 CO_2 排放量，具体包括四个方面。第一，化学原料和化学制品制造业，即合成氨、电石（碳化钙）和纯碱的生产。第二，非金属矿物制品业，即水泥和玻璃的生产。第三，黑色金属冶炼和压延加工业，即炼钢、炼铁及焦炭的生产（作为还原剂）。第四，有色金属冶炼和压延加工业，即焦炭的生产（作为还原剂）。

以上各类产品的产量数据主要来自《中国统计年鉴 2013》[164]，CO_2 排放因子参考政府间气候变化专门委员会（Intergovernmental Panel on Climate Change，IPCC）发布的数据[161]。

2）直接 CH_4 排放估算

本书所包含的 CH_4 排放主要有以下几个排放源：反刍动物肠道发酵、粪便管理、水稻种植、秸秆露天焚烧、化石能源开采（煤炭、石油和天然气）、工业废水处理及化石能源燃烧排放。

我国 2012 年末主要牲畜存栏数来自《中国农业年鉴 2013》[165]，所选排放因子来自 Zhou 等[166]的研究。2012 年我国水稻种植面积为 3013.7 万 hm^2，各水稻种植区的 CH_4 排放因子可参考已发表的研究[167]。秸秆年生产量可根据农作物产量与草谷比系数进行估算[165, 168]。各地秸秆露天焚烧比例及燃烧排放系数可参考已发表的研究[169, 170]。化石能源产量数据主要来自《中国能源统计年鉴 2013》和《中国海洋统计年鉴 2013》[157, 171]，具体估算方法可参看 Zhang 和 Chen[170]的研究。我国各工业部门的废水排放量数据来自《中国环境统计年鉴 2013》[172]，CH_4 排放因子参考 IPCC 发布的系数[161]。

3）直接 N_2O 排放估算

本书所涉及的 N_2O 排放主要来自农业活动、工业生产过程和能源燃烧排放。农业活动排放主要是指动物粪便露天管理造成的排放和氮肥施用造成的排放，基础数据在前文已经介绍，排放因子来自 Zhou 等[166]的研究。氮肥施用造成的 N_2O 排放可根据农业产量、氮肥使用量及排放因子等因素估算[173]。工业生产过程排放源主要包括硝酸和己二酸的生产，排放因子引自 Chen 和 Zhang[174]的研究。

4. 直接 SO_2 和 NO_x 排放

一些学者列出了国家尺度的 SO_2 和 NO_x 排放清单，主要的排放源包含了能源燃烧和工业生产过程[158]。考虑到数据的时效性和参数的可获得性，本书采用了国家统计局和环境保护部发布的《中国环境统计年鉴 2013》中的全国各行业 SO_2 和 NO_x 排放数据，并采用估算数据作为统计年鉴数据的补充。

5. 直接 CO 排放

CO 的主要排放源包括燃煤发电排放、水泥生产、炼钢和炼铁、制砖、石灰生产、合成氨生产、交通运输排放、露天秸秆焚烧及其他工业锅炉排放。Zhao 等[175]估算了我国 2005 年至 2009 年的 CO 排放量，本书根据该文献中提供的估算方法，对活动数据（如发电耗煤量、钢铁产量、交通运输活动数据等）进行了更新，估算了 2012 年我国的 CO 排放量。

6. 直接 $PM_{2.5}$ 排放

本书选取的直接 $PM_{2.5}$ 排放数据来自清华大学开发的中国多尺度排放清单模型（Multi-resolution emission inventory for China，MEIC），该数据库包含了 2012 年农业、工业、交通、发电及生活等部门的 $PM_{2.5}$ 排放数据。由于 MEIC 数据库中的部门划分没有投入产出表细致，因此需要将 $PM_{2.5}$ 排放数据重新分配至 140 部门。由于有研究表明煤炭燃烧是 $PM_{2.5}$ 排放的主要原因[16]，因此本书将各工业部门在“煤炭采选产品”部门的购买量比重作为划分依据，将 MEIC 数据库中各工业部门的 $PM_{2.5}$ 排放量分配至投入产出表中的 93 个工业部门。其他部门（农业、交通、发电和生活）的 $PM_{2.5}$ 排放量则根据各部门总产值比重进行划分。

3.2.5 各部门完全资源环境负荷的估算

结合 3.2.4 节所估算的直接资源环境负荷数据，根据式（3-6）即可估算 2012 年国民经济各部门的完全资源环境负荷系数。具体估算结果参见附录。

第 4 章　混合生命周期模型不确定性研究

4.1　不同 LCA 模型及其误差分析

4.1.1　误差来源

根据第 2 章的介绍，目前存在三种生命周期分析方法，即 PLCA 方法、IO-LCA 方法和将两者相结合使用的 HLCA 方法。理论上来说，在系统边界可以无限制拓展，相关参数准确性好、可获得性高的情况下，三种 LCA 方法对同一对象的评价结果应该是相同的。三种方法各具优缺点，PLCA 方法的优势在于能够对系统和过程进行详细解析，然而为了实现准确核算需要耗费大量的人力物力用于参数选择和清单收集[176]；虽然评价结果较为粗略，但 IO-LCA 方法能够比较快速、完整地实现对目标对象的评价[117, 177]；HLCA 模型虽然集合了两种方法的优势，但同时也无法避免这两种方法的缺陷，特别是在 PLCA 和 IO-LCA 的边界划分上一直缺乏科学的依据[117]。各类方法之间的差别一般被定义为截断误差和聚合误差[151]。截断误差，是指 PLCA 方法无法涵盖所有清单数据，特别是服务型投入，而造成的误差；聚合误差则是指 IO-LCA 方法采用部门水平参数代表典型产品进行运算而产生的误差。此外由于参数的滞后性和地域差异，PLCA 方法和 IO-LCA 方法也会存在一定的时间误差和空间误差（图 4-1）。因此在设计 HLCA 模型时，不能一味地追求 PLCA 的精准性或 IO-LCA 的完整性，需要通过综合分析各类误差

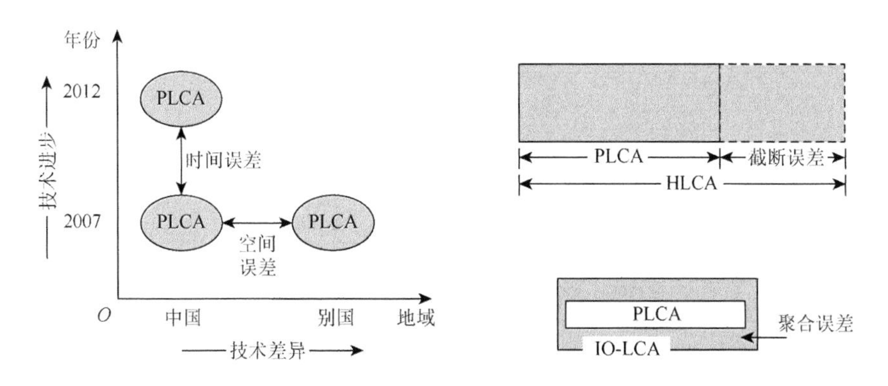

图 4-1　PLCA、IO-LCA 和 HLCA 中存在的误差

对结果的影响来确定模型。目前关于LCA方法误差的研究主要是基于数据库尺度[39, 151, 178]，针对案例的误差分析将会填补这一领域的空白。需要说明的是，本书所指误差并非真正意义上的模型核算错误，而是指各类模型由于参数和边界选择不同而造成的核算结果差别，其本质是一种不确定性。

4.1.2 生物质能源LCA模型的设定

1. 系统边界的确定

采用LCA方法对生物质能源的资源环境效应进行研究，首先要确定研究对象的系统边界。一般而言，生物质能系统包括原料收集、加工转化、产品使用和废弃物处置等环节，而这些环节均需要一定的投入并产生GHG和污染物，包括直接的化石能源消耗（如运输柴油消耗）和生物质能源燃烧、机械设备和材料投入、辅助设备、维修服务、安装服务及交通服务投入等。IO-LCA方法无法核算生物质能源使用和化石能源燃烧等过程的排放，因此该方法不能单独用于生物质能源的资源环境效应评价。采用PLCA和HLCA模型对生物质能源进行评价时，研究的系统边界会存在一定的差异（图4-2）。

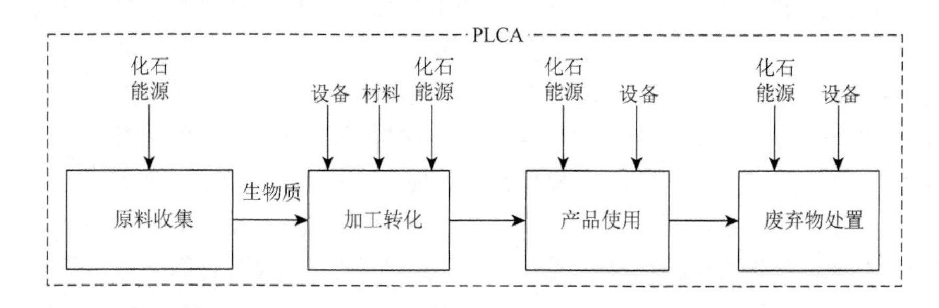

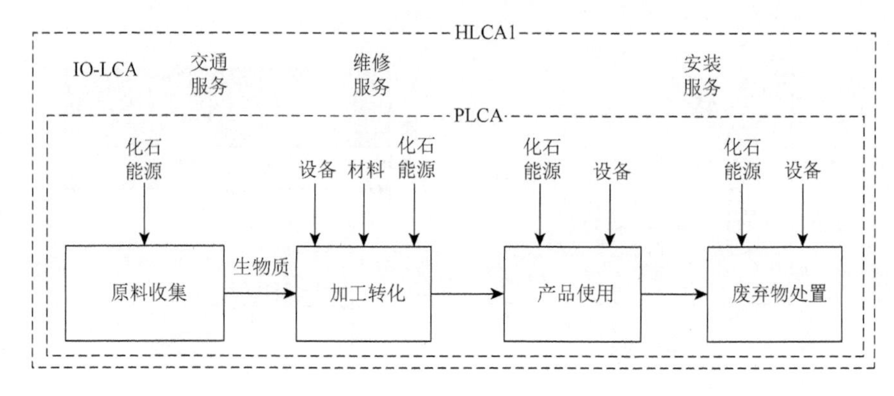

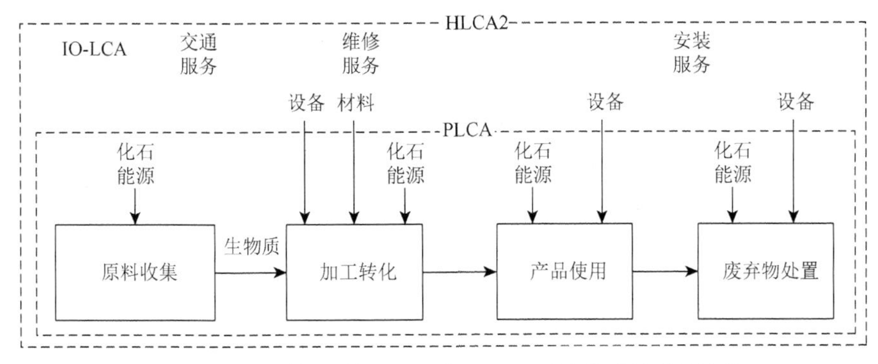

图 4-2　生物质能源的 PLCA 和 HLCA 评价模型的系统边界

2. 误差分析框架设计

图 4-2 所示为生物质能源的 PLCA 和 HLCA 评价模型的系统边界。从图中可以看出，完整的 PLCA 模型可以包含的数据清单主要包括直接资源环境影响（如化石能源和生物质能源燃烧排放）及主要材料和设备生产过程的间接资源环境影响。为了反映 HLCA 内部 PLCA 和 IO-LCA 边界选择对核算结果的影响，本书设计了两种不同内部边界划分方式的 HLCA 模型，即 HLCA1 和 HLCA2 模型。HLCA1 模型的设计原则是，将 PLCA 模型的边界最大化，因此 HLCA1 模型中 PLCA 部分的边界与完整的 PLCA 模型完全相同。除此之外，HLCA1 模型采用 IO-LCA 模型对各类服务进行核算，主要有交通、维修和安装服务。因此，将单纯的 PLCA 模型结果与 HLCA1 模型结果进行比较即可估算出 PLCA 模型的截断误差。HLCA2 模型的特点是 PLCA 模型的边界最小化，仅核算 IO-LCA 无法核算的直接资源环境影响部分（如化石能源燃烧过程的 GHG 排放），而将剩余部分全部采用 IO-LCA 模型核算（即 IO-LCA 模型边界最大化）。因此将 HLCA1 和 HLCA2 的核算结果进行对比，即可估算出 IO-LCA 模型的聚合误差的最大范围。此外，本书还通过在 PLCA 模型中设置不同时间范围和国别（地域）的参数，估算 PLCA 模型的时间和空间误差。图 4-3 为各类 LCA 模型的误差分析示意图，通过将不同模型的核算结果进行两两比较，可估算出各类模型的不确定性。

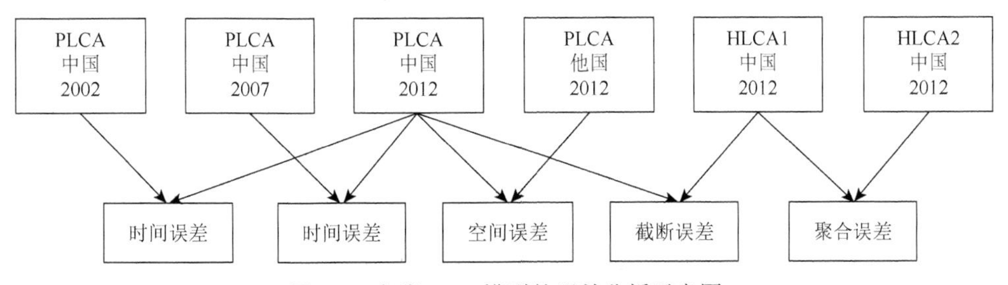

图 4-3　各类 LCA 模型的误差分析示意图

4.2 实证研究：生物质能源 LCA 模型误差分析

为了对 4.1 节所设计的 LCA 模型误差分析框架进行实证分析，本节将以直燃发电系统为例，研究不同 LCA 模型在核算直燃发电系统 GHG 排放成本时的不确定性大小。

4.2.1 案例介绍

本书选取的案例为某一玉米秸秆直燃发电系统，即发电厂。该发电厂建于 2009 年，设计装机容量为 30 MW，生命周期运行年限为 15 年，系统发电效率为 21%。该电厂每年消耗 20.3 万 t 玉米秸秆，发电 180 万 kW·h，其中上网电量为 162 万 kW·h，其余为电厂自身运行耗电。如图 4-4 所示，该发电系统由农业种植（土地翻耕、玉米种植、秸秆收割）、秸秆运输、预处理（秸秆粉碎）和燃烧发电系统等部分组成。秸秆燃烧产生的草木灰免费提供给当地农民作为农田或果园的肥料，因此草木灰处理未包含在研究系统内。玉米种植过程需要化肥、农药、电力和柴油等的投入，玉米秸秆是玉米种植过程的副产品。以玉米和玉米秸秆的市场价值为权重，大约 8%的投入可以被认为是由生产秸秆而产生的[179]。整个玉米秸秆直燃发电系统的投入主要包括以下四类：①玉米秸秆种植和收集过程的直接化石能源消耗；②电厂建设过程的设备和厂房投入；③化肥、农药和水等材料投入；④服务投入，主要包括运输服务、安装及维修服务。

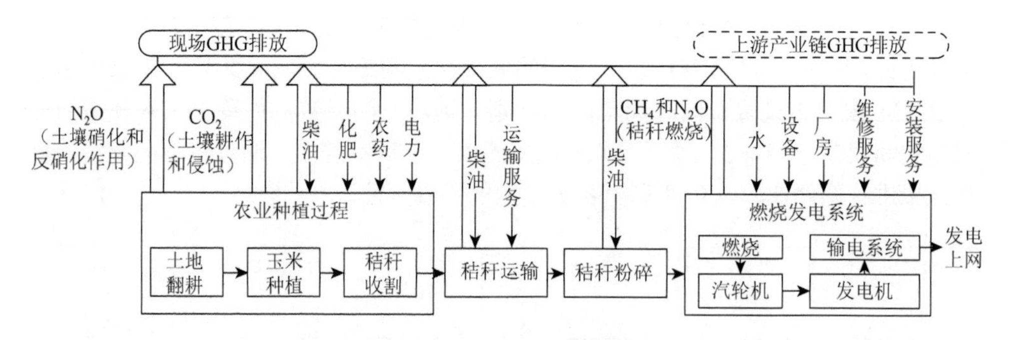

图 4-4 玉米秸秆直燃发电系统边界图

由于缺少相关数据，以下过程造成的 GHG 排放未纳入研究范畴，主要包括：①劳动力投入造成的排放；②玉米种植过程中农业机械投入造成的排放；③生物质发电在我国是新兴的行业，因此电厂报废阶段也未能考虑在系统边界内。

4.2.2　系统边界和参数选择

1. 发电系统的各类 LCA 模型边界

案例发电系统 GHG 排放的 PLCA 核算模型如图 4-5 所示。采用 PLCA 模型可以核算发电系统的直接 GHG 排放（即图 4-4 中的现场 GHG 排放），主要包括玉米种植过程中土壤的硝化与反硝化、土壤侵蚀造成的 GHG 排放；化石能源燃烧排放（如车用柴油燃烧）和秸秆在发电厂燃烧造成的 GHG 排放。此外，PLCA 模型还可以核算主要投入原料在上游生产过程中所造成的排放，如设备制造、厂房建设（钢铁、水泥等）、水和电力的 GHG 排放。PLCA 核算采用的是实物投入量，具体的投入数据主要来自实地调研，并以文献数据为补充。发电系统各部分的投入量见表 4-1 和表 4-2。

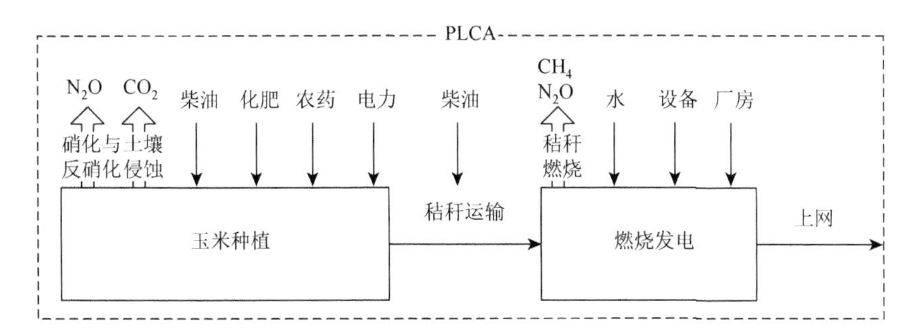

图 4-5　直燃发电系统的 PLCA 模型系统边界

表 4-1　玉米种植和电厂运行阶段能源和材料的年投入量

投入	数量	单位	单价/元
玉米种植过程			
氮肥	5 668	t	1 460
磷肥	2 061	t	1 610
钾肥	1 082	t	2 020
电力	9 284 428	kW·h	0.52
柴油	620 757	L	4.63
除草剂	137	t	32 860
杀菌剂	34	t	20 150
杀虫剂	137	t	19 930

续表

投入	数量	单位	单价/元
电厂运行阶段			
柴油（秸秆运输）	507 500	L	4.63
柴油（秸秆预处理）	25 918	L	4.63
玉米秸秆	203 000	t	
水	874 000	t	2.25

表 4-2　电厂建设阶段的总投入（实物量）

投入	数量	单位
厂房建设		
钢筋	5 040	t
混凝土	17 220	m^3
木材	945	m^3
砖	612	t
电厂设备		
起料机（钢）	45	t
条带传输机（橡胶）	1.20	t
锅炉（钢）	1 162	t
鼓风机（钢）	6	t
布袋除尘器		
钢	230	t
涤纶	10	t
管道	286	t
汽轮机（钢）	108	t
发电机（钢）	60	t
变压器		
钢	47	t
铜	7	t
润滑油	13	t

案例发电系统 GHG 排放核算的 HLCA1 模型将 PLCA 与 IO-LCA 模型相结合，PLCA 模型核算部分与单纯的 PLCA 模型保持一致，同时采用 IO-LCA 模型核算 PLCA 模型无法涵盖的部分，主要包括交通服务、维修服务、安装服务和辅助设备等产生的 GHG 排放（图 4-6）。

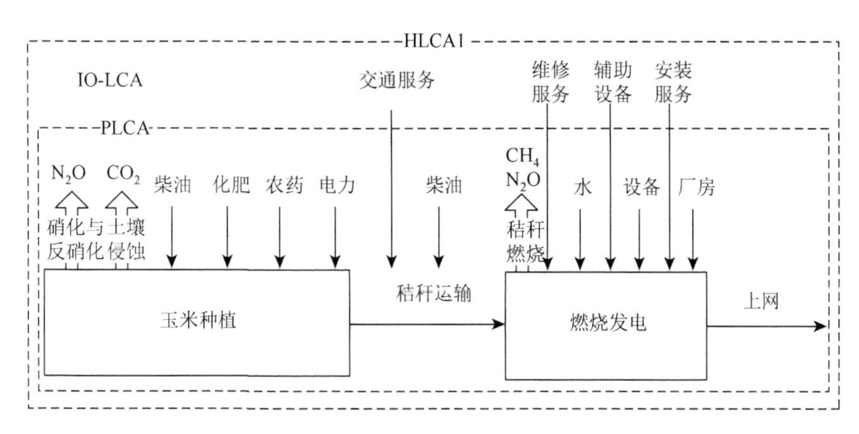

图 4-6　直燃发电系统的 HLCA1 模型系统边界

如图 4-7 所示，案例发电系统 GHG 排放核算的 HLCA2 模型的设计原则是仅将 IO-LCA 模型无法核算的部分采用 PLCA 模型核算，主要包括化石能源燃烧、硝化与反硝化、土壤侵蚀及生物质燃烧产生的 GHG 排放，而其他部分则采用 IO-LCA 模型核算。因此，需要将 PLCA 模型中采用实物量核算的主要设备和材料替换成价格数据。系统消耗的材料和能源的价格数据可以从《中国物价年鉴 2013》[156]中获得，设备的价格数据可以从案例电厂的设计书中获得，以上价格数据均转化为生产者价格。IO-LCA 模型所需的价格数据可见表 4-1 和表 4-3。

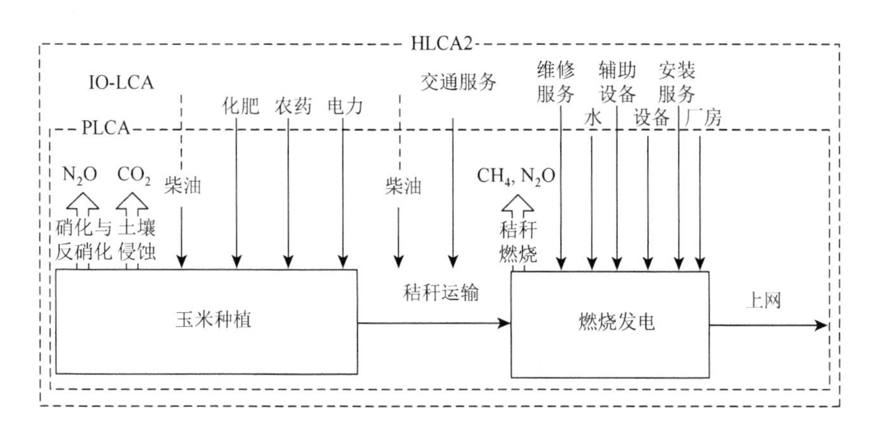

图 4-7　直燃发电系统的 HLCA2 模型系统边界

表 4-3　电厂建设阶段的总投入（价格数据）

投入	部件	价格/万元
厂房		3773
设备		
燃料供应系统	*上料系统*	739
	进料系统	535
热力系统	*锅炉*	4092
	风机	163
	布袋除尘器	409
	管道	100
	锅炉辅助设施	190
	汽轮机	1154
	发电机	433
除灰系统	除灰系统设备	252
水处理和供应系统	水箱	17
	泵和阀门	78
	冷却塔	80
	水处理设备	365
电气系统	*变压器*	261
	配电设备	876
	通信设备	88
	监测设备	32
热工控制系统	仪器仪表	1118
服务	维修服务	20
	设备维护	2
	交通服务	678
	安装服务	3528

注：斜体字为主要设备，其他为辅助设备

2. 参数选择

本书 PLCA 和 IO-LCA 模型核算过程分别选取了不同的 GHG 排放系数来源。IO-LCA 模型采用的 GHG 排放系数来自本书建立的资源环境投入产出数据库（附录）。根据 4.1.2 节第 2 部分的误差分析框架，本书选取不同年份不同地域的 GHG 排放系数用于对 PLCA 模型的时间和空间误差进行估算。其中，反映国内 GHG

排放水平的系数主要来源于已经发表的文献，其他国家的系数则引用于 ecoinvent v2.2 数据库[180]。

从时间尺度视角，本书重点考虑了由于技术水平进步或能源结构调整，我国钢铁、混凝土、化肥及电力 GHG 排放系数的变化。钢铁制造的 GHG 排放可根据历年吨钢能耗量变化规律进行估算。从 2000 年至 2012 年，吨钢能耗年均下降 2% 左右[181]，2000 年，我国钢铁制造的 GHG 排放量为 3.47 t CO_2-eq/t[182]，因此可以估算出历年吨钢的 GHG 排放量。历年混凝土的 GHG 排放系数可以根据水泥生产技术（新型干法和立窑）的份额变化进行估算[183, 184]。我国电力的 GHG 排放系数变化根据历年电力结构变化进行估算[185-187]。不同年份的化肥生产过程的 GHG 排放系数可见文献[188]至文献[191]。

本书认为直燃发电系统的直接排放受技术进步影响较小，因此排放系数保持不变。农业种植过程的土壤有机碳损失或碳捕获情况主要受种植方式的影响，即免耕或翻耕种植[192]，依据已有文献，本书假定免耕比例为 16%[193]。施用氮肥产生的 GHG 排放可参考 Yang 和 Chen[86]。由于数据缺乏，本书假定农药（除草剂、杀菌剂、杀虫剂）、水、铜及橡胶等投入的 GHG 排放系数保持不变，详见表 4-4。

表 4-4 PLCA 模型中采用的 GHG 排放系数

投入	单位	中国 2002 年平均水平	中国 2007 年平均水平	中国 2012 年平均水平	欧洲 2012 年最低水平	欧洲 2012 年最高水平	欧洲 2012 年平均水平	美国 2012 年平均水平	全球 2012 年平均水平
钢铁	t CO_2-eq/t	3.2	2.5	2.4	0.4	4.5	2.4	2.4	2.4
混凝土	t CO_2-eq/m³	0.6	0.6	0.6	0.6	0.6	0.6	0.6	0.6
木材[180]	t CO_2-eq/m³	0.1	0.1	0.1	0.1	0.1	0.1	0.1	0.1
砖[194]	t CO_2-eq/t	0.1	0.1	0.1	0.1	0.1	0.1	0.1	0.1
橡胶[195]	t CO_2-eq/t	1.0	1.0	1.0	1.0	1.0	1.0	1.0	1.0
涤纶[196]	t CO_2-eq/t	3.9	3.9	3.9	3.9	3.9	3.9	3.9	3.9
铜[99]	t CO_2-eq/t	4.7	4.7	4.7	4.7	4.7	4.7	4.7	4.7
冷却油[180]	t CO_2-eq/t	1.1	1.1	1.1	1.1	1.1	1.1	1.1	1.1
氮肥	t CO_2-eq/t	15.3	10.4	8.2	0.9	0.9	0.9	3.1	8.2
磷肥	t CO_2-eq/t	2.7	1.6	1.5	1.6	6.0	6.0	0.6	1.5
钾肥	t CO_2-eq/t	0.8	0.7	1.0	0.5	1.7	1.7	0.4	1.0
电	kg CO_2-eq/(kW·h)	0.9	0.9	0.8	0.6	0.6	0.6	0.8	0.8
柴油（生产）	kg CO_2-eq/L	0.4	0.4	0.4	0.4	0.4	0.4	0.4	0.4
柴油（燃烧）	kg CO_2-eq/L	2.6	2.6	2.6	2.6	2.6	2.6	2.6	2.6
除草剂[180]	t CO_2-eq/t	10.2	10.2	10.2	10.2	10.2	10.2	10.2	10.2
杀菌剂[180]	t CO_2-eq/t	10.6	10.6	10.6	10.6	10.6	10.6	10.6	10.6

续表

投入	单位	中国 2002年平均水平	中国 2007年平均水平	中国 2012年平均水平	欧洲 2012年最低水平	欧洲 2012年最高水平	欧洲 2012年平均水平	美国 2012年平均水平	全球 2012年平均水平
杀虫剂[188]	t CO_2-eq/t	18.0	18.0	18.0	18.0	18.0	18.0	18.0	18.0
土壤有机碳损失	t CO_2-eq/ha	2.7	2.7	2.7	2.7	2.7	2.7	2.7	2.7
土壤碳捕获	t CO_2-eq/ha	−1.0	−1.0	−1.0	−1.0	−1.0	−1.0	−1.0	−1.0
施肥造成的 N_2O 排放	t CO_2-eq/t	3.1	3.1	3.1	3.1	3.1	3.1	3.1	3.1
秸秆燃烧[25, 86]	t CO_2-eq/t	0.1	0.1	0.1	0.1	0.1	0.1	0.1	0.1
水[180]	kg CO_2-eq/t	0.5	0.5	0.5	0.5	0.5	0.5	0.5	0.5

为了估算 PLCA 模型的空间误差，本书选取了 2012 年欧洲水平、美国平均水平和全球平均水平的各类投入的 GHG 排放系数（表 4-4），并将其与国内平均水平进行比较。数据主要来源于 ecoinvent v2.2 数据库[180]。无法获取的国外的投入数据，假定其排放系数与国内水平相当。因此，本书所估算的时间和空间误差可能比真实值低。

4.2.3　结果分析

1. *截断误差和聚合误差*

由图 4-8 可知，采用 PLCA、HLCA1 和 HLCA2 模型核算的案例发电系统 GHG 排放成本分别为 164.88 g CO_2-eq/(kW·h)、181.67 g CO_2-eq/(kW·h)和 168.57 g CO_2-eq/(kW·h)，与已经发表的结果较为接近［35～178 g CO_2-eq/(kW·h)］[51]。来自玉米种植和电厂运行阶段的现场排放（直接排放）占 GHG 排放成本的主要部分（66%～73%）。此外，不论采用何种核算模型，电厂运行阶段的排放所占比重均最大，这与以往研究得出的结论是相似的[50]，运行阶段的主要排放来自秸秆燃烧产生的 CH_4 和 N_2O 排放。

将 PLCA 与 HLCA1 的核算结果进行比较，可以估算出 PLCA 模型的截断误差至少为 9%。Suh 等[117]和 Majeau-Bettez 等[151]基于数据库核算的 PLCA 的截断误差为 20%～60%，远高于本书基于案例获得的结果，这说明 PLCA 模型可以较好地反映直燃发电系统的真实 GHG 排放情况。由图 4-9 可知，服务投入是最大的截断误差来源（7.8%），主要包括交通服务（4.9%）、安装服务（2.7%）和维修服务（0.2%）。服务业是劳动和资本密集型行业，这导致对服务业的 PLCA 核算往往存在较大的截断误差[178, 197]。

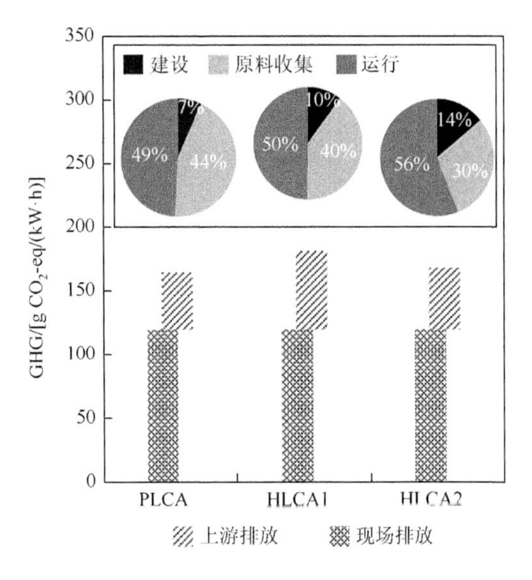

图 4-8　直燃发电系统的 GHG 排放成本

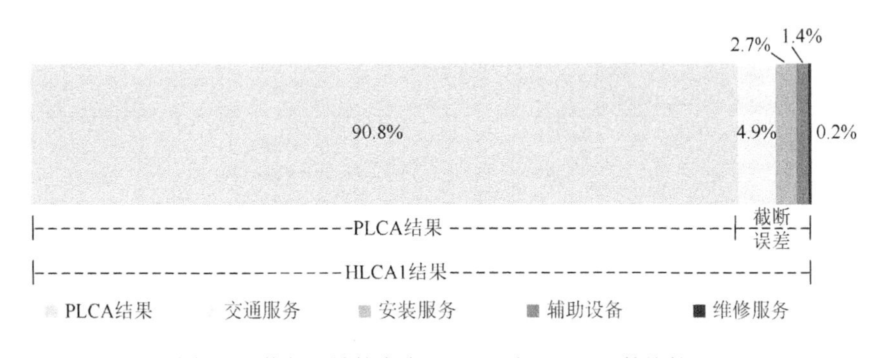

图 4-9　截断误差的大小（PLCA 与 HLCA1 的比较）

通过将 HLCA1 和 HLCA2 模型的核算结果进行比较，可以估算出聚合误差的最大值约为 7%，在可接受的范围内[108]。如前文所述，聚合误差产生的原因是 HLCA1 和 HLCA2 模型采用了不同的排放系数核算主要设备和材料的 GHG 排放，因此可以说聚合误差本质上反映的是两种模型的核算过程的差别，而并非真正意义上的误差（如核算不完整）。图 4-10 按照降序将采用两种模型核算的 GHG 排放差别从上到下进行排列。可以发现，除了除草剂和电，其他设备和材料的差别均超过 20%，其中管道、磷肥、杀虫剂和氮肥的差别甚至超过 100%（氮肥为 1353%）。总体来看，PLCA 和 IO-LCA 模型核算部分的差别为 36%。虽然两种模型的核算结果存在较大差别，但反映出的主要上游 GHG 排放来源却是相似的。如图 4-11 所示，PLCA 模型核算结果表明上游 GHG 排放的 91%来源于氮肥、建筑、电、水、磷肥、柴油（生产）、杀虫剂、锅炉及除草剂。相应地，IO-LCA 模型核算结果反映了相关国民经济部门对上游 GHG 排放的贡献为 81%。这从一定程度上证明了参数来源的可靠性和核算结果的准确性。

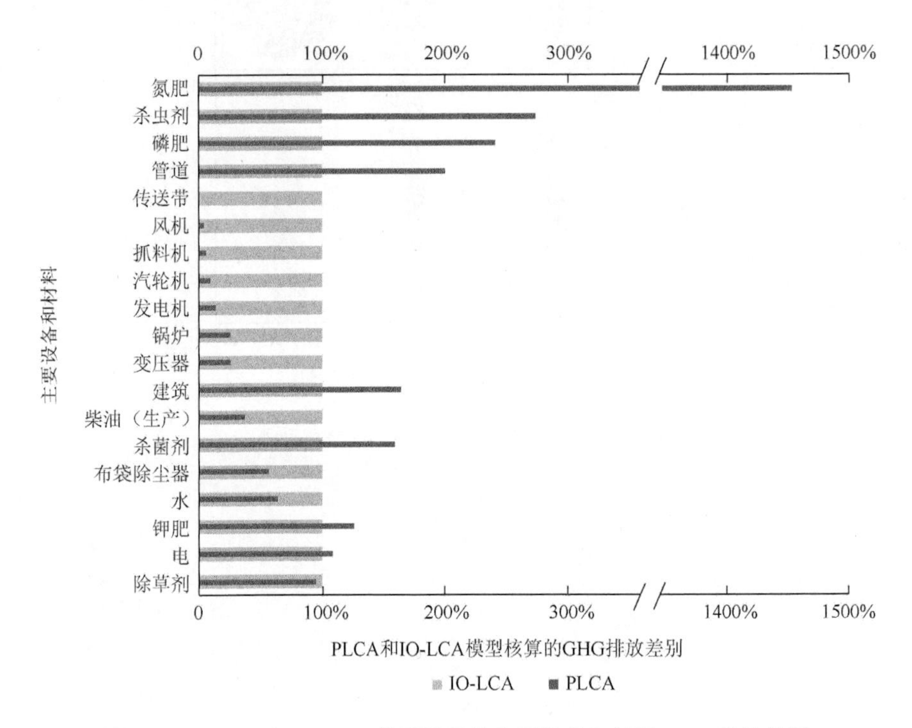

图 4-10　PLCA 和 IO-LCA 模型核算的主要设备和材料 GHG 排放差别

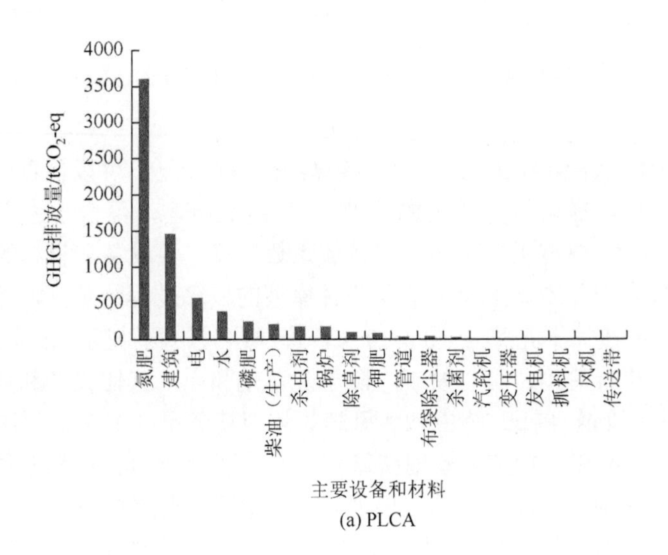

(a) PLCA

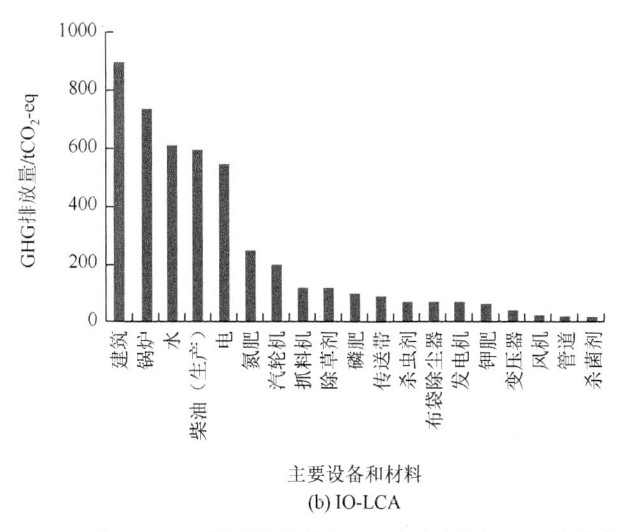

(b) IO-LCA

图 4-11　PLCA 和 IO-LCA 模型核算的主要设备和材料 GHG 排放大小排序

2. 时间和空间误差

以 2012 年为基准年，通过将 2012 年水平 PLCA 模型核算结果分别与 2002 年和 2007 年水平核算结果相比较，发现 PLCA 模型的时间误差分别为 14%和 4%（图 4-12）。因此，在进行 PLCA 核算时应尽可能甄别参数所代表的技术水平，减小结果的时间误差。通过将我国 2012 年水平 PLCA 核算结果与其他地区同年水平结果相比较发现，我国与全球平均水平相当，误差仅为约 1%（图 4-12）。美国

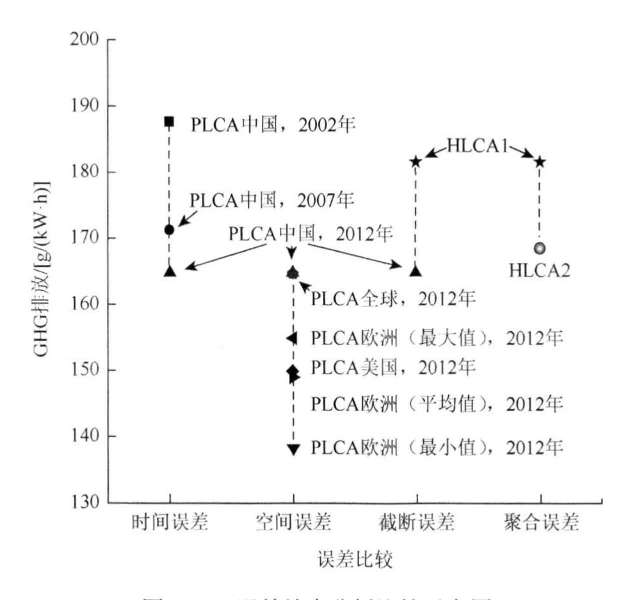

图 4-12　误差综合分析比较示意图

PLCA 模型核算结果比我国低约 9%，欧洲水平结果则低于我国 6%～16%（平均约为 10%）。本书的结果证明，开展 PLCA 相关研究不可忽视时间和空间误差对结果的影响，而以往的研究却未对参数的时空差别进行考虑[124, 125]。

3. 讨论

本章旨在量化分析不同 LCA 模型在核算玉米秸秆直燃发电系统 GHG 排放时的不确定性。结果表明，不论采用何种模型，电厂运行阶段的排放都是系统 GHG 排放的主要来源，主要原因是生物质燃烧产生 GHG 排放。现场排放所占比重为 66%～73%，其余为上游产业链排放。

整体来看，四类误差的大小均在可接受的范围内，这说明各类 LCA 模型均能较好地反映直燃发电系统的真实 GHG 排放情况。但是如果考虑时间和人力物力成本，更多采用资源环境投入产出数据库和价格数据的 HLCA2 模型则比更多采用实物投入数据的 PLCA 模型和 HLCA1 模型更具优越性，因为实物数据和相关参数在实际中相对较难获取。尽管目前 PLCA 方法仍然是 LCA 方法的主流，但 HLCA 模型作为 PLCA 模型的补充和发展也具有明显的优点，因为只有 HLCA 模型才能将所有可获得的数据都考虑在 LCA 体系内[151]。可见，HLCA 模型值得未来进一步开发和利用。

本书的结果表明 HLCA2 方法在评价直燃发电系统时具有一定的优势：①相较于 PLCA 模型，其能够将更多的数据纳入考虑，拓展系统边界，避免截断误差；②更多地依赖于本书所建的 2012 年资源环境投入产出数据库，保证了参数的边界一致性和时间一致性，并且大大降低了参数获取的难度；③由于系统的直接排放（只能采用 PLCA 模型核算）占比较大，因此间接排放部分采用 IO-LCA 模型或 PLCA 模型核算造成的差别对总结果的影响相对较小；④PLCA 模型的时间和空间误差主要来自间接排放核算部分，直接排放的时间和空间误差一般较小，因此采用 HLCA2 模型，即将间接排放全部采用 IO-LCA 模型核算，能够大大减小 PLCA 模型的时间和空间误差。由于生物质能系统具有一定的共同特征，如都需要种植或收集原料，都需要交通及电力等的投入，因此以直燃发电系统为例获得的结论可以推广至其他生物质能系统。

需要注意的是，在开展其他类型可再生能源评价，如风电和太阳能发电时，应当核算不同模型对结果的影响。这是因为这些可再生能源类型主要以材料和设备投入为主，直接能源消耗和排放较少，因此采用 PLCA 模型和 IO-LCA 模型核算时结果可能会有较大差别。

4.3 本章小结

本章首先对不同 LCA 模型的不确定性来源进行了介绍，即 PLCA 模型存在的截断误差、时间误差和空间误差，IO-LCA 模型存在的聚合误差。HLCA 模型由于将 PLCA 和 IO-LCA 模型相结合，可以避免截断误差，但无法避免时间误差、空间误差和聚合误差。

通过设计不同时间和空间参数的 PLCA 模型、不同内部边界划分方式的 HLCA 模型（即 HLCA1 模型和 HLCA2 模型），本章设计了分析不同 LCA 模型不确定性的理论框架，并以玉米秸秆直燃发电系统的 GHG 排放研究为例，对这一理论框架进行了实证分析，量化了不同 LCA 模型在直燃发电系统应用中的不确定性范围。

本章通过实证发现直燃发电系统 PLCA 模型的截断误差至少为 9%，时间误差范围为 4%～14%，空间误差范围为 1%～16%；HLCA 模型的聚合误差为 0～7%。本章发现所有 LCA 模型都能较好地反映系统真实的 GHG 排放情况，但 HLCA2 模型由于最大限度地依赖投入产出表，从数据可获得性（即投入的人力、物力和时间）的角度来说具有优势。此外 HLCA2 模型不仅可以避免截断误差，同时还能最大限度地消除 PLCA 模型存在的时间和空间误差。

针对秸秆直燃发电系统所获得的结论可以进一步推广至其他生物质能系统中。

第5章　生物质能源的生命周期资源环境成本分析

5.1　系统介绍与模型构建

本章所指的生物质能源的资源环境成本，是指从“摇篮到大门”（cradle to gate），即从原料种植或收集、加工转化至产品产出阶段的资源环境成本，不包含生物质能源产品的运输和使用阶段。研究典型生物质能源生产链的资源环境成本，有利于从产业过程发现其节能减排潜力，从资源环境的角度优化生物质能源的生产链条。根据第1.2节的介绍，目前我国包含的典型生物质能源转化类型有生物质压缩成型、直燃发电、村级生物质气化站、户用沼气池、燃料乙醇和生物柴油等。本章将选取典型案例，采用本书所建立的HLCA2模型（下文直接称为HLCA模型）分别对这些生物质能源项目的资源环境成本进行核算和分析。

5.1.1　生物质压缩成型系统

生物质成型燃料是固体形态生物质能源的典型代表。生物质压缩成型技术是将各类生物质原料粉碎、高压成型等，使原来分散的、没有一定形状的原料压缩成具有一定几何形状、密度较大的成型燃料[23]。本章选取吉林宏日新能源股份有限公司的一个木质颗粒加工厂作为案例点，其主要原料为林业剩余物，采用环模颗粒成型技术，年产木质颗粒产品10 000 t（图5-1）。如图5-2所示，生物质颗粒的生产过程包括木材砍伐、加工转化（粉碎、筛选、干燥、压缩成型、冷却和包装）及产品利用。林业剩余物的平均收集半径为35 km，每生产1 t成型燃料需消耗林业剩余物1.32 t。生物质成型燃料项目的设计生命周期为15年。

生物质压缩成型系统各阶段的主要投入如图5-3所示，主要包括：①直接的化石能源投入，如木材砍伐过程和交通运输柴油消耗；②生产设备和电力的投入。需要注意的是，由于本章研究的是从“摇篮到大门”的系统资源环境成本，因此生物质颗粒的燃料使用阶段未考虑在系统边界内。生物质压缩成型系统的资源环境成本采用HLCA模型核算，具体来说，木材砍伐和交通运输柴油燃烧产生的资源消耗、GHG和污染物排放采用PLCA模型核算，化石能源、生产设备及电力生产过程引起的上游资源消耗和排放则采用IO-LCA模型核算（图5-3）。由于生物质

（a）料场　（b）原料粉碎

（c）成型模具　（d）颗粒燃料

图 5-1　生物质颗粒燃料案例实景

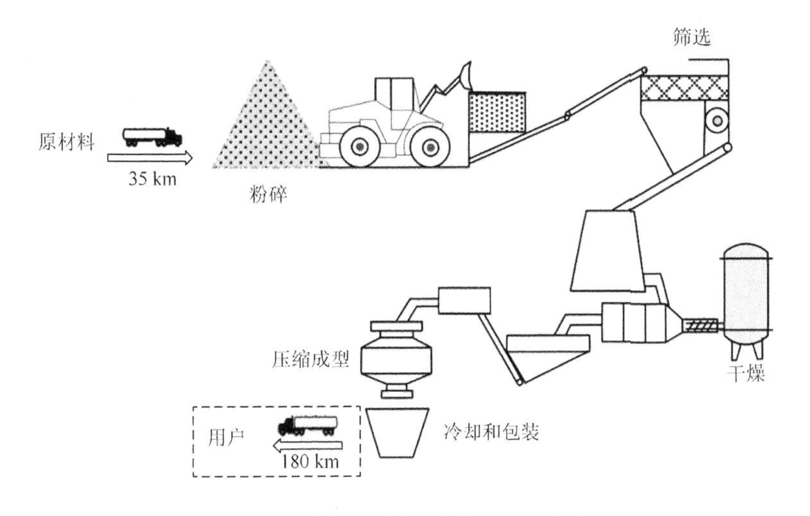

图 5-2　生物质压缩成型系统示意图

压缩成型在我国属于新兴项目，目前还未有颗粒燃料生产厂达到报废年限，因此本书未考虑压缩成型项目最终报废阶段的资源消耗及污染物排放情况。

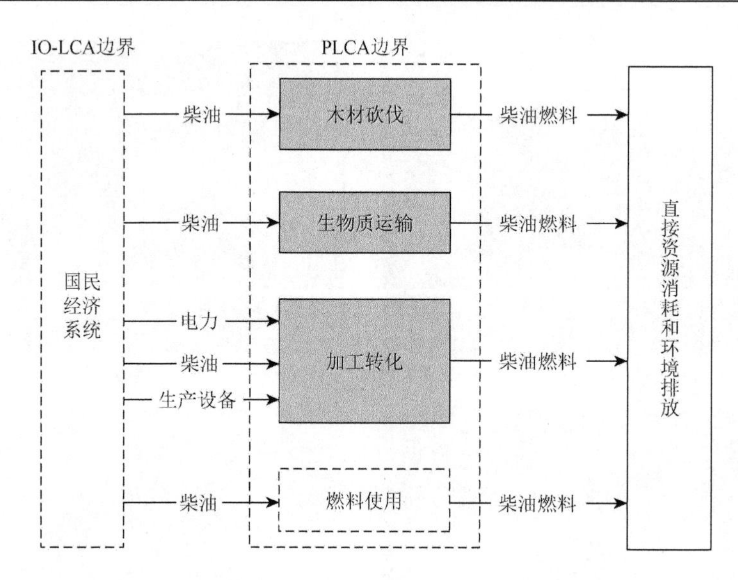

图 5-3　生物质压缩成型系统的 HLCA 模型边界图

5.1.2　村级生物质气化系统

生物质热解气化是一种有限氧气供应的热化学转化过程，通过该过程可以将生物质原料转化为生物质合成气（富含 CO 和 H_2）。其设计发明之初是为了有效利用农业和林业剩余物，并为农村地区提供清洁的燃气。本书所选择的案例点为北京市密云区太师屯镇太师庄村的一座村级气化站（图 5-4）。该气化站建于 2007 年末，设计寿命为 20 年。该气化站以林业剩余物为气化原料，平均收集半径为 50 km。每年投入生物质原料 2400 t，可产生物质气 72 万 m^3、木炭 600 t、木醋液 480 t 及木焦油 120 t。所产生物质气全部供太师庄村 2000 户家庭使用，木炭用于出售。该气化站所产的生物质气的低热值为 14.7 MJ/m^3，符合国家燃气标准。如图 5-5 所示，生物质原料经过气化炉加热，裂解产生生物质气，气体经过四级净化系统（分别为木醋液浇淋、水洗、炭洗和气液分离），再经干燥后方可存入储气罐。所产生的物质气通过管道传输至各家各户，主要用于炊事。

如图 5-6 所示，村级生物质气化系统的直接资源消耗、GHG 和污染物排放采用 PLCA 模型核算，主要包括木材砍伐机械油耗及排放、生物质原料运输油耗及排放，以及气化站储气罐封气直接用水。系统的设备、零件、辅助材料（如焦炭），以及柴油和水的生产过程的上游资源环境成本（如电、管网等）则采用 IO-LCA 模型核算。两种模型核算结果之和即为系统的 HLCA 核算结果。同样地，生物质燃气的燃料使用及气化站报废阶段未包含在资源环境成本核算边界内。

（a）原料

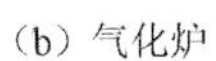

（b）气化炉

（c）木醋液池

（d）储气罐

图 5-4　村级气化站案例实景

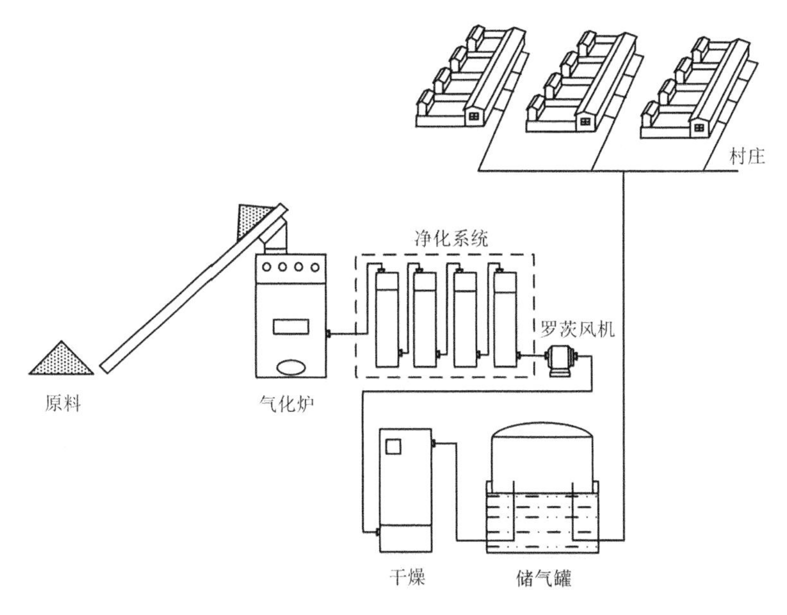

图 5-5　村级生物质气化系统示意图

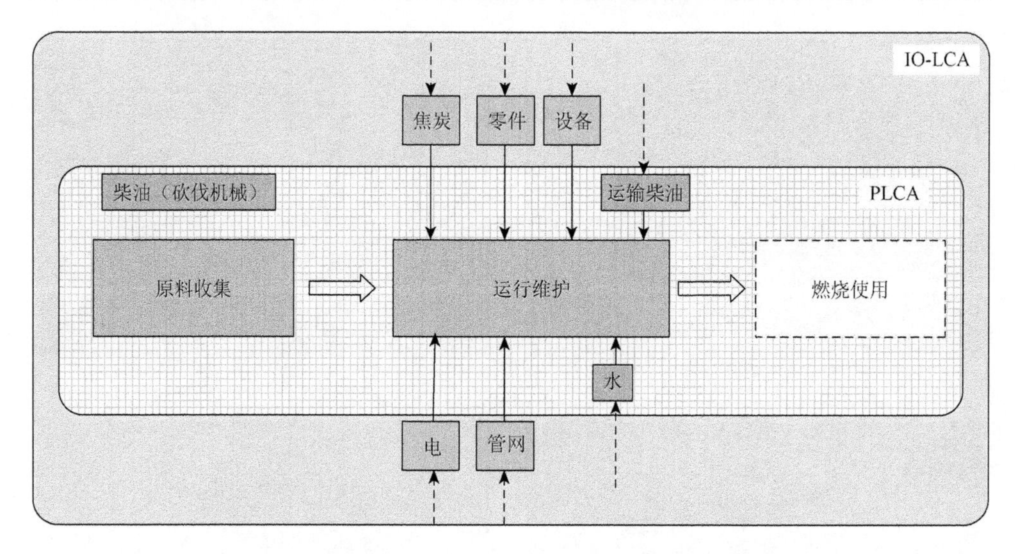

图 5-6　村级生物质气化系统的 HLCA 模型边界图

5.1.3　直燃发电系统

直燃发电系统多以农林剩余物或垃圾为燃料，通过燃烧提供蒸汽驱动汽轮发电机组，从而发电上网。本书以毛乌素生物质热电厂为例，分析直燃发电系统的资源环境成本（图 5-7）。毛乌素生物质热电厂位于内蒙古毛乌素沙地，该电厂于 2007 年建成投产，总投资达 3.2 亿元。目前该电厂共有两台生物质发电机组，总装机容量为 2×150 MW。该电厂设计生命周期为 15 年。电厂的主要燃料是一种叫沙柳（*Salix psammophila*）的沙生植物，这种植物被广泛用于沙漠化的治理。沙柳在生长阶段，每三年必须平茬一次，否则就会枯萎，大量的平茬剩余物可以用作生物质发电厂的燃料。沙柳直燃发电系统的生产工艺如图 5-8 所示。整个工艺主要包含两个部分：沙柳种植与预处理及燃烧发电。实际上除了燃料和装机大小不同，直燃发电厂与燃煤电厂的工艺是相似的。电厂的发电效率为 18.7%，每年需要投入 184 000 t 沙柳（40%含水量），年发电量为 144 GWh。其中上网电量为 130 GWh，电厂自用电为 14 GWh。

整个系统从沙柳到发电的投入可以分为三个阶段，即原料收集、沙柳片运输和电厂运行（图 5-9）。沙柳种植、预处理与运输阶段的直接化石燃料消耗及电厂运行阶段的直接水资源消耗采用 PLCA 模型核算，IO-LCA 模型则用于核算建筑材料、发电设备投入造成的资源消耗和污染物排放，以及柴油和水资源制造过程的上游资源环境成本。

（a）沙柳种植

（b）料场

（c）锅炉

（d）冷却塔

图 5-7　毛乌素生物质热电厂实景

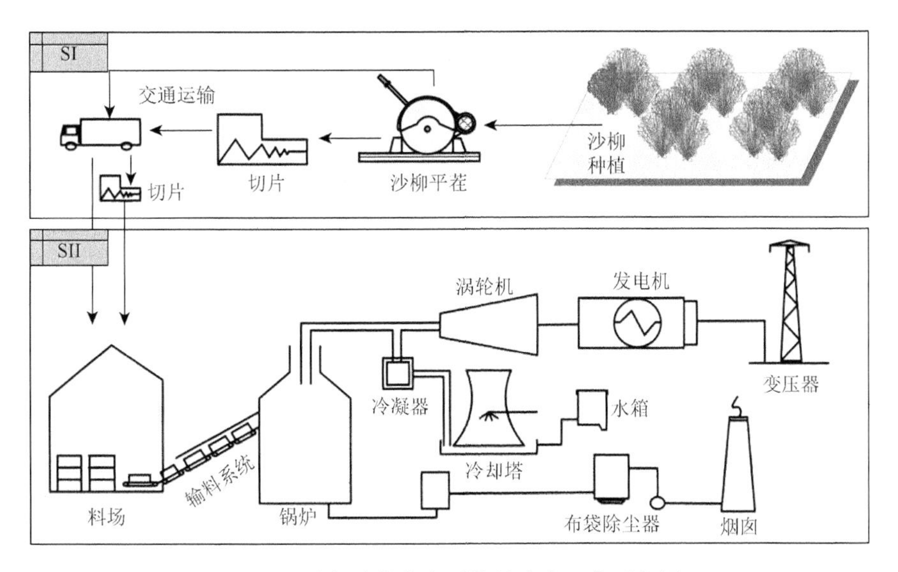

图 5-8　沙柳直燃发电系统的生产工艺示意图

SI 为原料收集种植模块，SII 为生物质电厂模块

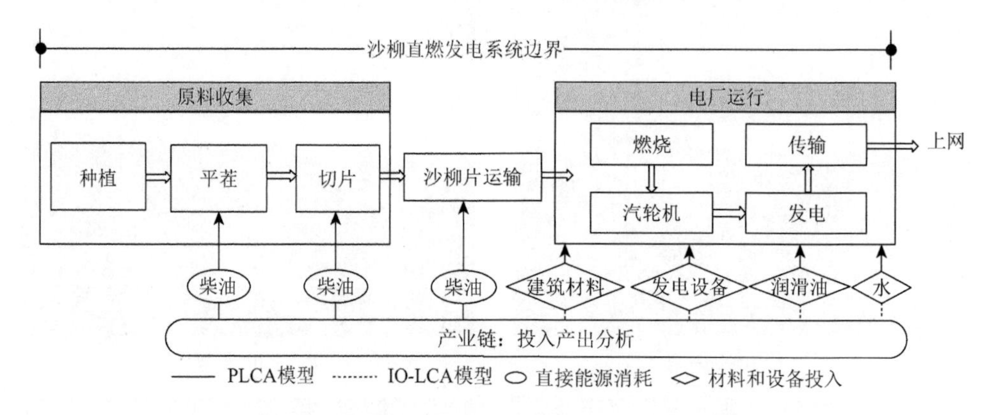

图 5-9　沙柳直燃发电系统的 HLCA 模型边界图

5.1.4　户用沼气池系统

本节所选案例为一口 8 m^3 的户用沼气池，其在我国南方得到普遍推广，被称为“一池三改”模式，即建设一座 8 m^3 的沼气池，同时要对厕所、厨房和猪圈进行改造，方便发酵原料的输入和沼气的输出（图 5-10）。根据 2010 年和 2011 年项目组在贵州省安龙县的实地调查（图 5-11），我们获得了典型 8 m^3 户用沼气池建设阶段的相关数据和参数。本书假定沼气池的发酵原料全部为粪便，没有直接的 GHG 排放，作为人类农业活动的废弃物，其间接排放也可以被忽略。户用沼气池的设计使用寿命为 20 年，每口 8 m^3 的户用沼气池年产沼气量一般在 250 m^3 至 350 m^3 之间[59, 198, 199]，本书假定年沼气产量为 300 m^3。由于目前没有足够的证据表明原始粪便的肥效与沼液沼渣的差别，因此本书未考虑沼液沼渣利用的资源环境影响。

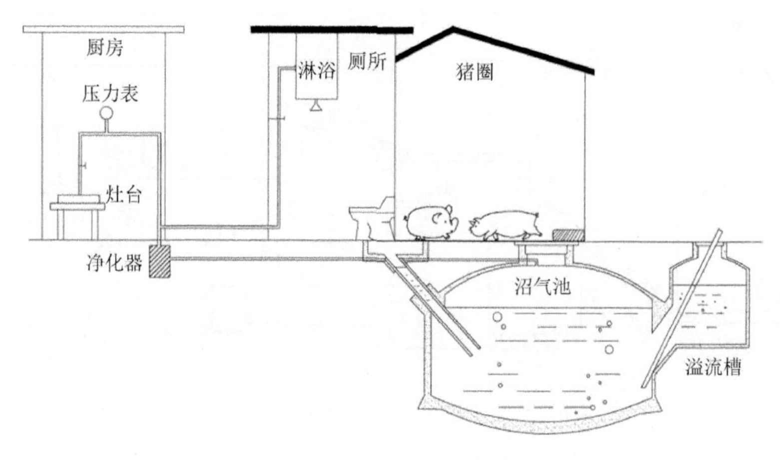

图 5-10　户用沼气池系统示意图

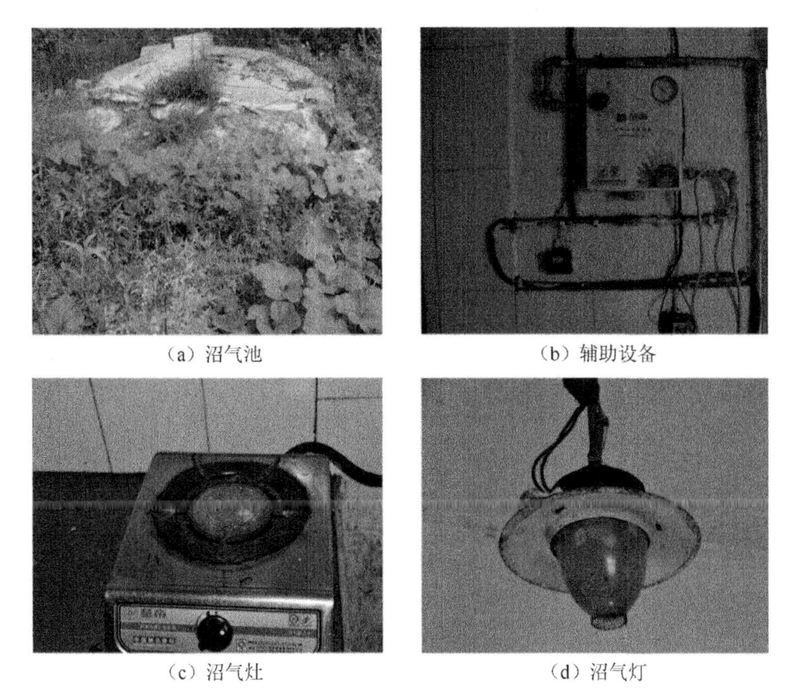

（a）沼气池　（b）辅助设备

（c）沼气灶　（d）沼气灯

图 5-11　户用沼气项目实景

如图 5-12 所示，户用沼气池系统的直接能源消耗较少，主要投入为建设阶段的材料和设备投入。因此 PLCA 模型核算部分仅包括建池材料运输过程中的柴油消耗及沼气池废弃阶段报废材料在运输过程中的柴油消耗。建池材料、设备等生产过程及柴油生产过程的上游资源消耗和污染物排放成本采用 IO-LCA 模型核算。

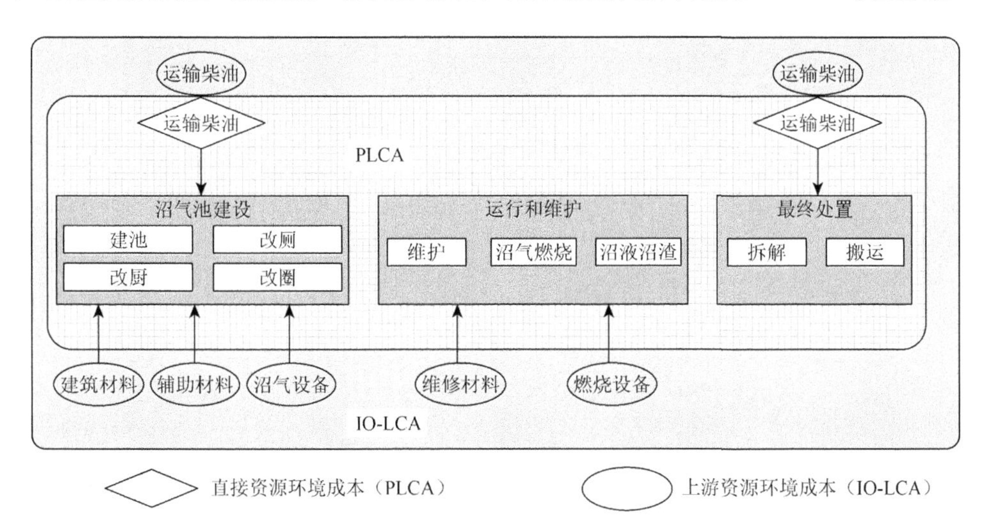

图 5-12　户用沼气池系统的 HLCA 模型边界图

5.1.5 生物柴油系统

我国生物柴油的原料油以菜籽油和麻风树籽柴油为主[200]。我国是世界第一油菜生产大国。2021 年我国油菜种植面积达到 699 万 hm^2，年总产量达到 1471 万 t，主要分布在长江流域。油菜籽的含油率接近 50%，在目前的技术水平下出油率超过 35%。油菜经过工业过程提炼，可以生产高芥酸油、涂料、脂肪酸和饲料，工业用途广泛[201]。麻风树在我国两广、福建和海南等省（自治区）及西南地区广泛种植，是一种高 2～5 m 的落叶灌木或小乔木，又名小桐子。一般麻风树经种植后 3 年可开花结果，每 10 亩①约产 3 t 种子，提炼约 1 t 生物柴油。麻风树一经种植，可利用时间长达 30 年。麻风树种子含油率超过 35%，其种仁含油率一般为 50%～60%[201]。

如图 5-13 所示，生物柴油系统应包含原料种植、原料油生产和生物柴油生产三个阶段。与生物质压缩成型、气化和发电不同，生物柴油需要专门的油料生物质原料，因而原料种植过程不可或缺。收获的油菜籽，经过压榨或浸出后产生原料油（毛油），原料油经过去悬浮杂质、脱胶、脱酸、脱色、脱臭、脱蜡、脱脂、提纯

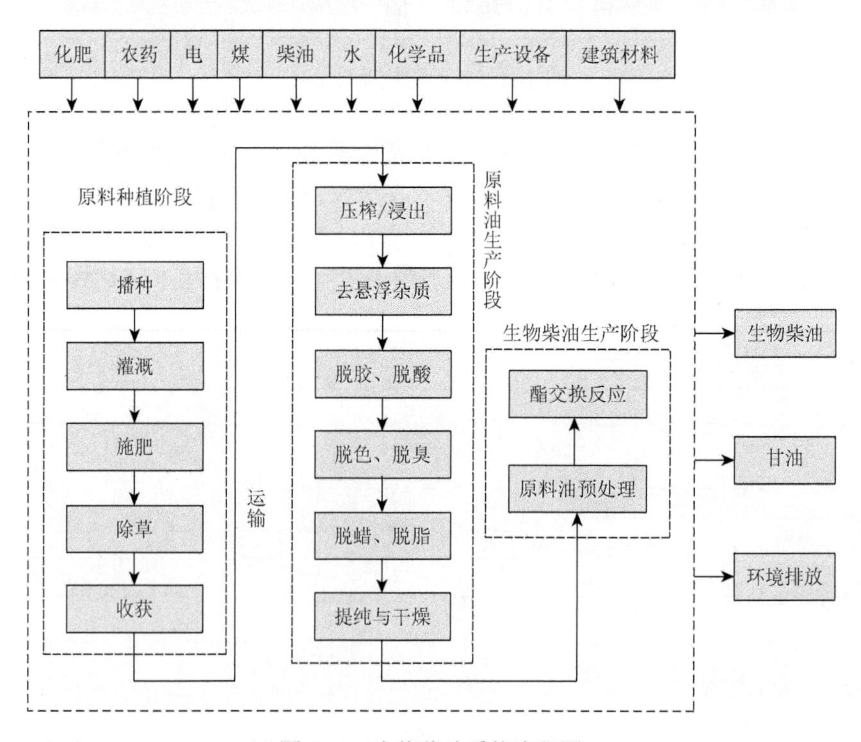

图 5-13 生物柴油系统流程图

① 1 亩 = 1/15 公顷 = 10 000/15 平方米≈666.7 平方米。

与干燥等工序后，方可产出原料油。原料油经预处理后，还需经过复杂的酯交换反应过程，才能产出生物柴油及副产品甘油[201]。本书所选案例对象为年产 5 万 t 的生物柴油厂，需投入油菜籽 14.35 万 t 或麻风树果实 15.9 万 t，柴油厂的设计生命周期为 15 年。

生物柴油的生产过程需要投入大量的能源、材料和设备。如图 5-14 所示，本书构建了生物柴油系统的 HLCA 模型，对于直接的资源消耗、GHG 和污染物排放运用 PLCA 模型核算，主要包括原料种植过程产生的氮肥效应和直接水耗、生物质运输过程的柴油燃烧和柴油生产过程的煤燃烧和直接水耗。IO-LCA 模型核算部分包括材料、设备上游生产链及化石能源和水资源生产过程的资源环境成本。需要注意的是，生物柴油的使用阶段未包含在资源环境成本核算框架内。

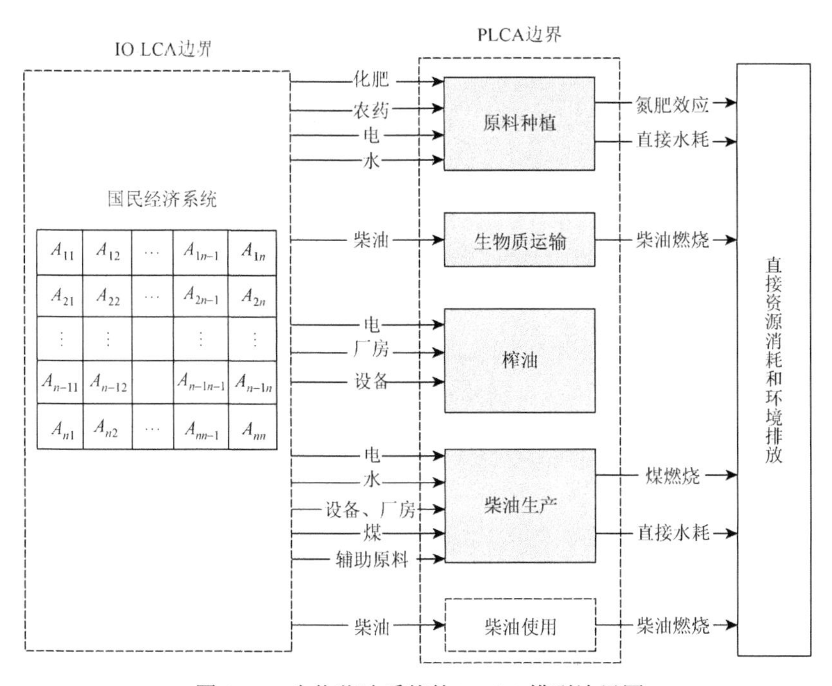

图 5-14　生物柴油系统的 HLCA 模型边界图

5.1.6　燃料乙醇系统

燃料乙醇的生产一般以玉米、小麦、薯类、甘蔗、甜菜等为原料。我国早期燃料乙醇主要以陈化粮为原料，但陈化粮毕竟有限，燃料乙醇生产逐渐转向以玉米为原料。但由于我国人多地少，采用玉米作为乙醇生产原料给我国的粮食安全带来了巨大压力。木薯因其淀粉含量高、易种植、耐干旱贫瘠、不与粮争地、价格低廉等特点而被世界公认为是具有良好发展前景的燃料乙醇原料[203, 204]。木薯作为一种非粮作物，主要生长于我国广东、广西和海南地区，尤以广东为甚[202]。本书将分别对玉米和木薯乙醇系统的资源环境成本进行分析。如图 5-15 所示，燃料乙醇生产过程首先是原料种植（木薯或玉米），其次收获的玉米或木薯经过粉碎和搅拌、液化和糖化、发酵、蒸馏、后处理、脱水及变形等步骤后即可产生燃料乙醇及其副产品（酒糟蛋白饲料和 CO_2）。本书所选案例对象为年产 10 万 t 的燃料乙醇厂，需投入玉米 31 万 t 或鲜木薯 70 万 t，燃料乙醇厂的设计生命周期为 15 年，乙醇系统每年可产能量 2700 TJ。

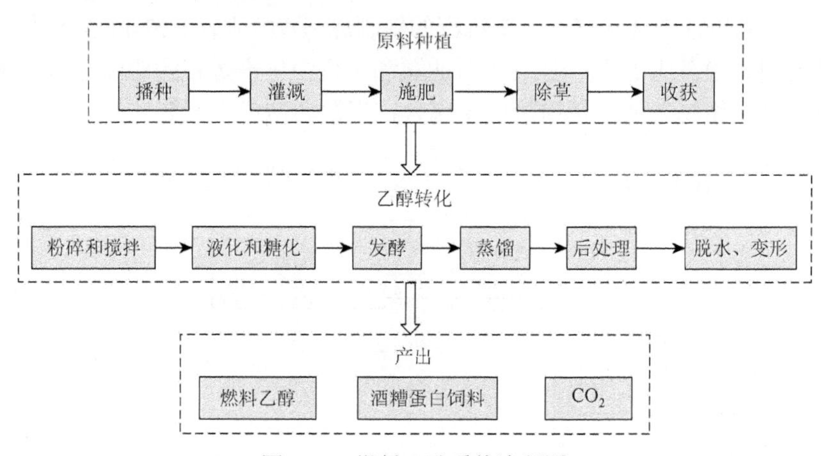

图 5-15 燃料乙醇系统流程图

与前文所介绍的五种生物质能源转化系统类似，本书所构建的燃料乙醇系统的 HLCA 模型如图 5-16 所示。PLCA 模型主要核算直接化石能源消耗（运输柴油）

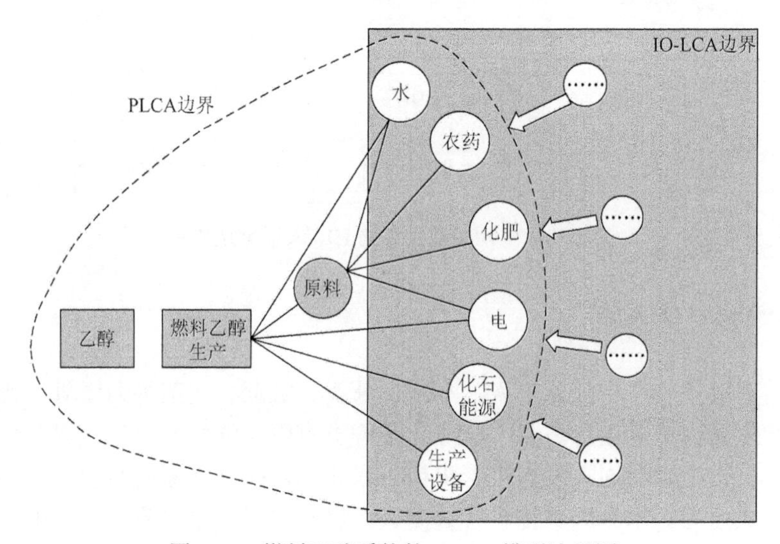

图 5-16 燃料乙醇系统的 HLCA 模型边界图

及其燃烧产生的污染物排放和水资源消耗成本，IO-LCA 模型则核算直接消耗的资源在其生产过程中的上游资源消耗和污染物排放，以及系统投入的材料和生产设备制造过程产生的资源消耗和污染物排放成本。

5.2　数据介绍及来源说明

本章模型构建部分主要是按生物质能源技术类别进行介绍的，从 5.1 节的介绍中可以发现，除了户用沼气池系统外，其他生物质能源转化过程大致可以分为原料种植与收集、生物质能源加工转化及能源产品的运输和使用等阶段。因此数据介绍部分将分别从原料种植与收集和能源加工转化两个阶段介绍生物质压缩成型、气化、直燃发电、生物柴油及燃料乙醇的生命周期清单数据，户用沼气池系统的相关数据则单独进行介绍。由于本章不涉及能源产品的使用阶段，因而相关数据不在本章进行介绍。

5.2.1　原料种植与收集阶段

本书涉及的生物质原料主要包括林业剩余物（用于生物质压缩成型、气化和直燃发电）、沙柳（用于直燃发电）、油菜和麻风树（用于生产生物柴油）、玉米和玉米秸秆（用于生物质压缩成型、气化和直燃发电）及木薯（用于生产燃料乙醇）。以下将分别对这些生物质原料的种植或收集过程进行介绍。

1. 林业剩余物收集过程的清单数据

用于生物质压缩成型、气化和直燃发电的林业剩余物主要来自自然生长的森林，因此树木生长过程的能源消耗和材料投入可以忽略不计。伐树阶段可以分为四个步骤，分别是砍伐、搬运、初步加工及运输（至木材加工厂）。柴油是伐树阶段的主要能源投入，每生产 1 m^3 圆木需消耗柴油 5.98 L，其中，砍伐 0.15 L、搬运 1.53 L、初步加工 1.92 L 及运输至木材加工厂 2.38 L。林业剩余物的收集主要涉及砍伐、搬运和初步加工三个阶段。伐木过程同时产出圆木和林业剩余物，整个过程的柴油消耗按圆木和林业剩余物的重量进行分配。我国木材的平均利用率为 75%[204]，因此伐木过程投入的 25%应分配给林业剩余物。

2. 沙柳种植过程的清单数据

沙柳是一种生长于沙地的灌木，在内蒙古乌审旗毛乌素沙地广泛种植，主要用于防沙治沙。沙柳根系发达，适应性强，能在沙漠的含水土层生长。毛乌素沙地共约 4.22 万 km^2，为沙柳的种植提供了广阔的土地。沙柳的生长习性非常特别，每隔三年，沙柳必须平茬一次，否则整株植物都会枯死。因此，为了防止沙地重新退化，必须定期平茬，这就为直燃发电厂提供了丰富的原料。

沙柳的种植过程包括整地、插苗、平茬和切片，整地和插苗过程以人工为主。沙柳的生长过程无需化肥、农药和灌溉，沙地的自然条件即可保证其生长。干沙柳（约 10%水分）在平茬和切片过程中需分别消耗柴油 1.91 L/t 和 3.24 L/t。

3. 油菜种植过程的清单数据

我国油菜种植的机械化水平较低，以人工种植为主。油菜种植区的土壤养分含量较低，每生产 1 t 油菜籽需要施氮肥（N_2O）9.48 kg，磷肥（P_2O_5）3.61 kg，钾肥（K_2O）8.89 kg。此外，为防止病虫害和去除杂草，每亩油菜地需使用 100 g 杀虫剂和 20～40 L 除草剂。施用的氮肥不会全部为植物所吸收，一部分氮会经过硝化或反硝化作用以 N_2O 的形式排放至大气中。根据以往的研究，每施用 1 kg 氮肥将会排放 0.09 kg N_2O。每亩油菜需灌溉水 335 m^3[205]，1 t 油菜籽产出的灌溉电费为 68 元。油菜地产量约为 2.6 t/hm^2。

农田生态系统的碳循环一直是农业 GHG 排放研究的重要方面，但考虑到油菜生长过程经过光合作用吸收的 CO_2，最终会因为油菜秸秆和生物柴油的燃烧及植物根系的腐烂排放到大气中，本书未将油菜田碳循环考虑在研究范围内[79]。

4. 麻风树种植过程的清单数据

相对于油菜而言，麻风树对自然条件的适应性较好，对土壤条件要求低。野生麻风树虽然也能保证一定的果实产量，但人工精心培育的麻风树则能保证植物快速生长和丰收。每年 5～8 月的雨季是麻风树的最佳种植时节，播种前需每穴施厩肥 5 kg，磷肥 0.5 kg。麻风树生长一个月后，需施尿素，少量多次，约 1 kg/株。麻风树抗病虫害能力较强，一般情况下只需喷少量农药[201]。

麻风树生长到第三年开始结果实，一般可以结果实 15～20 年。一亩土地平均可以种植 100 株麻风树，每亩年产量可达 340 kg。在果实膨大期还需追肥，以确保果实丰满，平均每株施磷肥和钾肥各 50 g。采果后，每株施 100 g 三元复合肥。由于麻风树一般生长在较为贫瘠的土地，为确保丰收，需进行浇灌，1 t 种子产出需水量约为 1900 m^3，需投入电费约 128 元[200]。此外，每年应人工除草两次，杂草铺于树根周围可当作绿肥使用。同样地，麻风树也会因为施氮肥造成 N_2O 的排放，每公顷每年约排放 332 g N_2O[201]。

5. 玉米种植过程的清单数据

玉米种植是高能源消耗高投入的过程，Yang 和 Chen[38, 86]的研究对玉米种植过程的投入进行了详细介绍。玉米种植阶段分为耕地、播种、灌溉、收割及脱粒等部分，主要投入包括化肥、农药、水、电和柴油等。耕地、播种及收割过程农业机械柴油消耗量为每公顷 18 L，生长过程中氮肥、磷肥和钾肥的投入量分别为每公顷 165 kg、60 kg 和 31.5 kg，杀虫剂、除草剂和杀菌剂的使用量分别为每公顷 4 kg、4 kg 和 1 kg。玉米产量约为 4.9 t/hm^2[165]，每生产 1 t 玉米，耗水量约为 792 m^3[206]，灌溉所需电费约为 41 元。

对于玉米地氮肥施用造成的 N_2O 排放，在参考 IPCC 的估算方法的基础上，结合我国实际情况对相关参数做了调整。IPCC 的估算方法是将氮肥施用量乘以相应的 N_2O 排放系数[207]，该系数约为 10 g/kg 氮肥[161]。但由于一部分氮元素会转化为氨气或 NO_x，实际的 N_2O 排放量会减少约 10%[86]。如 4.2 节所述，玉米秸秆可视为玉米种植过程的副产品，根据玉米和玉米秸秆的市场价值，约 8%的系统投入应分配至秸秆生产。

6. 木薯种植过程的清单数据

木薯作为燃料乙醇的原料具有成本优势，这主要是因为木薯耐旱、耐贫、适应性强。我国木薯种植面积达到 100 万 hm^2，产量为 13～21 t/hm^2[202, 208]。木薯的种植过程主要包括整地、栽种、施肥、除草、收获、去皮、切片、干燥和包装等阶段。木薯生长过程的水分主要来自自然降水，但如果能适当补充灌溉则会使产量更有保证，一般建议每公顷补充灌溉 5.33 m^3[209]。木薯采用 7～30 cm 长的成熟茎种植，每公顷土地需要 15 kg 新鲜的茎块作为种子。为确保木薯高产，每公顷需分别施用氮肥 100 kg、磷肥 100 kg、钾肥 200 kg，以及除草剂 30 kg[202]。整地、栽种、收获、去皮及切片过程中农业机械耗柴油 44 L/hm^2。切片后的木薯将通过自然晾晒的方式使水分降至 13%，经打包后被运往燃料乙醇厂。打包用电量为 0.2 (kW·h)/t。

木薯乙醇种植过程中氮肥效应可根据李小环等[69]的研究进行估算。约有 2%的施氮量会生成 N_2O 排放至大气中，折合排放系数为 31 kg N_2O/t。

5.2.2　能源加工转化阶段

1. 生物质压缩成型

如图 5-2 所示，生物质成型燃料的加工转化过程包括粉碎、筛选、干燥、压缩成型及冷却和包装等阶段。电力是加工转化过程的主要能源投入，场内运输还需要柴油的投入。此外，为了确保生产过程的清洁性和可再生性，原料干燥采用的燃料为林业剩余物。表 5-1 列出了成型燃料生产过程的电力和能源消耗情况。除了能源投入，成型燃料的生产还需设备投入，如粉碎机和振动筛等。成型燃料制造过程对机器的损坏程度非常大，尤其是对轴承和环模的损坏特别严重，这些都考虑在了颗粒厂资源环境成本核算系统边界内。通过现场调研，1 t 成型燃料的设备投入约为 14 元。此外，虽然润滑油的总体投入不多，但对机械设备的维护也是必不可少的。

表 5-1　成型燃料生产过程的电力和能源消耗

阶段及所需设备	功率/kW	电力消耗/[(kW·h)/t]	其他能源投入
粉碎	35.5	19.4	柴油：0.02 kg/t
粉碎机（2 个）	30	16.4	
电锯	5.5	3.0	
筛选	8.5	3.3	柴油：0.7 kg/t
振动筛	5.5	2.1	
传送带	3	1.2	
干燥	56.5	21.7	林业剩余物：39.5 kg/t
滚筒	7.5	2.9	
鼓风机	45	17.3	
旋风分离器	4	1.5	
压缩成型	8.8	3.4	
螺旋输送机	3.6	1.4	
加料斗	2.2	0.8	
筛子	3	1.2	
冷却和包装	5.5	2.1	
螺旋提取机	2.5	1.0	
冷却设备	3	1.2	

2. 生物质气化站

生物质气化过程包括原料预处理（主要是切成小段）、热解气化、四级净化、干燥和存储等阶段（图 5-5）。生物质原料预处理、生物质气净化及输送燃气的罗茨风机需要消耗电力，1 t 原料投入生产约需要 31 kW·h。木材热解气化需以林业剩余物为燃料，每气化 1 t 原料需燃烧林业剩余物 0.8 t。假定用于燃烧的林业剩余物与作为气化原料的生物质产地相同。生物质燃气采用焦炭净化，每年需投入 0.6 万元。此外，生物质燃气需要冷却和保存，年水资源投入量为 9700 m^3。气化站的设备投资较大，设备总投资约为 1370 万元。其中，投资较大的设备为气化炉、储气罐和燃气输送管道，投资额分别为 320 万元、310 万元和 380 万元。

3. 生物质直燃发电厂

生物质直燃发电厂的运行过程与火力发电相似，由生物质燃烧产生蒸汽驱动涡轮机发电（图 5-8）。发电过程的能源投入主要是沙柳和电，电厂运行所耗电力也由自身提供，约占电厂总发电量的 10%。此外，发电系统中的循环冷却系统每年耗水量约为 44 万 m^3，机械维护润滑油每年投入约 7.7 万元。生物质电厂建设包含厂房和设备，发电设备主要是锅炉、发电机组及输配电设备等，每发 1000 kW·h 电的设备和建筑投资分别为 62 元和 20 元。

4. 生物柴油

原料油的制取主要依靠电力，采用油菜籽和麻风树果实每压榨 1 t 原料油，分别需耗电 79 kW·h 和 106 kW·h[200]。生物柴油生产过程（含原料油预处理和酯交换反应过程）需投入大量的化学原料，如磷酸、苛性钠、甲醇、柠檬酸等。生物柴油制造过程还需消耗大量的水资源和电力。榨油、原料油预处理和酯交换反应过程的具体投入见表 5-2、表 5-3 和表 5-4。生产过程的蒸汽主要由煤燃烧提供，年产 5 万 t 的生物柴油厂每年约消耗 1 万 t 煤炭。此外，生物柴油制造过程的建筑和设备投资约为 2800 元/t 生物柴油（两种原料相同）。

表 5-2　榨油过程的各项投入

项目	单位	菜籽原料油	麻风树原料油
建筑	万元/t	4.88	4.88
设备	万元/t	5.85	6.63
电	(kW·h)/t	79.35	106.23

表 5-3　原料油预处理过程的辅料和能源消耗

辅料及能源	投入	单位	辅料及能源	投入	单位
脱酸、脱胶和干燥设备			蒸馏脱酸设备		
蒸汽（400 000Pa）	61.5	kg/t	直接蒸汽	7.2	kg/t
磷酸（85%）	2.9	kg/t	电	3.6	(kW·h)/t
苛性钠（50%）	3.1	kg/t	仪表用气	6.2	m^3/（t/h）
工艺软水	20.5	kg/t	真空设备（蒸汽喷射泵）		
水洗水（软化水）	76.9	kg/t	脱酸真空装置耗气	56.4	kg/t
控制水（软化水）	10.3	kg/t	电	4.1	(kW·h)/t
电	4.4	(kW·h)/t			
仪表用气	5.1	m^3/（t/h）			

表 5-4 生物柴油酯交换反应过程的辅料和能源消耗

辅料及能源	投入	单位
原料植物油（经预处理）	1025	kg/t
甲醇	96	kg/t
甲醇钠（30%/70%）	17	kg/t
苛性钠（30%）	20	m^3/t
工艺水	1.2	kg/t
盐酸（HCL）	10	kg/t
柠檬酸（50%）	1	kg/t
活性炭	0.4	kg/t
蒸汽	560	kg/t
生产开始时/为安全需消耗的氮	0.4	m^3/t
电	40	(kW·h)/t
仪表气（压缩的）	12	m^3/（t/h）
甲醇（150%过剩）	167	kg/t
洗水	180	kg/t

5. 燃料乙醇

图 5-15 详细地展示了燃料乙醇转化过程的各个阶段。在蒸馏后，后续可采用酒糟厌氧发酵制取沼气。所有的沼气将通过热电联产，为乙醇生产提供电力和蒸汽。沼气所发电力能够满足燃料乙醇生产过程的电力需求，多余的电力可以上网出售（未考虑在研究边界内）。然而，热电联产所产生的蒸汽不能满足乙醇生产厂的用气需求，因此 1 t 乙醇产出仍需消耗约 0.72 万 t 煤[202]。详细的乙醇转化过程的能量投入产出见表 5-5。燃料乙醇生产过程耗水量较大，1 t 燃料乙醇约耗水 13 m^3。年产 10 万 t 的燃料乙醇厂，每年还需分别投入 875 万元和 3615 万元的酶制剂和化学辅料[69]。乙醇生产设备投入约为 160 元/t。

表 5-5 乙醇转化过程的能量投入产出（以 1 t 燃料为例）

生产阶段	电/(kW·h)	蒸汽/t
粉碎和搅拌	30.2	0.0
液化和糖化	13.0	0.7
发酵	41.9	0.0

续表

生产阶段	电/(kW·h)	蒸汽/t
蒸馏	24.2	2.3
后处理	70.5	0.8
辅助设备运行	19.8	0.1
沼气热电联产	−204.7	−0.7
净能源消耗	−5.1	3.2

5.2.3 运输阶段

生物质能源的运输投入主要发生在原料收集和产品运输阶段。不同地域的生物质原料和产品运输工具及路面状况会有所差异，根据前人的研究，本书假定所有原料运输均采用 20 t 容量的卡车，柴油消耗系数为 0.05 L/（t·km）[99]。在计算运输柴油消耗时，本书考虑了卡车空车返回时的能源消耗[210]。表 5-6 列出了各类生物质能源转化过程的原料运输重量及运输距离。

表 5-6　各类生物质能源转化过程的原料运输重量及运输距离

能源种类	运输重量/t	运输距离/km
压缩成型	13 595	35
气化	4 350	50
发电	184 000	50
生物柴油（油菜）	143 500	50
生物柴油（麻风树）	159 000	50
乙醇（玉米）	312 500	300
乙醇（鲜木薯）[a]	700 000	2
乙醇（干木薯）	300 000	250

a 木薯收获后，先将鲜木薯运至 2 km 外的晾晒场切片晾干，然后再将干木薯片运往 250 km 外的乙醇生产厂[202]

5.2.4 户用沼气池系统清单分析

如图 5-10 所示，户用沼气池系统的建设包括建造沼气池、厕所改造、灶台改造和厨房改造。根据实地调研，一口 8 m^3 沼气池建设期的材料费用为 3948 元。所有建设材料均产自当地，运输距离约为 25 km。表 5-7 列出了一口 8 m^3 沼气池建设过程的物料投入清单，相关价格是根据实地调研后调整为 2012 年水平的结果。

表 5-7 一口 8 m^3 沼气池建设过程的物料投入清单

项目	投入	单价/元	金额/元
水泥单砖	5902 块	0.25	1475.5
水泥	2.6 t	400	1040
石粉	9 m^3	70	630
钢筋	25 kg	5	125
四型管件	1 套	120	120
进料管	1 套	35	35
炉具及配件	1 套	250	250
导气管	1 套	2	2
密封剂	1 kg	21	21
便池	1 个	25	25
木门	1 个	100	100
瓷砖	3 块	4.5	13.5
预制空心板	16 m^2	35	560
柴油	19.7 L	4.6	90.62

沼气池运行维护阶段的投入较少，每年投入粪便干物质约 1200 kg，作为沼气发酵的原料。此外，在沼气池运行的 20 年生命周期内，需更换进料管、导气管和四型管件 3 次，确保沼气设备稳定运行。沼气灶的使用寿命约为 10 年，因此沼气池运行过程需更换沼气灶 1 次。沼气池在运行满 20 年后将面临解体，拆除后的建池材料均当作废物用于铺路或填埋。本书仅将废旧材料的运输过程纳入考虑，并假定拆除废料的重量为建池材料的一半，运输距离为 25 km。

5.2.5 数据来源说明

本书所采用的数据分为两部分，即各生物质能源转化过程的能源和物料投入数据及核算过程采用的资源环境负荷系数。本书所采用的生物质压缩成型、气化、直燃发电和户用沼气池的物料投入数据均来自实地调研，通过查阅项目设计书和与领导访谈，获得了项目建设、运行过程中的投入。生物柴油和燃料乙醇项目的投入数据则是在调研的基础上，通过查阅文献进行了补充[38, 69, 86, 191, 200-202, 208]。

本书采用的资源环境负荷系数来源在 3.1 节已经做了简单介绍。本书涉及的直接能源消耗主要包括机械柴油、运输柴油、煤炭和生物质能源燃料，相关的资源环境负荷系数及来源见表 5-8。对于隐含于设备和材料中的投入，以及直接化石能源生产过程中的资源消耗、GHG 和污染物排放，采用本书所建立的资源环境投入产出数据库（附录）进行核算。采用资源环境投入产出数据库核算资源环境成本不仅需要获取材料和设备的价格数据，而且需要将各项投入与投入产出表中的部门相对应。设备和材料的价格数据来自各生物质能源项目设计书（根据物价指数调整至 2012 年水平）或《中国物价年鉴 2013》[156]。各项投入与国民经济部门的对应关系参考我国行业分类标准[212]。

表 5-8　资源环境负荷系数及来源

能源种类	热值[157]	GHG[161]	SO_2[180]	NO_x[180]	CO[180]	$PM_{2.5}$[180]
柴油（机械）	35.4 MJ/L	3.5 kg/L	5.4 g/L	38.6 g/L	12.7 g/L	3.7 g/L
柴油（公路运输）	35.4 MJ/L	2.8 kg/L	0.05 g/（t/km）	0.04 g/（t/km）	0.10 g/（t/km）	0.01 g/（t/km）
柴油（水路运输）	35.4 MJ/L	2.8 kg/L	0.05 g/（t/km）	0.04 g/（t/km）	0.10 g/（t/km）	0.01 g/（t/km）
柴油（铁路运输）	35.4 MJ/L	2.8 kg/L	0.06 g/（t/km）	0.64 g/（t/km）	0.24 g/（t/km）	0.01 g/（t/km）
煤炭	20 908 MJ/t	2.5 t/t	16.2 kg/t	8.5 kg/t	0.17 kg/t	0.88 kg/t
生物质	16 726 MJ/t	31.3 kg/t	41.8 g/t	1.8 kg/t	2.0 kg/t	0.57 kg/t

5.3　资源环境成本分析

5.3.1　能源消耗分析

1. 总能源消耗成本分析

根据前文所构建的 HLCA 模型，本书核算了生物质压缩成型、气化、直燃发电、户用沼气、生物柴油及燃料乙醇系统的能源消耗成本，反映了各系统从原料收集至能源产品产出整个过程的能源消耗情况。

1）生物质压缩成型系统

通过计算发现，生物质压缩成型系统每年的能源消耗总量为 10.06 TJ。系统年产木质颗粒燃料 180 TJ，可得每单位颗粒燃料产出的能源消耗成本约为 0.06 J/J。将生物质压缩成型系统的生命周期能源消耗总量除以每年的能源产出[114]，可得能量投资回收期为 0.8 年，比玉米秸秆成型燃料系统的回收期短（1.39 年）[212]。这一方面是由于以农业剩余物为原料的成型系统总能源消耗较高，另一方面则是由于玉米秸秆成型燃料的热值较木质颗粒燃料低。由图 5-17 可知，运行阶段是生物质压缩成型系统能源消耗的主要来源，占系统总能源消耗的 77%，原料收集和建设阶段所占比重分别为22%和1%。运行阶段能源消耗的主要来源是颗粒制造过程中的电力消耗，占运行阶段的94%。每生产1 t颗粒燃料，系统需耗电64.76 kW·h，其中原料粉碎和干燥阶段耗电量尤其突出，分别占总耗电量的48%和31%（图5-18）。由此也说明成型燃料系统节能的重点在于减少设备电力的消耗。

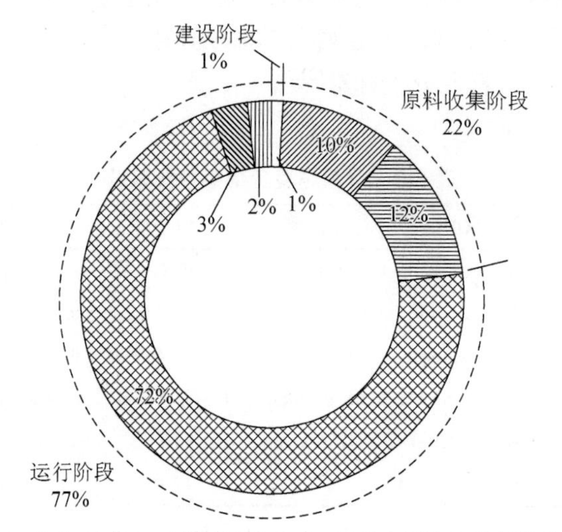

图5-17　生物质压缩成型系统各阶段能源消耗

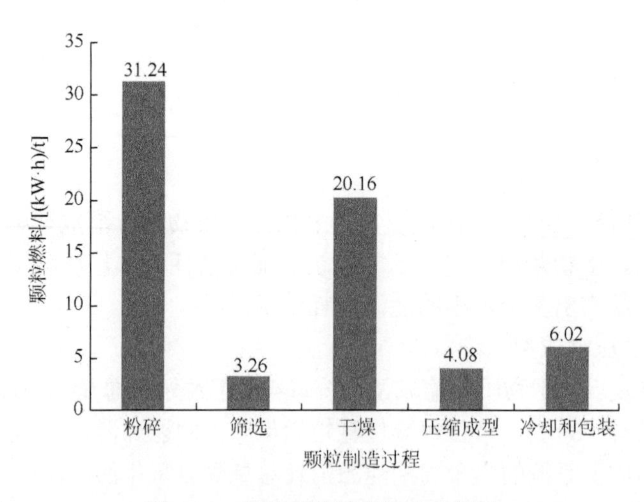

图5-18　颗粒制造过程的电力消耗

2）生物质气化系统

生物质气化系统每年的能源消耗总量为1.83 TJ，其中65%来自气化站建设阶段的设备投入（图 5-19），尤其是气化炉、储气罐和管网的投入，占总设备能源消耗的 70%以上。这一发现与前人的研究结果是相似的，说明村级生物质气化站是一个相对高投资的能源项目[213]。气化系统的原料收集和运行阶段能源消耗成本相当，约分别占总能源消耗 16%和 19%。运行阶段的能源消耗主要来自电力投入，生物质气净化用电和原料预处理用电分别占总耗电量的 82%和 18%。气化系统的主要产品为生物质气，同时还包括木炭、木醋液和木焦油。以产品的市场价值为权重，约 55%的系统能源消耗应分配给生物质燃气。系统每年可产生生物质燃气 6.44 TJ，可计算得能源消耗成本为 0.28 J/J，能量投资回收期为 2.33 年。

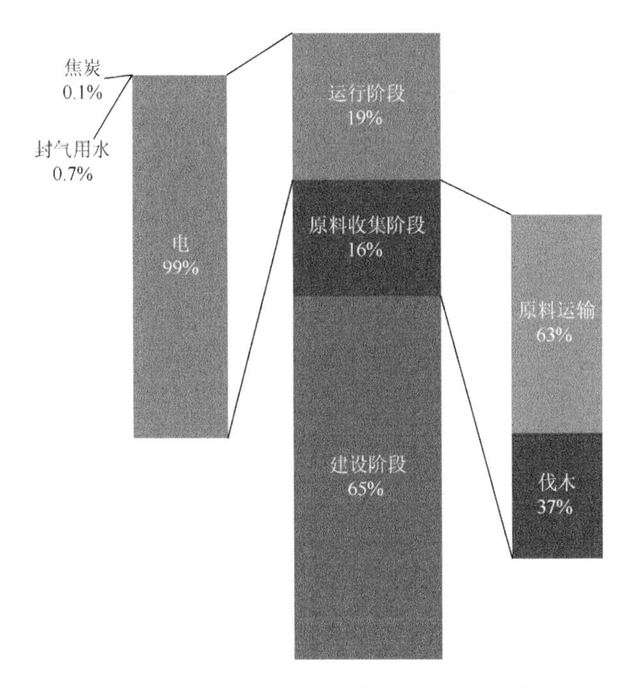

图 5-19　村级生物质气化系统各阶段能源消耗

焦炭、封气用水、电加总不为 100%，是四舍五入所致

3）直燃发电系统

沙柳直燃发电系统的年能源消耗为 89.19 TJ，单位发电量成本为 0.67 MJ/(kW·h)（或 0.19 J/J）。经计算，系统的能量投资回收期为 2.81 年，大于太阳能（2.2 年）[114]、风能（0.9 年）[99]及林业剩余物发电系统（0.38 年）[214]。

进一步分析系统能源消耗成本结构可以发现，原料收集阶段（包含沙柳种植、切片和运输）的贡献最大，所占比重为 65%，主要源自沙柳片运输和切片阶段的能源消耗（图 5-20）。能源消耗的第二大来源是生物质电厂的建设阶段（占 29%），尤其是电厂设备制造产生的上游能源消耗成本。本书中电厂建设阶段能源消耗所占比重与已发表的研究结果（采用 PLCA 模型核算）非常相近（均约为 29%）[215]，这也间接证明了本书所建的 HLCA 模型的可靠性。电厂运行阶段的能源消耗成本几乎可以忽略，所占比重仅为 6%。

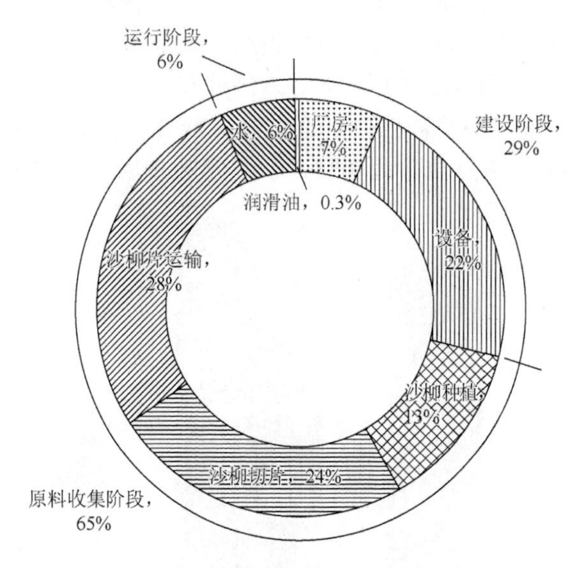

图 5-20　沙柳直燃发电系统各阶段能源消耗

4）户用沼气池系统

典型 8 m^3 户用沼气池系统的年生命周期总能源消耗为 1000 MJ，这与已发表的 PLCA 模型研究结果相近（970 MJ/a）[59]。如前所述，系统年产沼气 300 m^3，即能量产出为 6272 MJ，可计算得系统能源消耗成本为 0.16 J/J。系统的能量投资回收期为 3.19 年，相对于沼气池 20 年的使用年限来说，投资回收期较短，系统的能量投入产出表现较好。

进一步分析系统各阶段的能源消耗可发现，与其他生物质能系统不同，沼气池建设阶段是绝对的能源消耗来源，占总能源消耗的 89%。建设阶段包含建池、改圈、改厕和改灶（即“一池三改”），其中建池和改圈部分所占比重较大，两者合计超过建设阶段能源消耗的 70%（图 5-21）。建设阶段能源消耗高主要原因是投入了大量的水泥砖和水泥，而水泥生产属于高耗能行业[38]。沼气发酵池的主体均由水泥砖和水泥制成，为了确保猪粪能顺利流入沼气池进行发酵，在改圈过程中也投入了大量水泥对猪圈地面进行了处理。沼气池运行阶段的材料更换及沼气池解体后的废料运输对系统能源消耗贡献较小，两者占比合计为 11%。

5）生物柴油系统

经计算，年产 5 万 t 规模的油菜籽柴油和麻风树籽柴油系统年生命周期能源

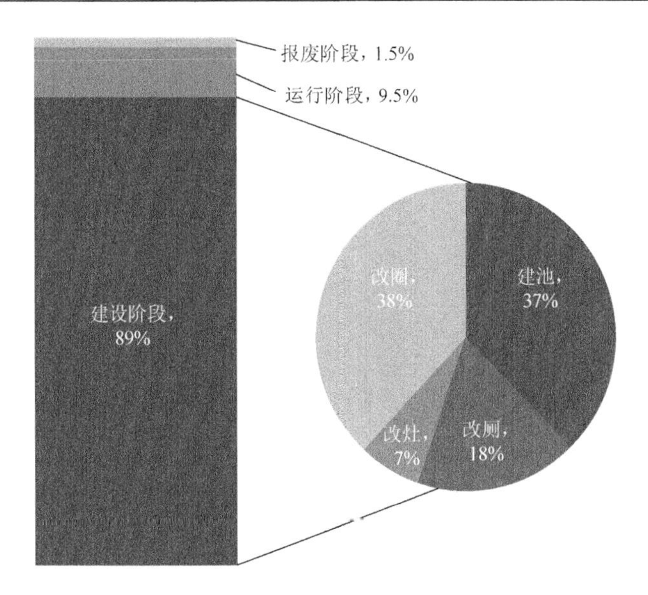

图 5-21　户用沼气池系统各阶段能源消耗

消耗分别为 607 TJ 和 755 TJ。除了生物柴油外，系统每年还生产 3000 t 甘油。根据生物柴油和甘油的市场价值，应分配 94%的能源消耗成本至生物柴油生产[200]。系统年产能为 1950 TJ，可得油菜籽柴油和麻风树籽柴油的系统能源消耗成本分别为 0.31 J/J 和 0.39 J/J，能量投资回收期分别为 4.41 年和 5.48 年。

表 5-9 列出了油菜籽柴油和麻风树籽柴油各阶段的能源消耗及所占比重。如表 5-9 所示，两种生物柴油系统的主要能源消耗都发生在柴油生产阶段。进一步分析发现，柴油生产过程的高能源消耗主要来源于煤和化学药品的投入，分别占该阶段能源消耗的 52%和 34%（图 5-22）。煤主要用于产生蒸汽，化学药品则用于酯交换反应。此外，油菜籽柴油和麻风树籽柴油的原料收集阶段的能源消耗也分别占到系统总能源消耗的 29%和 41%，主要来自灌溉用电。

表 5-9　油菜籽柴油和麻风树籽柴油各阶段的能源消耗及所占比重

种类	原料收集	榨油	柴油生产	合计
油菜籽柴油/（J/J）	0.09	0.02	0.20	0.31
比重	29%	6%	65%	100%
麻风树籽柴油/（J/J）	0.16	0.03	0.20	0.39
比重	41%	8%	51%	100%

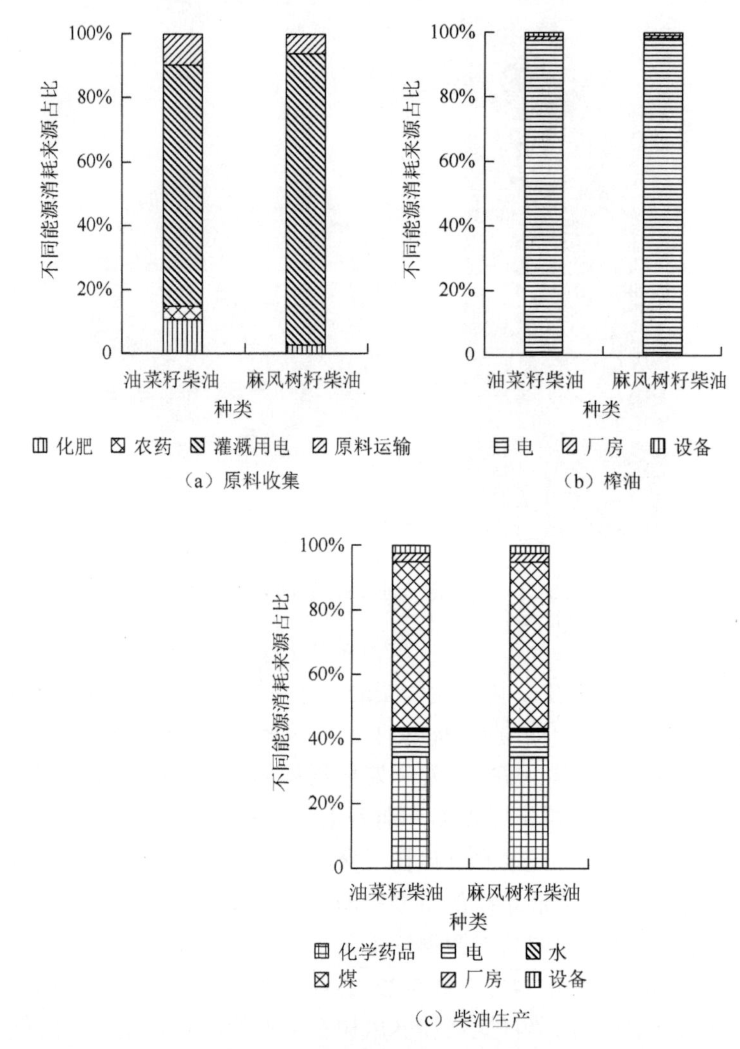

(a) 原料收集 (b) 榨油 (c) 柴油生产

图 5-22 生物柴油各阶段能耗来源

6）燃料乙醇系统

木薯乙醇和玉米乙醇生产系统的年生命周期总能耗分别为 1910 TJ 和 2055 TJ。如图 5-23 所示，两种乙醇生产系统的主要能耗都来自乙醇生产阶段，所占百分比分别为 75%（木薯乙醇）和 77%（玉米乙醇）。煤的使用对乙醇生产阶段的能耗贡献最大，贡献率分别为 87%（木薯乙醇）和 75%（玉米乙醇）。此外，两种乙醇生产系统的化学药品投入及玉米乙醇生产过程中的电力使用也是重要的能耗来源。原料种植过程也为系统能耗分别贡献了 25%（木薯乙醇）和 23%（玉米乙醇），主要来自原料运输及化肥和农药的使用。相比较而言，木薯生长过程灌溉需求少，而玉米生长过程则需耗费 8%的系统能源用于灌溉。

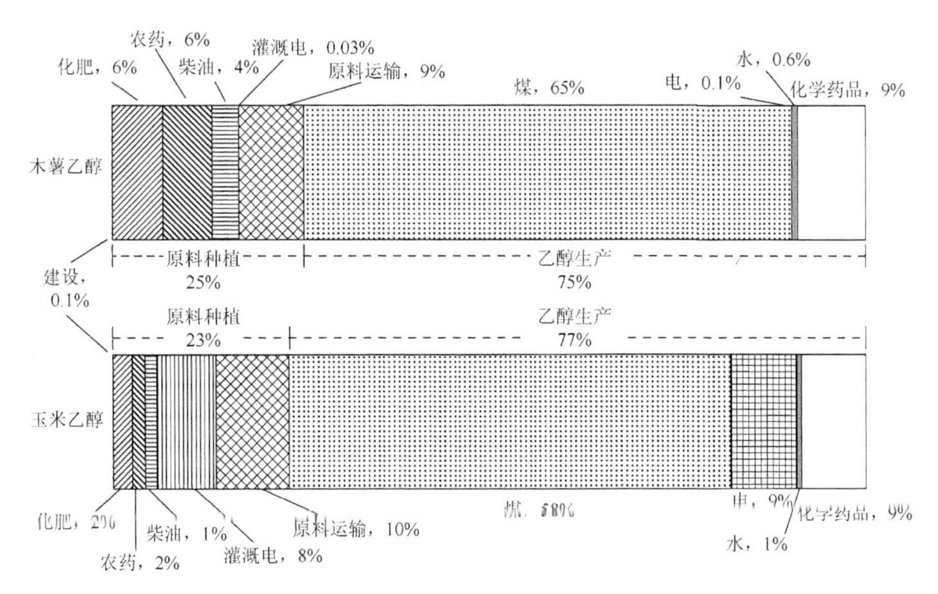

图 5-23　木薯乙醇和玉米乙醇各阶段能耗来源

部分阶段的数据加总与相应阶段总值有出入，为四舍五入修约所致

如前文所介绍，乙醇系统每年可产能量 2700 TJ，可得系统单位能量产出成本分别为 0.71 J/J（木薯乙醇）和 0.76 J/J（玉米乙醇），能量投资回收期分别为 8.69 年（木薯乙醇）和 9.35 年（玉米乙醇）。可见燃料乙醇系统的能源消耗成本较高，系统能量投入产出表现相对其他生物质能源较差。事实上，玉米乙醇生产一直存在着争议[37, 62, 65-67]，我国学者对燃料乙醇系统的能量研究也表明了其系统能源消耗成本较高（0.68～0.93 J/J）[216]。更有甚者，Yang 和 Chen[38]认为当废水处理环节被纳入核算时，我国玉米乙醇生产过程的净能量为负。

2. 各阶段能源消耗综合分析

为了分析各类生物质能源转化技术的能源消耗特点，本节将能源消耗分为建设、原料收集和运行三个阶段进行对比分析。需要注意的是前文分析中原料预处理发生的时间不同，预处理过程的能源消耗被划入了不同的生命周期阶段。比如，生物质压缩成型系统对林业剩余物的粉碎发生在厂内，因而粉碎能源消耗计入了运行阶段，而沙柳切片发生在运输至电厂之前，因而计入了原料收集阶段。本节统一将原料预处理计入运行阶段，以反映不同的转化技术（过程）的能源消耗特征。

图 5-24 所示为本书核算的 12 种生物质能系统各生命周期阶段能源消耗占比。由图 5-24 可知，户用沼气和木材（林业剩余物）气化系统能源消耗主要来自建设阶段，3 种直燃发电系统（林业剩余物发电、沙柳发电和秸秆发电）的能源消耗主要来自原料收集阶段，其他 7 种生物质能系统的能源消耗主要来自运行阶段。

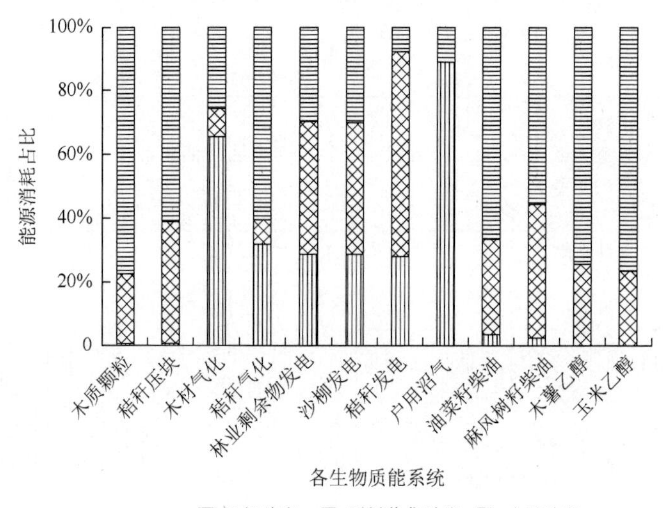

图 5-24　各生物质能系统分阶段能源消耗占比分析

将本书所涉及的六类生物质能系统按物理过程、化学过程和生物过程进行归类[217]（图 5-25），发现化学过程（气化、液化和发电）原料收集阶段的能源消耗普遍高于物理过程（压缩成型）和生物过程（沼气）。这是因为相对于物理过程，化学过程彻底改变了生物质原料的初始形态，因而产出等量的高品质能源（J）所消耗的原料更多，从而能源消耗更大。从图 5-25 中还可以发现，对于同一类转化技术而言，一般生物质原料的品质越好（热值越高），系统原料收集阶段的成本越低。比如，木质颗粒燃料原料收集阶段的能源消耗低于秸秆压块燃料，林业剩余物和沙柳发电原料收集阶段的能源消耗低于秸秆发电。

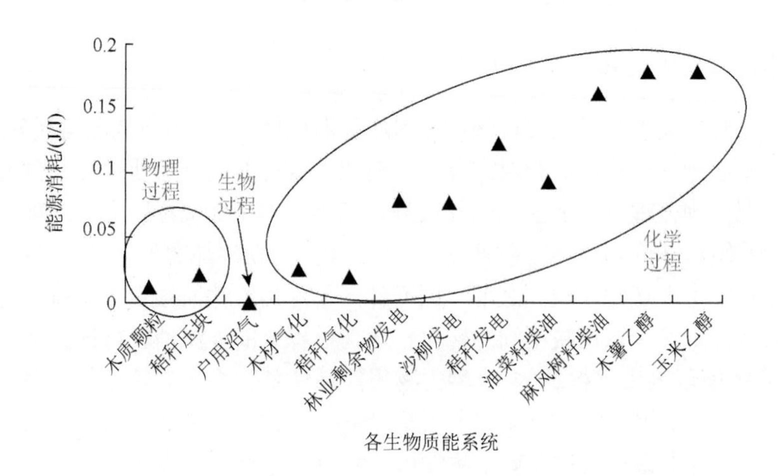

图 5-25　各生物质能系统原料收集阶段能源消耗

图 5-26 所示为各生物质能系统运行阶段的能源消耗。由图 5-26 可知，化学过程的系统运行能源消耗较高，物理过程其次，生物过程最低。化学过程投入了大量的能量，改变了生物质原料的形态，并提升了能源品质。物理过程由于仅将原料进行了粉碎和压缩，因而系统能量投入相对较少。生物过程虽然与化学过程一样既改变了能源形态又提升了能源品质，但其转化过程较为缓慢，以时间成本置换了能源消耗成本，因而系统能源消耗较低。

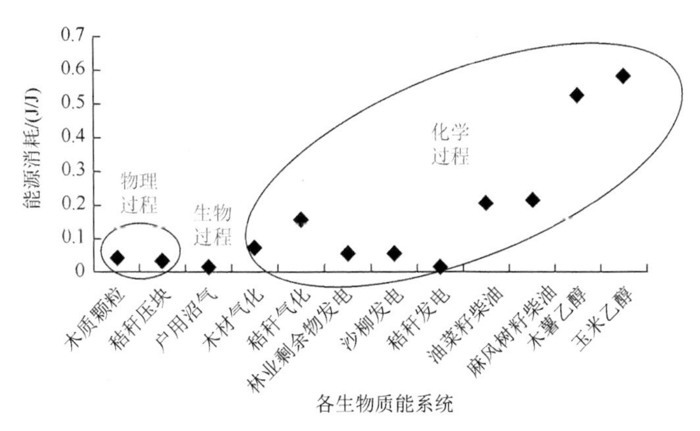

图 5-26　各生物质能系统运行阶段能源消耗

3. 可再生性分析

本书中各生物质能系统的能源消耗类型主要包括直接使用的柴油和煤，以及隐含在材料和设备中的煤类、油类、天然气、可再生电力和其他能源（编制资源环境投入产出数据库时的归类方式）。图 5-27 所示为各生物质能系统的能源消耗结

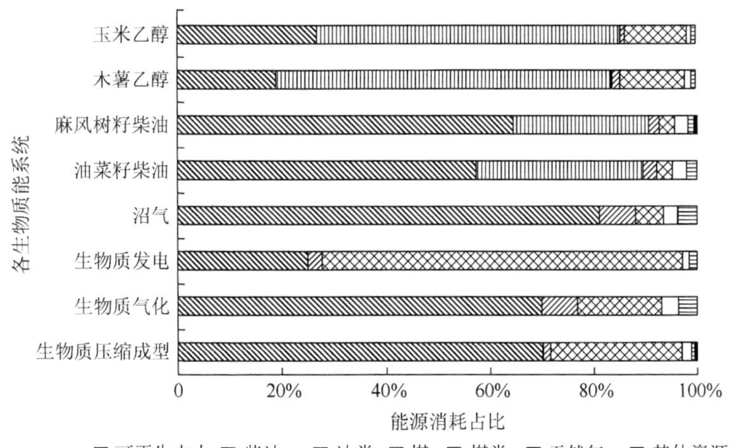

图 5-27　各生物质能系统的能源消耗结构

构，可以发现除了直燃发电系统能源消耗是以油品消耗为主外（油类和柴油共占73%），其他能源系统的煤消耗（含煤和煤类）均达到70%，这与我国目前以煤为主的能源结构密不可分[157]。生物柴油和燃料乙醇系统由于直接消耗了煤炭，其煤消耗比重高达81%～91%。

对于生物质能系统而言，研究其非可再生能源消耗往往比研究总能源消耗更有现实意义。生物质能源的可再生性大小与系统的非可再生能源消耗成本大小有直接关系，有学者指出系统的可再生性反映的是系统最终能源产品有多少来自可再生资源消耗[218, 219]。换言之，系统单位能量产出的非可再生能源成本越低，则说明系统的可再生性越大[99, 100]。本书将采用如图5-28所示的形式表征各类生物质能源的可再生性大小，图中深灰色圆饼所占比重越大，则说明系统的可再生性越强。

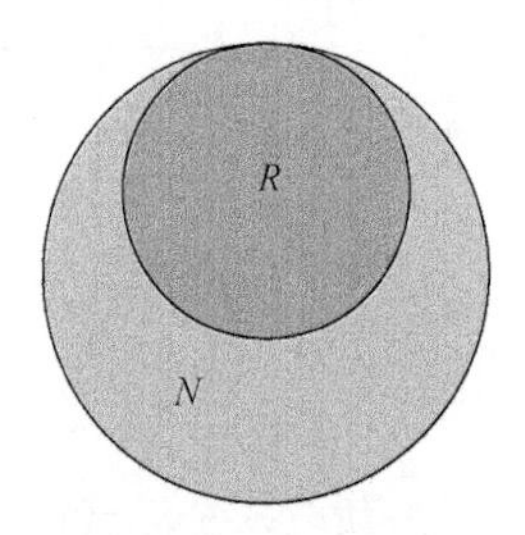

图5-28　生物质能系统可再生性示意图

图中灰色大圆饼代表的是系统能源产品所含有的能量，深灰色小圆饼 R 代表的是能量产出中由可再生资源提供的部分，而剩余的浅灰色部分 N 则代表能量产出由非可再生资源提供的部分

图5-29展示了本书所计算的12种生物质能系统的可再生性，可以看到木薯乙醇和玉米乙醇系统的可再生性最差，仅有25%～30%的能量来自可再生资源。相对于其他能源类型来说，同为液态燃料的生物柴油系统可再生性也相对较差（62%～69%）。生物质压缩成型系统的可再生性最好，为94%～95%。生物质气化、发电和户用沼气池系统的可再生性居于中间位置，为73%～85%。

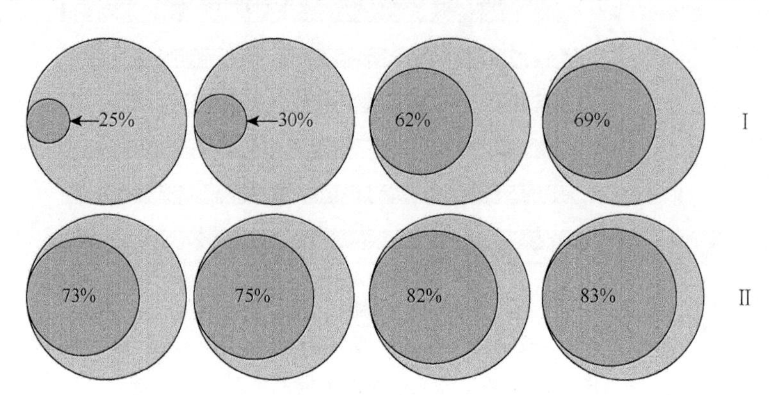

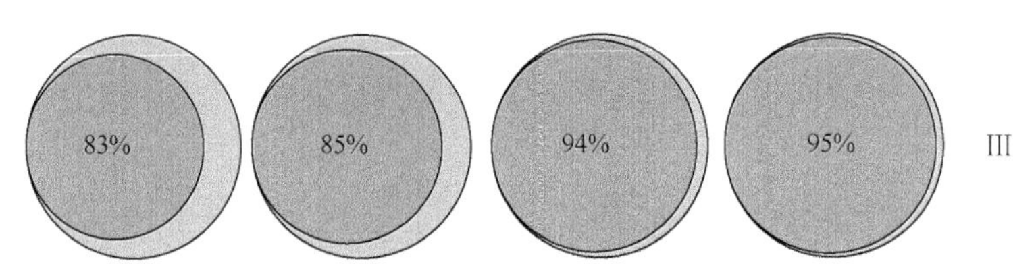

图 5-29 生物质能系统的可再生性示意图

第Ⅰ排从左到右分别为玉米乙醇系统、木薯乙醇系统、麻风树籽柴油系统和油菜籽柴油系统，第Ⅱ排从左到右分别为木材气化系统、秸秆气化系统、秸秆发电系统和林业剩余物发电系统，第Ⅲ排从左到右分别为沙柳直燃发电系统、户用沼气池系统、木质压缩成型系统和玉米秸秆压块系统

4. 能源消耗成本与经济成本的关系

生物质能源能否开发成功主要取决于其经济可行性，而不是其环境效益。有研究指出生物质能源的环境和经济成本是一致的[220]，为验证这一结论，本书对比分析了我国12种生物质能源转换系统的经济成本和非可再生能源消耗成本（即单位生物质能源产出所需的非可再生能源投入）。由图 5-30 可以看出，经济成本随着能源消耗成本的增加而增加，其相关系数的平方达到了 0.7846。这与我国生物质能源发展的实际情况基本一致。具体而言，中国农村地区普遍采用户用沼气池系统，其经济成本最低，能源消耗成本也相对较低。由于相对较低的经济成本，生物质成型燃料和生物质发电产业在我国实现了大规模发展。相比之下，生物质液体燃料（生物柴油和燃料乙醇）在中国仍处于起步阶段。因此，可以得出结论，提高生物质能源转换的能源效率也有助于提高其经济竞争力。

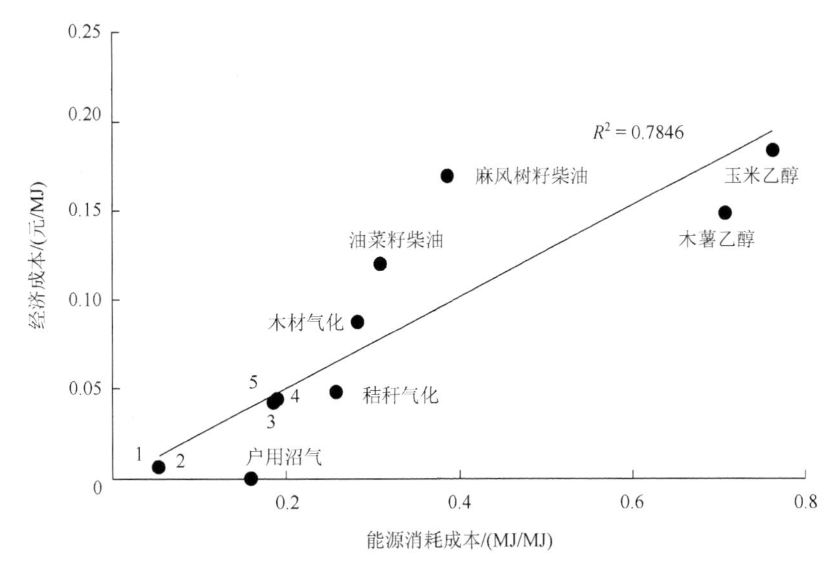

图 5-30 生物质能系统能源消耗成本与经济成本的关系

1-秸秆压块，2-木质颗粒，3-林业剩余物发电，4-沙柳发电，5-秸秆发电

5.3.2 能源品质提升能源消耗成本变化规律分析

1. 研究思路

生物质能源可以转化为固、液、气、电等多种形式，因而可以满足经济发展对能源的多样化需求。根据“能源阶梯”理论，将未经加工的生物质资源（如作物和木材残渣）转化为现代能源（如气体或液体燃料）是能源质量的改善[221]。然而，任何能量转换系统都需要额外的能量和材料消耗，能源品质的改善通常伴随着能量输入的增加。鉴于能源品质改善有多种途径（图 5-31），准确量化每种技术的能源使用情况是平衡生物燃料生产相关成本和效益的先决条件。

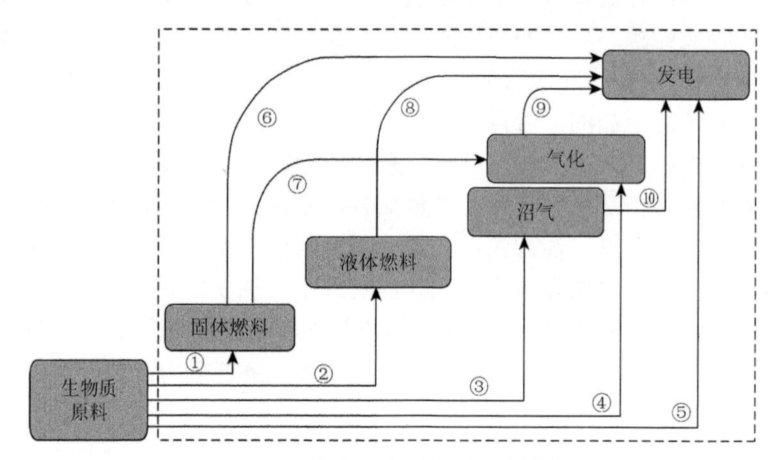

图 5-31　生物质能源品质提升路径

①生物质压缩，②生物质液化，③沼气生产，④热解气化，⑤直燃发电，⑥发电前的压缩，⑦气化前的压缩，⑧发电前的液化，⑨生物质气化发电，⑩沼气发电

为了发现生物质能源品质提升过程中能源消耗成本的一般规律，本节收集了截至 2021 年 10 月 8 日已经发表的生物质能源的相关研究成果，并根据文献中的数据重新计算和评价了项目的能源消耗成本表现。在评价指标上，本书选取了 EROI 指标，并构建了机会能量投资回报率损失（opportunity EROI loss，OEL）指标。前者代表能源系统转化过程中向社会输送的能源产出量与该转化过程中投入的非可再生能源量之比（大于 1 说明系统具有一定的能量投资收益），后者表示某种生物质原料在转化过程中可能实现的最高 EROI 与其实际实现的 EROI 之间的差异。例如，秸秆既可以用于生物质成型燃料的生产，也可以用于纤维素乙醇生产和生物质发电，不同的转化过程均能实现不同的 EROI，且其中一种转化利用方式的 EROI 为所有方式中最高的。因此，在秸秆生物质原料的实际利用过程中，必然会因为未用于潜在的最高 EROI 项目，而造成机会损失。

2. 文献筛选原则

本节主要研究我国生物质能源的 EROI，所选择的 EROI 相关文献均来自科学网（Web of Science）和中国知网数据库。本节按照四个步骤来选择已发表的文章。第一，按标题搜索包含 biomass energy China 或 bioenergy China 的文章，共获得 169 篇文章。根据这些文章，主要的生物质转化技术被确定为固体燃料（型煤和颗粒）、液体燃料（燃料乙醇、生物柴油和生物丁醇）、气体燃料（沼气、热解气化和生物氢气）和生物质发电。第二，通过搜索标题包含 wood pellet China、biomass ethanol China 和 biogas China 等字段的文章，确定了涉及特定转化利用技术的文章。第三，对第二步中获得的文章进行进一步筛选，只选择那些关注 LCA、能源或环境影响分析的文章进行进一步分析。在这一步骤之后，筛选出 65 篇文章，涵盖不同的生物质能源类别。由于没有关于计算生物氢气和生物丁醇 EROI 的文章，这两类技术被排除在分析之外。第四，对第三步中获得的 65 篇文章的数据和方法进行检查，以查看是否为 EROI 估计提供了明确的系统边界和建模数据（图 5-32）。

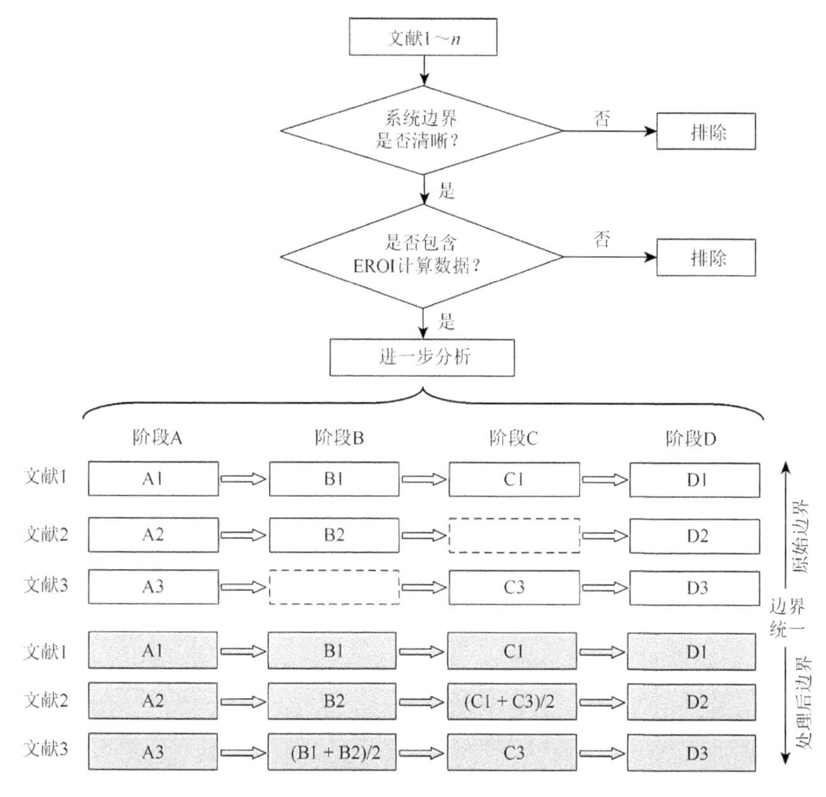

图 5-32　文献筛选和系统边界统一流程图

空框表示该文献未提供这些阶段的数据

最终本节筛选出 47 篇文章，包含 8 篇生物质成型燃料研究、9 篇生物柴油研究、13 篇燃料乙醇研究、8 篇沼气研究、3 篇生物质气化研究和 6 篇生物质发电研究。从文献筛选结果可以看出，我国生物质能源产业的发展历史较短，相关研究主要在 2006 年《中华人民共和国可再生能源法》施行后发表。

为准确比较不同生物质能源转化过程的 EROI，必须对筛选出的文献进行系统边界的统一化处理，处理的原则是使生物质能源技术的系统边界尽可能完整。因此，如果筛选出的文章中某个生命周期阶段非可再生能源消耗数据缺失，则采用其他研究中的平均数据进行估计。如图 5-32 所示，假定在三个选定的研究（文献 1～3）中，文献 1 具有最完整的系统边界，包括阶段 A、B、C 和 D。文献 2 和 3 分别缺少阶段 C 和 B（图中为空框），则文献 2 和 3 的系统边界需根据文献 1 的数据进行估计和补充，缺失阶段的非可再生能源投入数据为现有值的平均值。

3. 能源品质提升与能源消耗成本增加的权衡

为了比较不同生物能量转换系统的 EROI 值，本书根据图 5-32 所示的原理统一了已发表文章中使用的系统边界。图 5-33 说明了能源品质改善和能源消耗成本增加之间的权衡关系。随着生物质能源由固体转化为更高层次的形式，系统的 EROI 值显著降低。固体燃料（秸秆成型燃料和木质颗粒燃料）的平均 EROI 估计为 12.8，分别比液体燃料、气体燃料和电力的平均 EROI 高 540%、357%和 73%。尽管所有生物质能源的平均 EROI 均大于 1，但某些类别的燃料乙醇转化系统（如玉米和小麦基燃料乙醇）的 EROI 小于 1。此外，一些生物柴油和沼气技术的 EROI 接近于 1，意味着这些能源转化技术需要进一步提高效率。

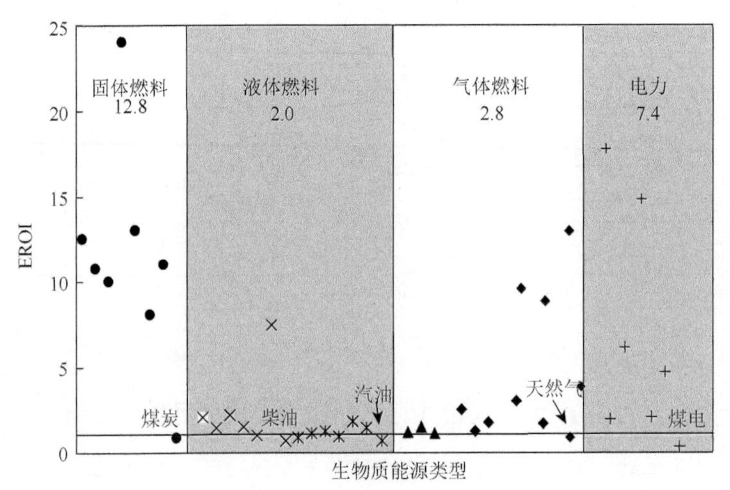

图 5-33　不同生物质能源转化过程及其参照系统的 EROI

为了消除不同原料的影响，本书估算了分别采用秸秆和林业剩余物作为原料的生物质能源转化系统的 EROI 和 OEL 值（图 5-34）。此外，本节还对各转化系统的 OEL 值进行了估算，以揭示每条生物质转化路径的机会成本。图 5-34 证实了秸秆和林业剩余物能源品质的改善是以更高的非可再生能源投入为代价的。在所有转化过程中，秸秆气化和木材气化系统的 OEL 值最高，其次是液体燃料。在原料选择方面，由于其较低的 OEL 值，林业剩余物是生物质气化和发电更为理想的原料选择。相比之下，秸秆在固体燃料生产方面略优于林业剩余物。

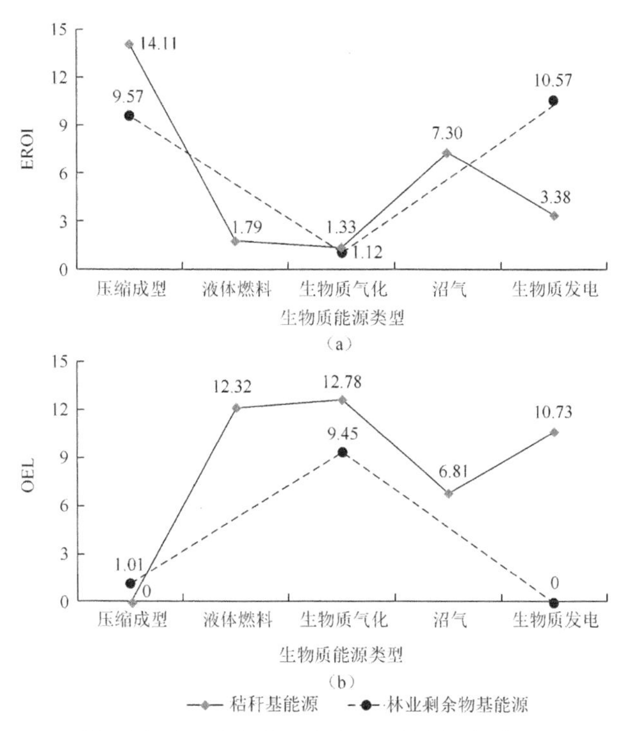

图 5-34　不同秸秆基和林业剩余物基能源转化过程的 EROI 和 OEL

如前文所述，将各类生物质能系统按物理过程、化学过程和生物过程进行归类，发现物理过程（压缩成型）的平均 EROI 最高，其次是生物过程（沼气）和化学过程（生物柴油、燃料乙醇、生物质气化和生物质发电）（表 5-10）。在物理过程系统中，原材料仅被压碎和压缩，而未被改变形式。因此，系统的能量输入相对较少。相对而言，生物质原料的初始形态在化学过程中被完全改变，这需要大量的材料和能源的投入，从而导致较低的 EROI 值。生物过程是物理过程和化学过程的折中，虽然生物过程中的生物质原料同样被改变形式、改善品质，该过程的 EROI 通常高于化学过程，但其转换速度相对较慢。这表明生物质能源品质提升过程中涉及非可再生能源投入和时间成本之间的权衡。

表 5-10　各类生物质能源转化过程的平均 EROI

转化过程	技术类型	EROI	平均 EROI
物理过程	压缩成型	12.81	12.81
生物过程	沼气	4.38	4.38
化学过程	生物柴油	2.61	3.15
	燃料乙醇	1.30	
	生物质气化	1.26	
	生物质发电	7.41	

5.3.3　水资源消耗分析

1. 生物质能系统水资源成本分析

水资源消耗分为现场水耗和上游水耗。现场水耗是指从原料收集至产品产出过程系统直接产生的水资源消耗，如灌溉水和工业用水；上游水耗则是隐含在系统材料、设备和能源等生产过程的水资源消耗。需要注意的是本书所指水资源消耗量是指生物质能系统的耗水量而非供水量，农业灌溉用水和工业用水实际耗水量都根据行业的耗水率进行了调整（农业灌溉为 63%，工业为 24%）[160]。此外，本书认为农业种植采用的灌溉用水主要来自自然界（如降水和湖泊水等），因而这些水资源的上游生产阶段可以忽略。发电厂发电及生物柴油和乙醇生产过程所耗水资源主要为工业用水，且对水质的要求较高，因而视为国民经济部门“水的生产和供应”所提供的水。

表 5-11 列出了各类生物质能源的生命周期水资源消耗成本。可以发现，采用农业生物质（秸秆或谷物）作为原料的系统水资源消耗量远远大于采用非农业生物质作为原料的系统，这主要是因为农业生物质原料生长过程消耗了大量的灌溉水资源。秸秆虽为农业剩余物，但本书考虑到其作为原料对生物质能系统的重要价值，将农作物生长过程中的水资源消耗按秸秆和谷物的市场价值进行分配，将约 7.75%的水资源消耗分摊到秸秆生产。此外麻风树生长过程也需要灌溉，因而麻风树籽柴油的水资源消耗成本较大。不仅单位产能的水资源消耗量大，而且以农业生物质为原料的能源系统现场水耗占据了绝对优势，比重皆超过 96%。因而农业节水直接关系到这些生物质能系统的水资源消耗表现。

表 5-11　各类生物质能源的生命周期水资源消耗成本（单位：g/MJ）

能源系统	子类	现场水耗	上游水耗	总水耗
压缩成型	木质颗粒	0	12	12
	秸秆压块	3 310	15	3 325

续表

能源系统	子类	现场水耗	上游水耗	总水耗
生物质气化	木材气化	0.2	310	310
	秸秆气化	3 260	150	3 410
生物质发电	林业剩余物发电	228	183	411
	沙柳发电	228	183	411
	秸秆发电	14 262	196	14 458
沼气	户用沼气	0	132	132
生物柴油	油菜籽柴油	84 554	120	84 674
	麻风树籽柴油	92 100	122	92 222
燃料乙醇	木薯乙醇	141	265	406
	玉米乙醇	47 400	199	47 599

木薯乙醇和沙柳直燃发电系统虽以种植类生物质为原料，但由于作物生长过程耗水少，其生命周期水资源成本相对较小，分别为 406 g/MJ 和 411 g/MJ。沙柳直燃发电系统的主要水资源消耗来自电厂循环冷却水（占 55%），而木薯乙醇系统的水资源消耗主要来自上游（占 65%）。将木薯乙醇系统生命周期上游水耗分解到产业部门，可以为相关产业政策的制定提供指导。由图 5-35 可以看出，农药部门（44）对木薯乙醇系统上游水耗的贡献最大，比重为 30%。排名前三的部门（农药 44、肥料 43 和基础化学原料 42）共消耗水资源 185 g/MJ，占间接水资源消耗总量的 70%左右，说明重点针对这三个部门的节能政策有利于减少木薯乙醇系统的水资源消耗成本。木质颗粒、户用沼气和木材气化系统的水资源消耗成本相对较小，且几乎全部来自上游材料和设备生产过程。

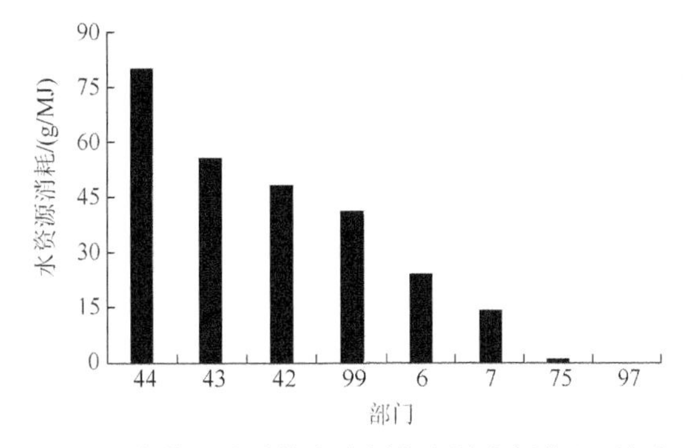

图 5-35　木薯乙醇系统生命周期上游水耗的主要部门

各部门代码可参见附录

2. 水能关系分析

“水能关系”（water energy nexus）是当前研究的热点[73]。图 5-36 展示了各类生物质能系统能源和水资源消耗成本的关系，其相关系数的平方仅为 0.1185，这说明本书涉及生物质能系统的能源和水资源成本之间没有明显的关系。出现这种反差的主要原因是农业种植过程的巨大水资源消耗都假设来自自然界，因而从能量的角度来说，灌溉水除了需要消耗一定的电力，几乎可以认为是免费使用的，这导致系统水资源与能源消耗脱节。比如，虽然秸秆发电和林业剩余物发电的能源消耗成本相差不大，但系统水资源消耗却差别巨大。在将农业灌溉水资源剔除后，各系统水资源消耗和能源消耗的线性关系的显著性明显增强，相关系数的平方上升至 0.6417（图 5-37）。

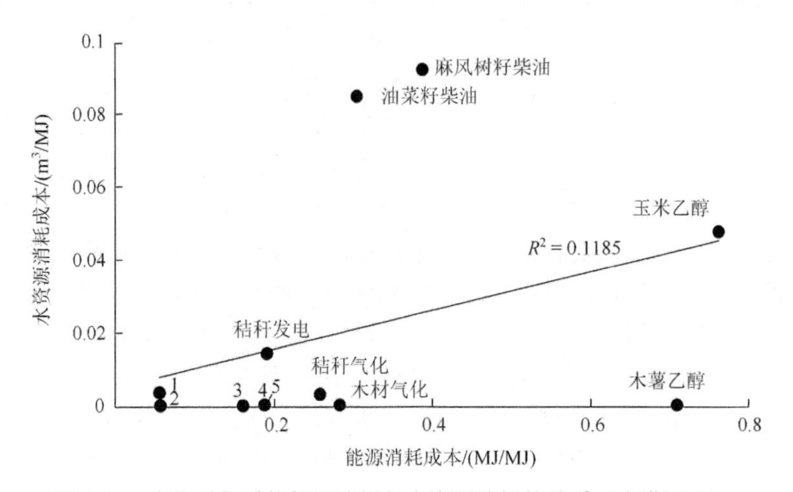

图 5-36　生物质能系统能源消耗与水资源消耗的关系（含灌溉水）

1-秸秆压块，2-木质颗粒，3-户用沼气，4-沙柳发电，5-林业剩余物发电

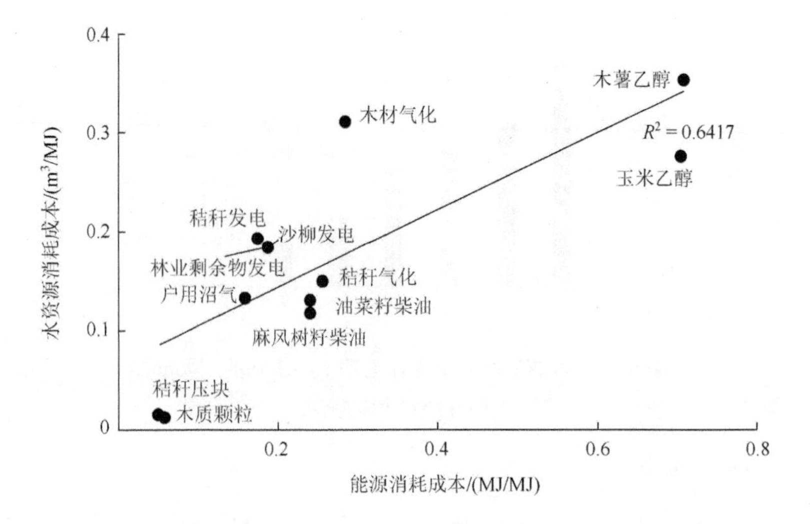

图 5-37　生物质能系统能源消耗与水资源消耗的关系（不含灌溉水）

5.3.4 GHG 排放分析

如表 5-12 所示，本书对 6 类共 12 种生物质能源生命周期的 GHG 排放成本进行了分析。

表 5-12　各类生物质能源生命周期的 GHG 排放成本（单位：g CO_2-eq/MJ）

能源系统	子类	现场排放	上游排放	总排放
压缩成型	木质颗粒	1.32	4.51	5.83
	秸秆压块	2.34	4.00	6.34
生物质气化	木材气化	7.06	31.56	38.62
	秸秆气化	1.69	28.36	30.05
生物质发电	林业剩余物发电	23.16	11.18	34.34
	沙柳发电	22.69	11.31	34.00
	秸秆发电	23.87	13.72	37.59
沼气	户用沼气	13.08	19.52	32.60
生物柴油	油菜籽柴油	30.81	23.61	54.42
	麻风树籽柴油	14.66	30.87	45.53
燃料乙醇	木薯乙醇	78.36	27.57	105.93
	玉米乙醇	70.02	33.01	103.03

1. 压缩成型系统

生物质压缩成型系统的年生命周期 GHG 总排放量平均为 987 t CO_2-eq，可得单位产能的平均排放成本为 6 g CO_2-eq/MJ，与已经发表的林业生物质压缩成型系统研究结果相近（4.37 g CO_2-eq/MJ）[222]。其中，仅有 23%～37%为现场排放，更多的排放来自上游产业过程。以木质颗粒燃料为例，对压缩成型系统生命周期各阶段的 GHG 排放进行分析，发现 75%的排放来自运行阶段，特别是电力使用造成的排放占到了运行阶段的 91%（图 5-38）。我国电力结构以燃煤发电为主，这种结构还将长期存在，因此减少成型过程中的电力消耗费对系统 GHG 减排至关重要。生物质原料收集阶段的排放占系统总量的 24%，主要来自伐木和运输过程中的柴油消耗。建设阶段的排放可以忽略，所占比重仅为 1%。

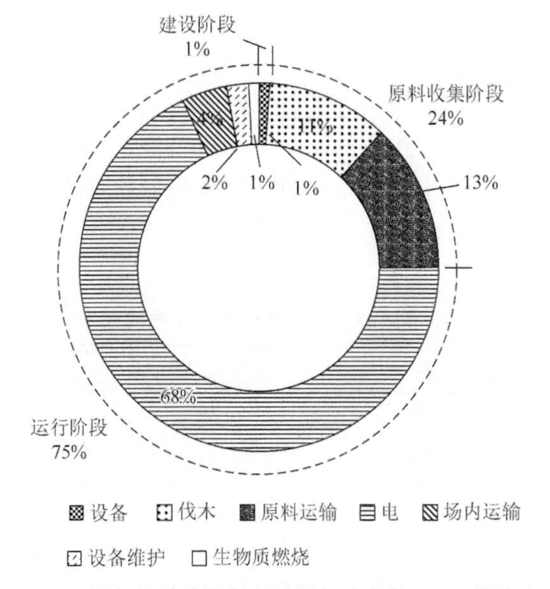

图 5-38　压缩成型系统生命周期各阶段的 GHG 排放成本

2. 生物质气化系统

村级生物质气化系统的平均 GHG 排放成本为 34 g CO_2-eq/MJ，其中仅有 6%～18%为现场排放，主要来自气化原料的收集和运输过程（表 5-12）。如图 5-39 所示，以林业剩余物气化系统为例，系统建设阶段的 GHG 排放成本为 25 g CO_2-eq/MJ，占总排放的 65%。这与我国村级气化站设计不规范、建设成本大、设备使用率低是分不开的[29, 223]。此外，我国以煤为主的能源消费结构及电力结构中，70%以上为燃煤发电，这些直接导致了材料和设备生产过程中的高 GHG 排放量。

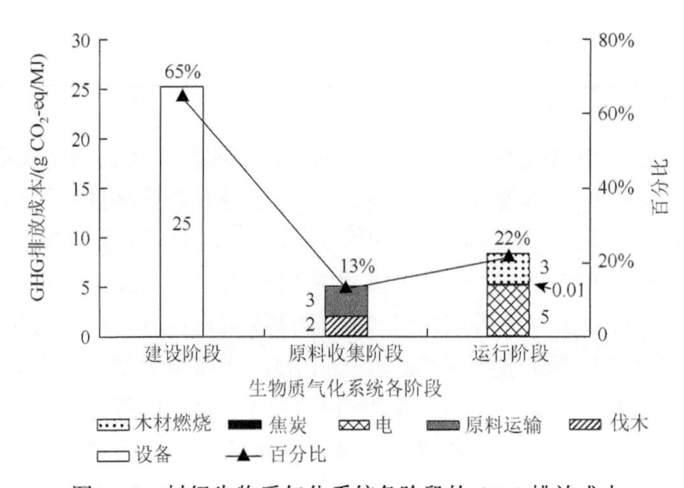

图 5-39　村级生物质气化系统各阶段的 GHG 排放成本

3. 生物质发电系统

生物质发电系统的年生命周期 GHG 排放总量为 16 455 t CO_2-eq，可得平均排放成本为 35 g CO_2-eq/MJ［或 126 g CO_2-eq/(kW·h)］，在以往生物质发电研究结果范围内［35～178 g CO_2-eq/(kW·h)］[51]。如表 5-12 所示，系统 64%～67%的排放为现场排放，主要来自生物质燃烧和原料收集过程中的柴油使用。图 5-40 所示为沙柳发电系统各阶段的 GHG 排放成本，可以发现原料收集（含沙柳种植、切片和运输）和运行阶段对系统总排放的贡献相近，分别为 40%和 39%，建设阶段所占比重为 21%。系统排放最大的部分为生物质（沙柳）燃烧所产生的 CH_4 和 N_2O，约为 31 kg CO_2-eq/t 生物质，这远远低于煤炭燃烧的排放系数（约为 2006 kg CO_2-eq/t）。沙柳收集和运输阶段的高能耗及高排放，说明减小生物质原料运输半径对系统节能和 GHG 减排非常关键。

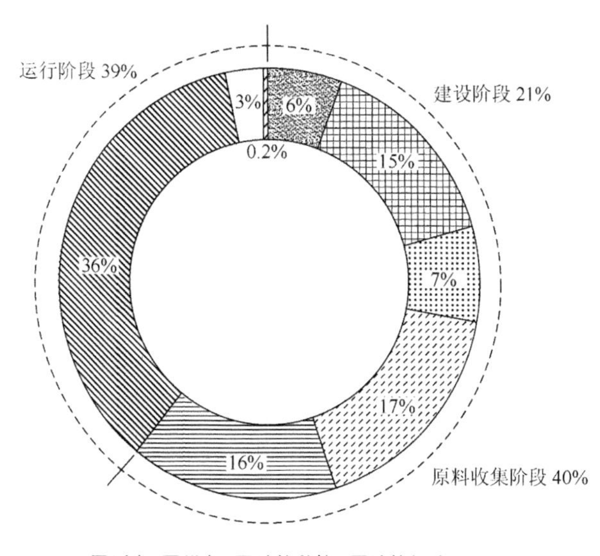

图 5-40　沙柳直燃发电系统各阶段的 GHG 排放成本

4. 沼气系统

沼气系统的年生命周期 GHG 排放总量为 204 kg CO_2-eq，其中 40%来自建池材料和废弃阶段废料运输带来的现场排放(表 5-12)。系统单位产能成本为 32.60 g CO_2-eq/MJ，建设阶段为 29.8 g CO_2-eq/MJ，占 91%；运行阶段为 1.9 g CO_2-eq/MJ，占 6%；废弃阶段为 0.9 g CO_2-eq/MJ，占 3%（图 5-41）。与能耗成本类似，建设阶段水泥、钢筋等高排放材料的投入，造成了较大的上游 GHG 排放成本，尤其是建池和改圈，分别占 40%和 37%。

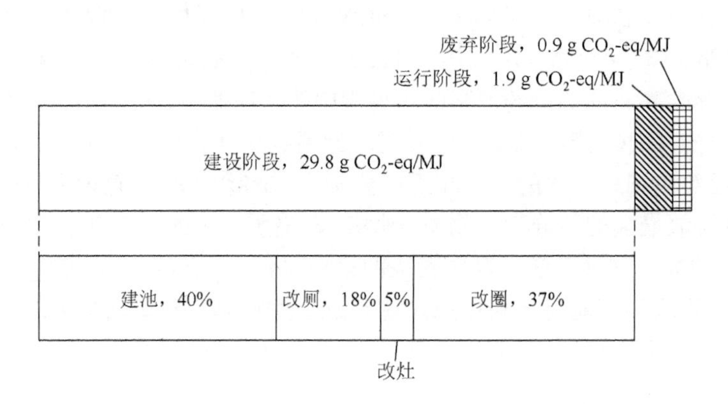

图 5-41　户用沼气池系统各阶段的 GHG 排放成本

5. 生物柴油系统

油菜籽柴油和麻风树籽柴油年生命周期 GHG 排放总量分别为 106 126 t CO_2-eq 和 88 793 t CO_2-eq，其中现场排放分别为 57%和 32%（表 5-12）。油菜籽柴油系统 GHG 排放成本为 54.42 g CO_2-eq/MJ，其中约一半来自原料收集阶段（表 5-13），而化肥使用造成的排放占原料收集阶段的 70%（图 5-42）。化肥生产行业是高 GHG 排放行业[86]，对于种植类生物质原料而言，化肥使用量和使用方式对系统碳排放具有重要影响。相比较而言，麻风树种植过程对肥料的需求较少，也大大降低了原料收集阶段对麻风树籽柴油生产系统 GHG 排放的贡献（39%）。如表 5-13 所示，麻风树籽柴油系统的主要排放来自柴油生产阶段，占总排放的 55%，主要排放源是煤炭的燃烧和化学药品的使用。

表 5-13　油菜籽柴油和麻风树籽柴油各阶段的 GHG 排放（单位：g CO_2-eq/MJ）

种类	原料收集阶段	榨油阶段	柴油生产阶段	合计
油菜籽柴油	27.17	2.22	25.03	54.42
比重	50%	4%	46%	100%
麻风树籽柴油	17.55	2.95	25.03	45.53
比重	39%	6%	55%	100%

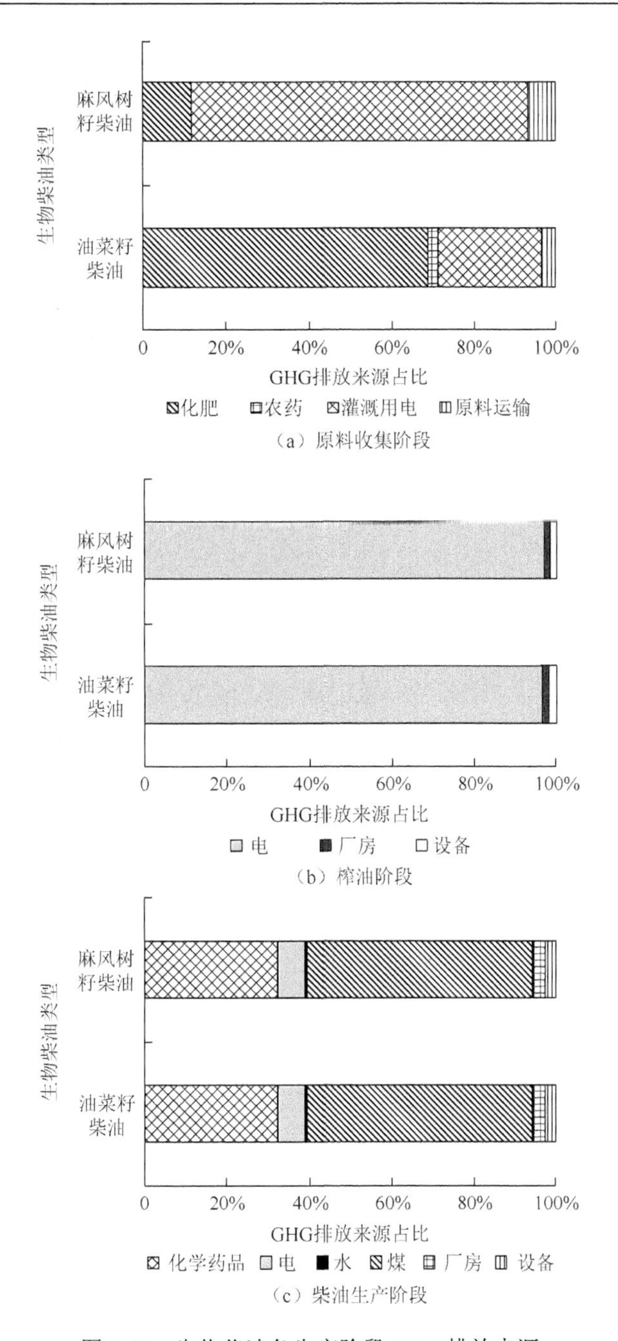

（a）原料收集阶段

（b）榨油阶段

（c）柴油生产阶段

图 5-42　生物柴油各生产阶段 GHG 排放来源

6. 燃料乙醇系统

木薯乙醇和玉米乙醇系统的年生命周期 GHG 排放量分别为 286 006 t CO_2-eq 和

278 195 t CO_2-eq，其中现场排放分别占 74%和 68%（表 5-12）。如表 5-14 所示，木薯乙醇和玉米乙醇的 GHG 排放成本分别为 105.93 g CO_2-eq/MJ 和 103.03 g CO_2-eq/MJ。其中，乙醇生产阶段占系统排放成本的比重分别达到 67%和 73%，主要原因是乙醇生产过程需要燃烧煤炭制取蒸汽。

表 5-14 木薯乙醇和玉米乙醇各阶段的 GHG 排放成本（单位：g CO_2-eq/MJ）

种类	建设阶段	原料收集阶段	乙醇生产阶段	合计
木薯乙醇	0.08	35.38	70.47	105.93
比重	0.1%	33%	67%	100%
玉米乙醇	0.08	27.64	75.31	103.03
比重	0.1%	27%	73%	100%

注：比重合计加总不等于 100%，是四舍五入修约所致

7. 能耗与 GHG 排放的关系

从上述分析中不难发现，生物质能 GHG 排放与其能耗具有类似的特征，如可再生性强的系统，其 GHG 排放也比较低，反之亦然。本节对本书所核算的六大类共 12 种生物质能系统的能耗和 GHG 排放之间的关系进行总结，以明晰系统 GHG 排放与其能耗的相关性。

图 5-43 展示了 12 种生物质能系统能耗成本与 GHG 排放成本的关系，其相关系数的平方达到了 0.9495。这一数字说明了生物质能系统与其他社会经济系统一样，其 GHG 排放主要是由能源消费引起的，因而生物质能系统的节能和减排密不可分，节能就是减排。

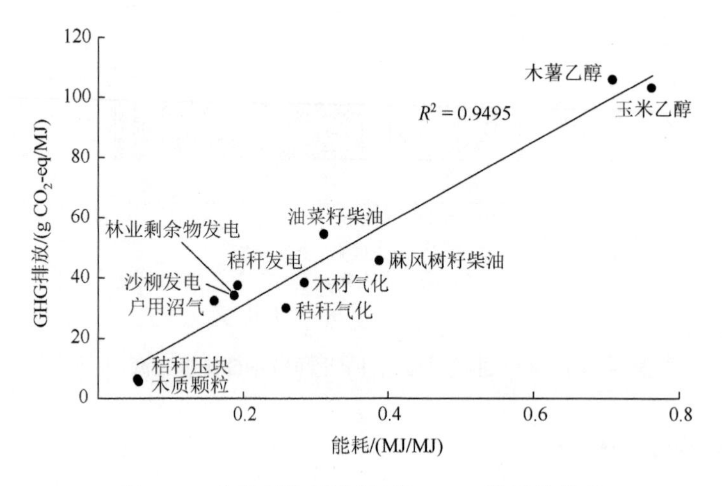

图 5-43 生物质能系统能耗与 GHG 排放的关系

8. 能耗-GHG 排放-水资源消耗、能耗-GHG 排放-经济成本耦合关系研究

研究能耗-GHG 排放-水资源消耗耦合关系有利于实现生物质能系统节能、减排和节水措施的协同开展。由前文的分析可知，农业灌溉水多为自然水，几乎不会造成能耗及 GHG 排放。因此本节剔除了灌溉用水，以更准确地反映能耗-GHG 排放-水资源消耗耦合关系。如图 5-44 所示，除去生物质柴油系统，其他生物质能系统基本满足能耗越大、GHG 排放越大、水资源消耗越多的特征，能耗、GHG 排放和水资源消耗在一定程度上存在正比关系。因此，节能既是减排，也是节水。

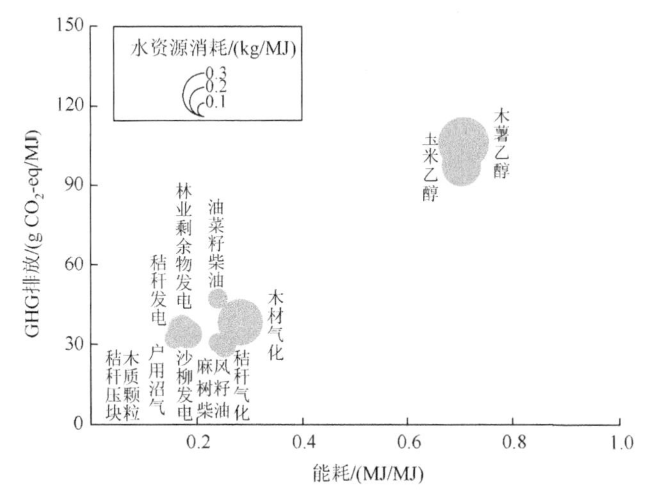

图 5-44　生物质能系统能耗-GHG 排放-水资源消耗耦合关系

圆圈面积为各系统水资源消耗量

同时，图 5-45 反映了各系统能耗-GHG 排放-经济成本耦合关系。整体上看，各生物质能系统呈现能耗越大、GHG 排放越大、经济成本越高的特征，能耗、GHG 排放和经济成本在一定程度上存在正比关系。因此，能源消耗成本是经济成本，环境成本也是经济成本。

5.3.5　污染物排放分析

针对化石能源燃烧比较重要的几种常规污染物，本书对生物质能系统的生命周期中的 SO_2、NO_x、$PM_{2.5}$ 及 CO 排放情况进行了分析。如图 5-46 所示，各类生物质能系统的生命周期污染物排放差别较大。油菜籽柴油、麻风树籽柴油、木薯乙醇和玉米乙醇的 SO_2 排放量较大，这主要是因为生物柴油和燃料乙醇系统需要燃烧煤炭，而煤炭的 SO_2 排放系数较高。生物柴油和燃料乙醇系统的现场 SO_2 排放比重为 59%～88%。

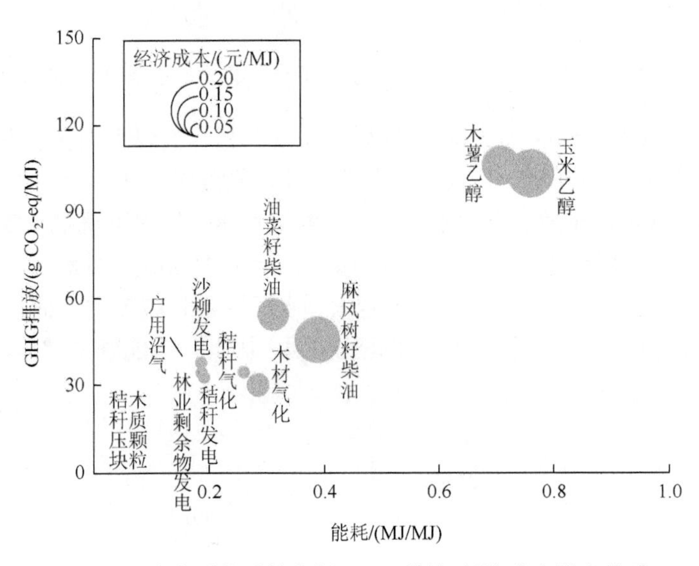

图 5-45　生物质能系统能耗-GHG 排放-经济成本耦合关系

圆圈面积为各系统经济成本

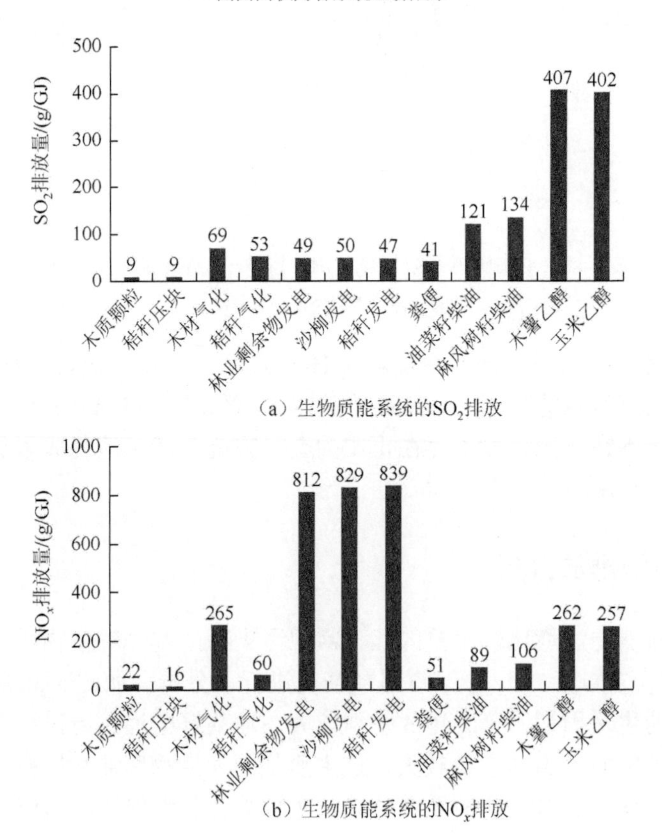

(a) 生物质能系统的SO_2排放

(b) 生物质能系统的NO_x排放

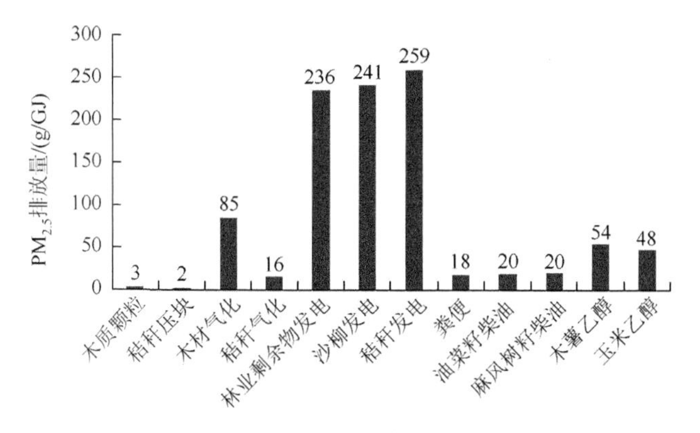

（c）生物质能系统的$PM_{2.5}$排放

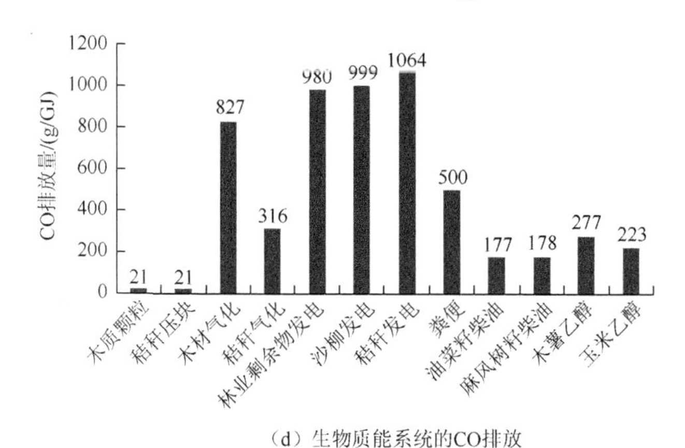

（d）生物质能系统的CO排放

图 5-46 生物质能系统的 SO_2、NO_x、$PM_{2.5}$ 及 CO 排放

一方面，直燃发电系统（林业剩余物发电、沙柳发电和秸秆发电）的 NO_x、$PM_{2.5}$ 及 CO 排放量在所有生物质能系统中都占据了前三的位置，这主要是因为直燃发电系统燃烧了大量的生物质原料，这也是六大类生物质能系统中唯一需要将原料全部燃烧转化为产品（电）的系统。直燃发电系统的 NO_x、$PM_{2.5}$ 和 CO 的排放量分别为 812～839 g/GJ、236～259 g/GJ 和 980～1064 g/GJ，其中 81%～97% 为现场排放。木材气化系统的高 NO_x、$PM_{2.5}$ 和 CO 排放也是由气化过程大量的生物质燃烧使用导致的。另一方面，由于生物质含硫量低，所以直燃发电系统的 SO_2 排放相对并不突出。

生物质压缩成型系统（木质颗粒和秸秆压块）的污染物排放水平在所有系统中都是最低的，清洁性较好。此外，除去生物质燃烧较多的直燃发电和木材气化系统，其他系统的污染物排放量基本与其可再生性的大小一致，即可再生性越小的系统污染物排放量越大。

5.4 本章小结

本章采用 HLCA 模型，对六大类 12 种生物质能系统从“摇篮到大门”，即从原料种植或收集、加工转化到产品产出的资源环境成本进行了分析。燃料运输和产品使用阶段未包含在成本核算的系统边界内。

总体来看，除生物质气化和户用沼气池系统外，原料收集或运行阶段的能耗所占比重较大。所有系统的能耗中，仅直燃发电系统以油类能源消耗为主，其他系统则以煤类能耗为主，这与我国当前以煤为主的能源消费结构是一致的。基于研究所包含的 12 种生物质能系统及已发表文献中的结果，压缩成型燃料的可再生性明显高于生物质气化、沼气、生物质发电、燃料乙醇和生物柴油。这说明随着能源品质的提升，系统能耗增加，可再生性有所下降。将生物质能系统分为物理过程、化学过程和生物过程三大类，可以发现物理过程的可再生性较好，化学过程的可再生性较差，而生物过程的可再生性居中。生物质能源的能源消耗成本与经济成本相关性较高，因此系统节能措施对于生物质能源经济性的提高非常重要。同时也说明，当前经济性较差的生物质能源转化技术，其系统能量表现一般也较差，因此需要进一步提高技术水平，减少能耗，提升系统经济可行性。

水资源成本分析研究结果表明，以种植类生物质特别是农业生物质为原料的系统生命周期水资源消耗明显高于其他能源系统。说明农业节水对生物质能系统节水至关重要。此外，本书未能发现生物质能系统水资源消耗与能耗的一致性，这可能是由于生物质能系统消耗的水大多是未经过加工的自然水资源。当去除各系统灌溉水后，水资源和能耗的相关性大大提升。

与能耗成本类似，除生物质气化和户用沼气池系统外，其他系统的 GHG 排放主要来自原料收集或运行阶段。生物质能系统的 GHG 排放与能耗成本一致性较高，因而生物质能系统的节能和减排密不可分，节能就是减排。各系统还存在能耗-GHG 排放-水资源消耗及能耗-GHG 排放-经济成本的耦合关系，这说明系统节能既是减排也是节水，系统能源消耗成本是经济成本，环境成本也是经济成本。

直燃发电系统由于燃烧生物质，其 NO_x、$PM_{2.5}$ 和 CO 排放明显高于其他系统，但由于生物质含硫量低，直燃发电系统的 SO_2 排放较少。生物柴油和燃料乙醇系统由于需要燃烧煤炭提供蒸汽，其生命周期 SO_2 排放高于其他系统。

第6章　生物质能源的节能减排效益分析

6.1　参照能源系统的确定

6.1.1　参照化石能源选择

生物质能源的节能减排效益应当是由其终端使用方式及其替代能源类型决定的。比如，生物质颗粒燃料既可以用于供热也可以用于发电[5]，而其节能减排效益则需要分别与煤炭供热和燃煤发电进行比较方可估算。

根据国内外市场经验，生物质成型燃料主要用于供热领域，在欧洲几乎是100%[224]用于供热领域。因此本书假定生物质成型燃料用于供热，并将煤炭作为参照对象，评价其节能减排效益。我国生物质气化和户用沼气的主要用途是作为炊事燃料，本书选取民用天然气系统作为生物质气化和户用沼气池系统的参照化石能源系统。我国电力结构以火电为主，燃煤发电占火电的70%左右，因此选取燃煤发电系统作为直燃发电系统的参照对象。本书考虑了目前在我国存在的几种主要燃煤发电技术（亚临界、超临界和超超临界），以及未来具备较大发展潜力的“整体煤气化联合循环机组”（integrated gasification combined cycle unit，IGCC）[225]。

作为车用替代燃料，生物柴油和燃料乙醇的参照对象分别选取为车用石化柴油和汽油。实际经验表明，生物柴油和燃料乙醇的低比例使用已经可以大规模推广。目前应用较为广泛的低比例燃料乙醇和生物柴油混合车用燃料主要是E10和BD20（生物柴油和传统石化柴油以20∶80的体积比例掺混的车用液体燃料），基本不会改变原有车辆的燃料经济性，即单位热量燃料可支持的行驶里程基本保持不变[226]。因此，本书分别将E10燃料和BD20燃料与传统石化汽油和柴油进行比较，核算燃料乙醇和生物柴油的节能减排效益。同时，为了便于分析，本书还假定了纯生物柴油（BD100）和纯燃料乙醇（E100）两种车用燃料的资源消耗和污染物排放情况，并与传统化石燃料进行比较。本书假定单独使用E100和BD100时，车辆可以正常行驶，但由于生物基燃料热值低，行驶相同里程不得不使用更多的燃料。

6.1.2　节能减排效益分析系统边界的确定

对比生物质能源和化石能源的节能减排效益，应当将两种能源置于相同的系统边界条件下。如图 6-1 所示，本书采用 HLCA 模型和 PLCA 模型核算生物质能源和化石能源全生命周期的资源环境成本，并将两者进行对比。系统边界主要包含三个部分：燃料生产、燃料运输和燃料使用。具体来说，燃料生产部分包括化石能源和生物质能源的生产，其中生物质能源生产过程的资源环境成本在本书第 5 章已经进行了较为详尽的分析。对于化石能源生产部分，将采用 HLCA 模型对其进行资源环境成本核算，其中，煤炭开采和洗选、石油开采和天然气开采部分的资源环境成本采用 IO-LCA 模型核算，而石油精炼过程采用 PLCA 模型核算。燃料运输部分采用 HLCA 模型核算，包含了不同的能源运输方式及运输距离。其中燃料在运输过程中的燃烧排放采用 PLCA 模型核算，而交通工具燃料的上游生产则采用 IO-LCA 模型核算。燃料使用过程采用 PLCA 模型核算，包含了不同的能源使用技术，如前文提到的多种发电技术、多种生物柴油和燃料乙醇利用方式等。具体的模型构建过程将在 6.2 节模型构建部分详细介绍。

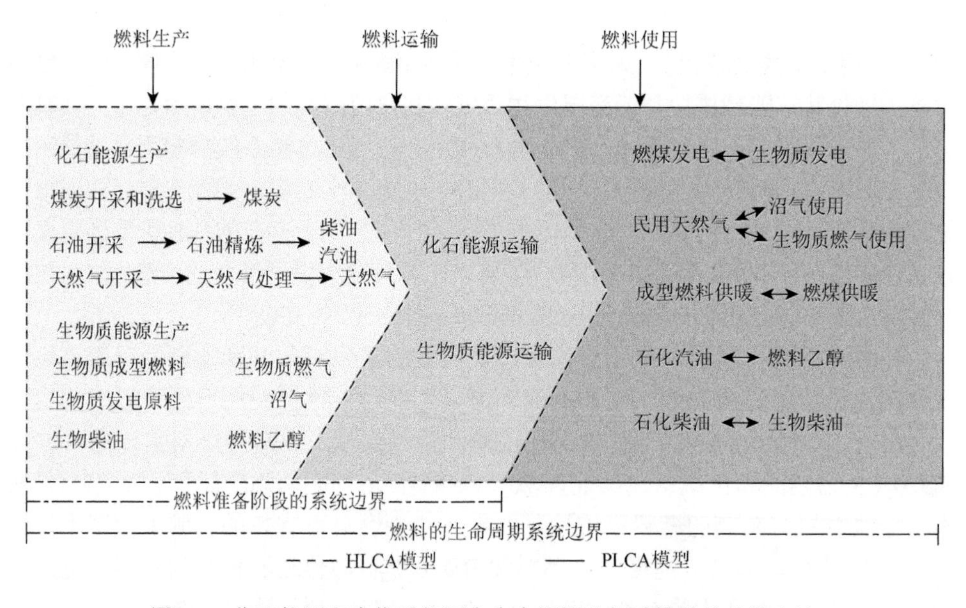

图 6-1　化石能源和生物质能源全生命周期节能减排效益估算方法

6.1.3　功能单位的选取

针对不同的能源终端利用方式，本书选取了不同的系统功能单位，用于生物质和化石能源生命周期资源环境成本的比较：对于成型燃料供热和燃煤供热系统，功能单位选取为提供 1 GJ 的热能；生物质发电和燃煤发电系统，功能单位选取为发 1 kW·h 电；民用天然气、沼气和生物质燃气系统，功能单位选取为提供 1 GJ

的有效热；燃料乙醇和传统石化汽油及生物柴油和传统石化柴油的功能单位选取为 40 t 轻型货车行驶 1 km。6.3 节将基于功能单位，对各类生物质能源及其参照化石能源进行资源环境成本对比分析。

6.2 模型构建

6.2.1 燃料生产

煤炭的生产包括煤炭开采和洗选，煤炭开采过程的能效为 97%，洗选过程的能效为 95%[154]（表 6-1）。煤炭开采和洗选过程的资源消耗、GHG 和污染物排放可以采用 IO-LCA 模型直接核算，这是因为 IO-LCA 模型拥有比 PLCA 模型更为完整的系统边界，且 2012 年投入产出表中含有专门的“煤炭采选产品”部门，该部门能够较好地代表煤炭生产的上游产业链过程。2012 年我国煤炭的平均生产者价格约为 600 元/t[156]，将价格与资源环境投入产出数据库中“煤炭采选产品”部门的完全资源环境负荷相乘，即可估算煤炭生产的能源消耗、水资源消耗、GHG 及污染物排放成本。

表 6-1　化石能源开采和转化过程的能效

项目	数值	项目	数值
煤炭开采能效	97%	柴油生产能效	91.46%
洗选能效	95%	天然气开采能效	96%
原油开采能效	91.28%	天然气处理能效	94%
汽油生产能效	90.79%		

柴油和汽油的生产包括石油开采和石油精炼（图 6-1），天然气的生产包括天然气开采和天然气处理，各部分的能效如表 6-1 所示。与煤炭生产类似，石油和天然气开采也采用 IO-LCA 模型。由于最新的投入产出表中石油和天然气开采共同属于“石油和天然气开采产品”部门，因此需要将该部门进一步划分为“石油开采产品”部门和“天然气开采产品”部门，划分方法在本书第 3 章已经介绍。2012 年我国原油和天然气的平均生产者价格分别为 5581 元/t 和 1.12 元/m^3[156]，由此可以核算原油和天然气开采过程的资源消耗及污染物排放成本。从原油到炼油厂的过程需要运输，本书假定我国原油均为国内生产，一方面是由于国外原油开采过程的资源消耗和污染物排放无法直接通过我国投入产出表估计，另一方面是由于目前我国的生物质液体燃料发展规模较小，可以认为其替代的全部为国产原

油所炼制的柴油和汽油。根据图 6-2 所示的原油及成品油（柴油和汽油）的各类运输方式所占比重及平均运输距离和表 6-2 所示的各类交通运输方式的能源消耗强度及燃料结构，即可估算原油的运输耗能。原油运输过程的 GHG 和污染物排放可参考表 5-8 所提供的排放系数，电力和柴油生产过程的排放则根据资源环境投入产出数据库的系数进行核算。石油精炼过程除了需要作为原料的原油的投入外，还需要电力和燃料油的投入，投入量分别为 63 (kW·h)/t 和 9 kg/t[227]。

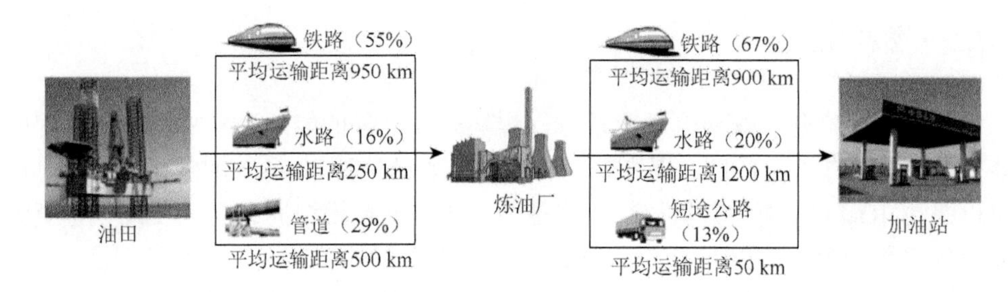

图 6-2　原油及成品油（柴油和汽油）的各类运输方式所占比重及平均运输距离

表 6-2　各类交通运输方式的能源消耗强度及燃料结构

交通方式	能源消耗强度/[kJ/（t·km）]	燃料种类及结构
铁路	122	柴油（58%），电力（42%）
原油管道	300	燃料油（50%），电力（50%）
天然气管道	372	天然气（99%），电力（1%）
水路	77	柴油（100%）
短途公路	1772	柴油（100%）
长途公路	331	柴油（100%）

生物质能源生产过程的资源消耗和污染物排放成本在本书第 5 章已经介绍。表 6-3 列出了本书所估算的生物质能源和化石能源生产过程的能源消耗、水资源消耗、GHG 及污染物排放结果。

表 6-3　生物质能源和化石能源生产过程的能源消耗、水资源消耗、GHG 及污染物排放

能源	能源消耗/（kJ/MJ）	水资源消耗/（g/MJ）	GHG/（g CO_2-eq/MJ）	SO_2/（g/MJ）	NO_x/（g/MJ）	CO/（g/MJ）	$PM_{2.5}$/（g/MJ）
煤炭	72	57	15	0.011	0.013	0.087	0.028
天然气	81	40	8	0.010	0.011	0.058	0.003
汽油	308	224	35	0.054	0.074	0.290	0.019
柴油	309	224	35	0.054	0.074	0.291	0.019

续表

能源	能源消耗/(kJ/MJ)	水资源消耗/(g/MJ)	GHG/(g CO_2-eq/MJ)	SO_2/(g/MJ)	NO_x/(g/MJ)	CO/(g/MJ)	$PM_{2.5}$/(g/MJ)
秸秆压块燃料	55	3 325	6	0.009	0.016	0.021	0.002
木质颗粒燃料	56	12	6	0.009	0.022	0.021	0.003
秸秆生物质气	259	3 773	30	0.053	0.060	0.316	0.016
林业剩余物生物	284	311	39	0.069	0.265	0.827	0.085
户用沼气	159	132	33	0.041	0.051	0.500	0.018
油菜籽柴油	311	84 674	54	0.121	0.089	0.177	0.020
麻风树籽柴油	387	92 222	46	0.134	0.106	0.178	0.020
木薯乙醇	707	406	106	0.407	0.262	0.277	0.054
玉米乙醇	761	47 600	103	0.402	0.257	0.223	0.048
林业剩余物[a]	11	2	1	0.002	0.013	0.007	0.001
沙柳[a]	11	2	1	0.002	0.012	0.007	0.001
玉米秸秆[a]	5	2 085	1	0.001	0.002	0.002	0.000 3

a 这里的林业剩余物、沙柳和玉米秸秆可以看成是为直燃发电系统准备的燃料

6.2.2　燃料运输

我国煤炭的运输包含了铁路、水路和公路等运输方式，各种方式所占的比重及平均运输距离如图 6-3 所示。图 6-2 所示为我国原油运输至炼油厂，以及成品油（柴油和汽油）运输至加油站的各类运输方式占比及平均运输距离。需要说明的是，原油运输已经在 6.2.1 节燃料生产部分进行了说明和核算，本节燃料运输仅指柴油和汽油从炼油厂运输至加油站的部分。与煤炭和石油不同，天然气的运输方式相对单一，主要为管道运输，平均运输距离为 625 km。煤、石油和天然气的运输方式及运输距离主要来自文献[154]和文献[228]。

生物质燃料运输在第 5 章已经部分介绍，生物质燃气及沼气主要为附近居民提供生活用能，因而其燃料运输仅需要较短的管道即可（尤其是沼气）。第 5 章在分析生物质燃气和沼气的资源环境成本时已经考虑了管道的投入，因此本节不单独考虑这两种气体的运输阶段。此外，直燃发电系统的燃料运输阶段是指将发电生物质原料（沙柳、林业剩余物和玉米秸秆）从原料产地运往发电厂的过程。由于分析发电系统资源环境成本时不方便将燃料生产和发电部分分割，发电原料的运输在第 5 章已经考虑，平均运输距离约为 50 km。关于生物柴油和燃料乙醇的运输，本书假定其运输方式和平均运输距离与石化柴油和汽油一致。

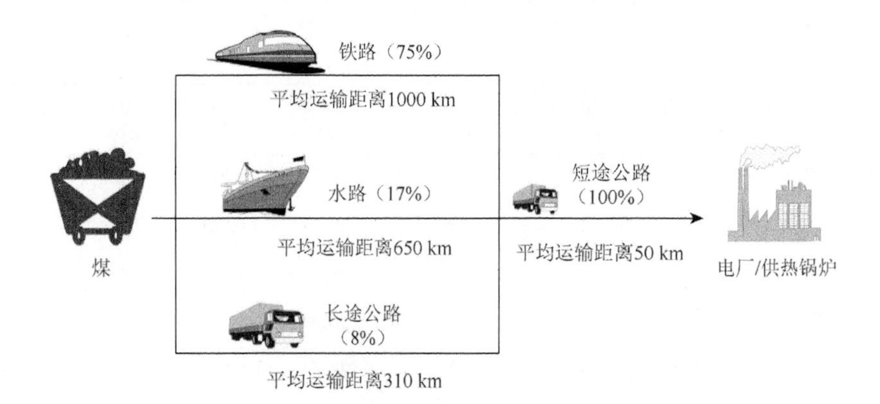

图 6-3　煤炭的运输方式及平均运输距离

表 6-2 列出了我国各类交通运输方式的能源消耗强度及燃料结构。我国铁路的电气化水平约为 58%[229]，其余为柴油驱动。我国电力机车的能源消耗强度为 0.01 (kW·h)/(t·km)［36 kJ/(t·km)］[159]，柴油机车的能源消耗强度为 0.006 kg/(t·km)［240 kJ/(t·km)］[154]。水路运输的能源消耗强度约为 0.002 kg/(t·km)［77 kJ/(t·km)］[159]，长途公路运输的能源消耗强度为 0.008 kg/(t·km)［331 kJ/(t·km)］[230]。短途公路运输以卡车为主，其能源消耗强度如第 5 章所述，为 0.05 L/(t·km)［1772 kJ/(t·km)］[99]。水路和公路运输的主要燃料是柴油[154]，为方便起见，本书假定全部为柴油。天然气管道的能源消耗强度为 372 kJ/(t·km)，包括 99%的天然气和 1%的电力消耗[81]。原油管道的能源消耗强度为 300 kJ/(t·km)，其中燃料油和电力各占 50%[154]。

由于我国交通运输燃料排放相关研究较少，本书仅选取 IPCC 提供的符合我国实际情况的交通燃料 GHG 排放因子[161]，其他污染物排放因子则采用 ecoinvent v2.2 数据库中的其他国家数据[180]，具体数据参见第 5 章表 5-8。运输燃料及电力生产过程的资源消耗和污染物排放采用本书建立的资源环境投入产出数据库进行核算。此外，本书还考虑了使用天然气管道进行运输的过程中 CH_4 的逃逸，因子为 1.9 g CO_2-eq/MJ（美国平均水平）[159]。表 6-4 列出了本书所估算的生物质能源和化石能源运输过程的能源消耗、水资源消耗、GHG 及污染物排放结果。

表 6-4　生物质能源和化石能源运输过程的能源消耗、水资源消耗、GHG 及污染物排放

能源	能源消耗/（kJ/MJ）	水资源消耗/（g/MJ）	GHG/（g CO_2-eq/MJ）	SO_2/（g/MJ）	NO_x/（g/MJ）	CO/（g/MJ）	$PM_{2.5}$/（g/MJ）
煤炭	11	2	1	0.002	0.01	0.007	0.000 4
天然气	4	0.18	244	0.002	0.09	0.54	0.001
汽油	3	0.51	0.31	0.001	0.004	0.003	0.000 2

续表

能源	能源消耗/（kJ/MJ）	水资源消耗/（g/MJ）	GHG/（g CO_2-eq/MJ）	SO_2/（g/MJ）	NO_x/（g/MJ）	CO/（g/MJ）	$PM_{2.5}$/（g/MJ）
柴油	3	0.52	0.31	0.001	0.004	0.003	0.000 2
秸秆压块燃料	22	4	2	0.001	0.001	0.006	0.000 5
木质颗粒燃料	18	3	2	0.001	0.001	0.005	0.000 4
油菜籽柴油	3	0.57	0.34	0.001	0.005	0.003	0.000 2
麻风树籽柴油	3	0.57	0.34	0.001	0.005	0.003	0.000 2
木薯乙醇	5	0.82	0.49	0.001	0.007	0.004	0.000 3
玉米乙醇	5	0.82	0.49	0.001	0.007	0.004	0.000 3
林业剩余物	8	1	0.83	0.001	0.001	0.002	0.000 2
沙柳	8	1	0.83	0.001	0.001	0.002	0.000 2
玉米秸秆	14	2	1	0.001	0.001	0.004	0.000 3

6.2.3　燃料使用

本书所涉及的燃料使用终端包含燃烧供热（生物质成型燃料和煤炭）、民用炊事燃气（生物质燃气、沼气和天然气）、燃烧发电（林业剩余物、沙柳、玉米秸秆和煤炭）及车辆运行（生物柴油、燃料乙醇、石化柴油和石化汽油）。

1. 燃烧供热

国外（尤其是欧洲地区）对生物质颗粒燃烧的污染物排放进行了大量的研究[54, 231-233]，但我国颗粒供热市场发展相对较晚，因而相关研究较少。相比之下，关于我国燃煤锅炉污染物排放的研究较多[234-236]。有效热的提供与燃料的热值和燃烧效率密切相关，本书假定木质颗粒燃料、秸秆压块燃料及煤炭的热值分别为18 MJ/kg、14.6 MJ/kg和20.9 MJ/kg[157, 237]。现有研究认为煤炭和生物质颗粒的燃烧效率在60%～90%范围内变动[237, 238]，本书假定两者效率均为80%。因此，供应1 GJ的有效热，分别需要木质颗粒燃料 69 kg、秸秆压块燃料 86 kg 和煤炭 60 kg。ecoinvent v2.2数据库中含有中国煤炭燃烧的GHG及污染物排放因子，本书直接采用该系数[180]。由于缺乏国内生物质颗粒燃料燃烧排放数据，本书选取 ecoinvent v2.2数据库中反映荷兰颗粒燃烧情况的排放因子[180]。需说明的是，由于林业剩余物和秸秆在生长过程中吸收了CO_2，因此生物质成型燃料燃烧过程视为是零CO_2排放的，即碳中性[239]，但成型燃料燃烧过程的CH_4和N_2O排放需要进行核算。

在关于对生物质压缩成型的LCA评价中，很少考虑燃料的燃烧设备，主要是因为其生产过程的排放相对于燃烧引起的排放较少[232]。本书假定生物质成型燃料和煤炭燃烧设备的上游排放相等，因而将两者同时排除在核算系统外对结果的影响较小。生物质和燃煤锅炉运行过程中的水资源消耗较少，本书不予考虑①。表 6-5 列出了本书所估算的生物质成型燃料锅炉和燃煤锅炉的热效率、能源消耗、GHG 及污染物排放结果。表 6-5 中的能源消耗代表的是产生 1 GJ 有效热所需要的木质颗粒燃料、秸秆压块燃料及煤炭自身的热值。

表 6-5 生物质成型燃料锅炉和燃煤锅炉的热效率、能源消耗、GHG 及污染物排放

燃料类型	热效率	能源消耗/（MJ/GJ）	GHG/（g CO_2-eq/GJ）	SO_2/（g/GJ）	NO_x/（g/GJ）	CO/（g/GJ）	$PM_{2.5}$/（g/GJ）
木质颗粒燃料	80%	1 250[a]	1 122	3	88	120	33
秸秆压块燃料	80%	1 250[a]	1 122	3	88	120	33
煤炭	80%	1 250	152 036	966	510	10	53

a 此处木质颗粒和秸秆压块的能源消耗为两种生物质能源的热值，是绝对的可再生能源，因此在 6.3.1 节核算生物质成型燃料的化石能源节约效益时将不予考虑

2. 民用炊事燃气

关于户用沼气和生物质燃气的节能减排潜力的研究较多[59, 198, 213, 240, 241]，但目前研究选取的参照化石能源较为多样，且系统边界不一致。此外，目前研究多集中在能源和 GHG 排放指标方面，其他污染物指标则关注较少。目前我国沼气和天然气灶的燃烧效率均为 60%左右[25, 242]，研究假定生物质燃气灶的热效率与沼气灶相同。沼气、木质生物质燃气（以下简称木质燃气）、秸秆生物质燃气（以下简称秸秆燃气）和民用天然气的热值分别为 20.9 MJ/m^3、14.7 MJ/m^3、5.2 MJ/m^3 和 38.9 MJ/m^3，因此提供 1 GJ 的有效热分别需要沼气 80 m^3、木质燃气 113 m^3、秸秆燃气 318 m^3 和民用天然气 43 m^3。沼气和天然气燃烧的 GHG 排放可根据 Liu 等[25]的研究进行估算，污染物排放系数则采用 ecoinvent v2.2 数据库中的数据[180]。沼气、木质燃气和秸秆燃气为碳中性能源，其燃烧的 CO_2 排放不予核算[79]。此外，沼气的使用还能避免粪便露天管理造成的 CH_4 排放，估算方法可参考 Eggleston 等[161]和 Liu 等[25]的研究。每生产 1 m^3 沼气约减少粪便露天 CH_4 排放 5.18 kg CO_2-eq。燃气燃烧过程几乎没有水资源消耗。表 6-6 列出了本书所估算的沼气、木质燃气、秸秆燃气和民用天然气燃烧过程的热效率、能源消耗、GHG 及污染物排放结果。

① 用于供暖的热水不在本书的考虑之内，这是因为这些水资源的消耗不是为了生产或使用能源，而是作为能源使用的载体。

表 6-6 沼气、生物质燃气和民用天然气的热效率、能源消耗、GHG 及污染物排放

能源	热效率	能源消耗/（MJ/GJ）	GHG/（g CO_2-eq/GJ）	SO_2/（g/GJ）	NO_x/（g/GJ）	CO/（g/GJ）	$PM_{2.5}$/（g/GJ）
沼气	60%	1 667[a]	−413 203	0.63	13	0	0.13
木质燃气	60%	1 667[a]	51	0.63	13	0	0.13
秸秆燃气	60%	1 667[a]	51	0.63	13	0	0.13
民用天然气	60%	1 667	196 789	0.92	37	213	0.25

a 此处沼气、木质燃气和秸秆燃气的能源消耗为三种生物质能源的热值，是绝对的可再生能源，因此在 6.3.1 节核算生物质成型燃料的化石能源节约效益时将不予考虑

3. 燃烧发电

燃煤发电一直是我国电力结构的主体，但对燃煤发电污染物排放的研究还不充分[154, 225]。我国燃煤发电的一次能源消耗可参考《中国电力年鉴 2013》[243]及其他相关文献[159, 244]。我国 2012 年燃煤发电平均能源消耗约为 9630 kJ/(kW·h)[243]，亚临界、超临界、超超临界及 IGCC 燃煤发电技术的能源消耗量可见表 6-7。燃煤电厂的 GHG 排放量可参考世界资源研究所发表的相关研究成果[245]，其他污染物排放系数来源于 ecoinvent v2.2 数据库中含有的我国燃煤发电相关数据[180]。

表 6-7 直燃发电和燃煤发电技术的资源消耗、GHG 及污染物排放

能源	发电技术	能源消耗/[kJ/(kW·h)]	水资源消耗/[g/(kW·h)]	GHG/[g/(kW·h)]	SO_2/[g/(kW·h)]	NO_x/[g/(kW·h)]	CO/[g/(kW·h)]	$PM_{2.5}$/[g/(kW·h)]
煤炭	2012 年平均	9630[243]	2340[243]	913	7.44	3.93	0.08	0.41
	亚临界	9580[248, 249]	1235[248, 249]	908	7.41	3.91	0.08	0.41
	超临界	8980[243]	1105[243]	851	6.94	3.66	0.07	0.38
	超超临界	8610[243]	1170[243]	816	6.66	3.51	0.07	0.36
	IGCC	8380[243]	1210[250]	794	6.48	3.42	0.07	0.35
生物质	沙柳发电	232[a]	1405	73	0.12	2.67	3.38	0.83
	秸秆发电	246[a]	1407	79	0.12	2.96	3.68	0.91
	林业剩余物发电	232[a]	1405	72	0.11	2.62	3.32	0.81

a 未包含沙柳、秸秆和林业剩余物自身热值

燃煤电厂消耗的水资源主要是循环冷却水，电厂循环冷却系统主要分为敞开式和密闭式两种类型。根据 Chang 等[159]的总结，密闭式循环冷却系统能大大减少水资源的消耗，在国内外被广泛采用。我国南方水资源丰富地区的电厂仍以敞开式系

统为主，但近年来新建的发电厂约 60%在北方水资源稀缺省份[246]，因此本书以密闭式循环冷却系统为例估算了各类燃煤发电技术的水资源消耗量。有研究表明，燃煤发电厂建设过程的 CO_2 排放仅占生命周期 CO_2 排放的 0.1%左右[247]，因此本书忽略了燃煤电厂建设过程的资源消耗和污染物排放。

三种直燃发电系统的资源消耗、GHG 及污染物排放在本书第 5 章已经做了详细介绍。需要说明的是，由于发电厂建设过程的能源消耗、GHG 和污染物排放占直燃发电生命周期能源消耗及排放的比重较大（20%以上），本书将电厂建设视为燃烧发电的一种投入。表 6-7 列出了本书所估算的各类直燃发电和燃煤发电技术的一次能源消耗、水资源消耗、GHG 及污染物排放结果。

4. 车辆运行

本书选取美国 GREET 模型[251]中的轻型货运卡车作为生物基车用燃料和石化车用燃料的使用载体，比较生物基和石化车用燃料在车辆运行阶段的资源消耗、GHG 及污染物排放情况。如前所述，本书涉及的生物柴油为 BD20 和 BD100，用于替代传统柴油；燃料乙醇包括 E10 和 E100，用于替代传统汽油。表 6-8 和表 6-9 分别列出了本书所估算的生物柴油和传统柴油车辆，以及燃料乙醇和传统汽油车辆行驶过程中的能源消耗、GHG 及污染物排放结果。汽车行驶过程的水资源消耗本章未进行考虑。本书认为不同生物质原料生产的柴油或乙醇在车辆运行过程中的燃烧特性和污染物排放情况相同。

表 6-8　生物柴油和传统柴油车辆行驶过程中的能源消耗、GHG 及污染物排放

燃料类型	能源消耗/（MJ/km）	GHG/（g CO_2-eq/km）	SO_2/（g/km）	NO_x/（g/km）	CO/（g/km）	$PM_{2.5}$/（g/km）
BD20	2.54[a]	208.80	0.02	0.14	0.25	0.01
BD100	0[a]	2.25	0.00	0.14	0.25	0.01
传统柴油	3.13	260.44	0.02	0.14	0.25	0.01

a 未包含生物柴油自身热值

表 6-9　燃料乙醇和传统汽油车辆行驶过程中的能源消耗、GHG 及污染物排放

燃料类型	能源消耗/（MJ/km）	GHG/（g CO_2-eq/km）	SO_2/（g/km）	NO_x/（g/km）	CO/（g/km）	$PM_{2.5}$/（g/km）
E10	3.50[a]	272.85	0.01	0.11	2.32	0.01
E100	0[a]	2.42	0.00	0.11	2.32	0.01
传统汽油	3.76	302.90	0.01	0.11	2.32	0.01

a 未包含燃料乙醇自身热值

6.3　节能减排效益分析

本节根据四种不同的能源使用终端，即燃烧供热、民用炊事燃气、燃烧发电和车辆运行，在如图 6-1 所示的统一系统边界条件下，比较各类生物质能源与其替代化石燃料的资源环境成本，从而定量核算生物质能系统的节能减排效益。

6.3.1　生物质成型燃料的节能减排效益

如图 6-1 所示，生物质成型燃料和煤炭供热的生命周期阶段包括燃料生产、燃料运输和燃料使用。根据 6.2 节的介绍，为提供 1 GJ 热能，生物质成型燃料供热和燃煤供热系统的生命周期能源消耗分别为 92 MJ（木质颗粒燃料供热）、96 MJ（秸秆压块燃料供热）和 1354 MJ（燃煤供热）（图 6-4），生物质成型燃料的节能效益为 1258～1262 MJ/GJ。从图 6-4 中可以看到，燃料准备阶段（如图 6-1 所示，含燃料生产和燃料运输）生物质成型燃料的能源消耗与煤炭差别不大，且成型燃料的运输能源消耗几乎是煤炭运输的两倍，这是因为虽然成型燃料的运输距离远小于煤炭，但其热值低，因而同等供热水平下运输重量大。此外，成型燃料的运输方式以短途公路为主，短途公路运输的能源消耗系数相对较大[154]。

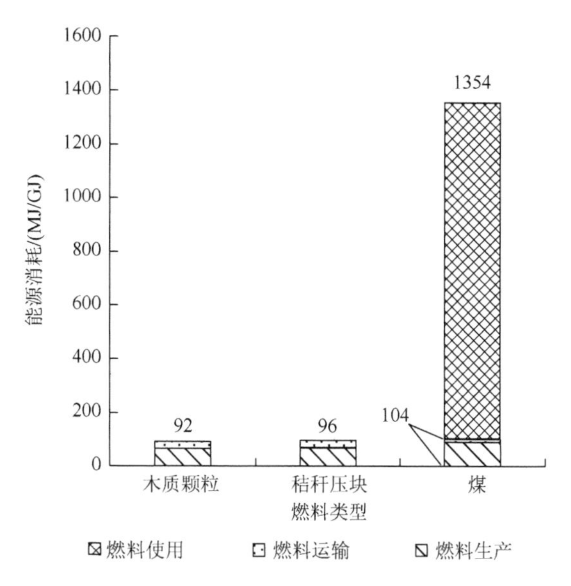

图 6-4　生物质成型燃料和燃煤供热系统生命周期能源消耗

生物质成型燃料和燃煤供热系统的生命周期水资源消耗都发生在燃料生产和运输阶段。如图 6-5 所示，木质颗粒燃料供热的生命周期水资源消耗为 19 kg/GJ，远低于燃煤供热系统（74 kg/GJ）。但秸秆压块燃料的水资源消耗明显高于燃煤，为 4161 kg/GJ，其中 99%来自秸秆种植过程中的灌溉水资源消耗。可见，采用林业剩余物生产生物质成型燃料可以节约水资源 55 kg/GJ，而以秸秆为原料则需多消耗水资源 4.1 t/GJ。

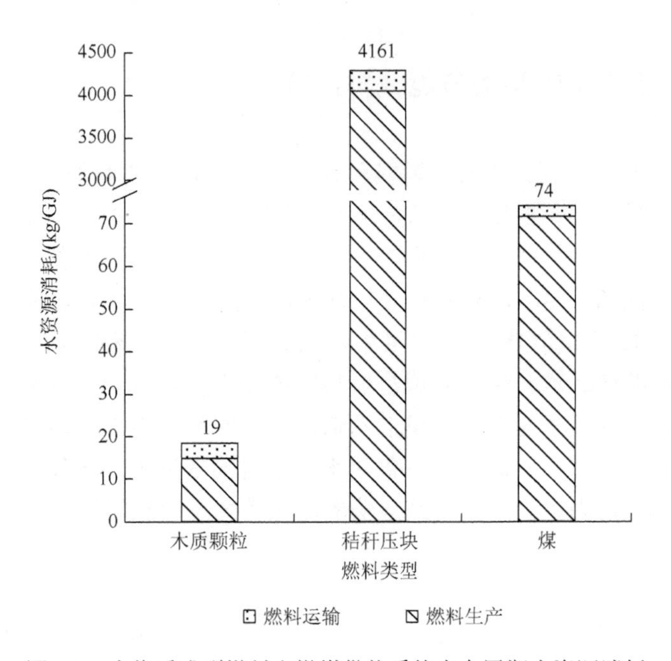

图 6-5　生物质成型燃料和燃煤供热系统生命周期水资源消耗

由于碳中性的特点，生物质成型燃料供热系统的减排效益非常明显。如图 6-6 所示，燃煤供热的生命周期 GHG 排放量为 172.7 kg CO_2-eq/GJ。采用木质颗粒和秸秆压块燃料供热，则分别能减少 94%和 93%的 GHG 排放量。燃煤供热系统的 GHG 排放主要来自煤炭燃烧（152 kg CO_2-eq/GJ），占总排放的 88%，而木质颗粒和秸秆压块燃烧的排放仅占各自系统总排放的 10%和 9%。仅煤炭开采和洗选过程的 GHG 排放（19 kg CO_2-eq/GJ）就比生物质成型燃料供热系统高 38%～45%，因此需进一步提高煤炭开采技术，减少开采过程中的 CH_4 逃逸。

三种燃料供热各阶段的污染物排放量及所占比重见表 6-10、表 6-11 和表 6-12。燃煤供热各阶段的 SO_2、NO_x、CO 和 $PM_{2.5}$ 的排放量分别为 983 g/GJ、540 g/GJ、127 g/GJ 和 89 g/GJ。除 CO 外，其他污染物的排放量均主要来自燃料使用阶段，

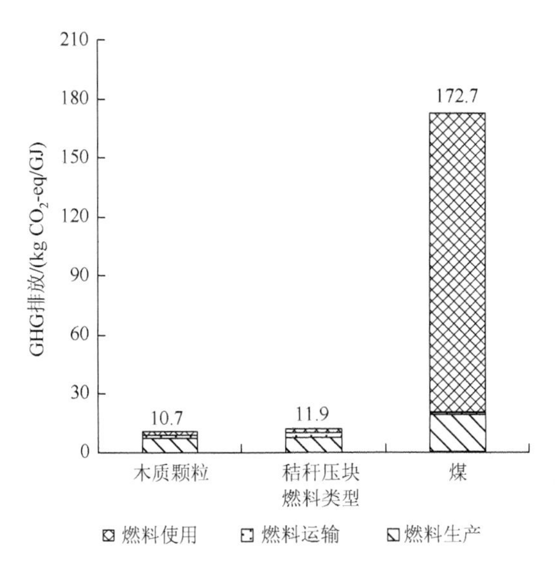

图 6-6　生物质成型燃料和燃煤供热系统生命周期 GHG 排放

分别占 98.27%（SO_2）、94.44%（NO_x）和 59.55%（$PM_{2.5}$）。由于煤炭燃烧技术相对较高，燃烧排放的 CO 相对较少，但煤炭开采和洗选过程的 CO 排放量较大（108 g/GJ），占总排放的 85.04%。因此，对于燃煤供热系统而言，SO_2、NO_x 和 $PM_{2.5}$ 排放的控制手段主要依靠提高燃煤的质量及提高末端减排技术水平，而 CO 减排可通过控制煤炭开采过程的煤层气逃逸及优化洗选过程的能源结构实现。

表 6-10　木质颗粒燃料供热各阶段的污染物排放量及所占比重（单位：g/GJ）

污染物		燃料生产	燃料运输	燃料使用	合计
SO_2	排放量	12	1	3	16
	比重	75.00%	6.25%	18.75%	100%
NO_x	排放量	28	1	88	117
	比重	23.93%	0.85%	75.21%	100%[a]
CO	排放量	27	6	120	153
	比重	17.65%	3.92%	78.43%	100%
$PM_{2.5}$	排放量	4	0.5	33	37.5
	比重	10.67%	1.33%	88.00%	100%

a 加总不等于 100%，是四舍五入修约所致

表 6-11 秸秆压块燃料供热各阶段的污染物排放量及所占比重（单位：g/GJ）

污染物		燃料生产	燃料运输	燃料使用	合计
SO_2	排放量	11	2	3	16
	比重	68.75%	12.50%	18.75%	100%
NO_x	排放量	21	2	88	111
	比重	18.92%	1.80%	79.28%	100%
CO	排放量	26	8	120	154
	比重	16.88%	5.19%	77.92%	100%[a]
$PM_{2.5}$	排放量	3	1	33	37
	比重	8.11%	2.70%	89.19%	100%

a 加总不等于 100%，是四舍五入修约所致

表 6-12 燃煤供热各阶段的污染物排放量及所占比重（单位：g/GJ）

污染物		燃料生产	燃料运输	燃料使用	合计
SO_2	排放量	14	3	966	983
	比重	1.42%	0.31%	98.27%	100%
NO_x	排放量	16	14	510	540
	比重	2.96%	2.59%	94.44%	100%[a]
CO	排放量	108	9	10	127
	比重	85.04%	7.09%	7.87%	100%
$PM_{2.5}$	排放量	35	1	53	89
	比重	39.33%	1.12%	59.55%	100%

a 加总不等于 100%，是四舍五入修约所致

与燃煤相比，采用生物质成型燃料，可分别减少 SO_2、NO_x和 $PM_{2.5}$排放达 98%、78%～79%和 58%（表 6-10 和表 6-11）。需要注意的是，使用生物质成型燃料比燃煤多 20%～21%的 CO 排放，这主要是由于生物质能燃烧过程排放的 CO 较多，占总排放的 78%左右。可见，虽然生物质成型燃料总体来说具有较好的节能减排效益，但在水资源消耗及 CO 排放方面还未展现出绝对的燃煤替代优势。

6.3.2 生物质气化和沼气的节能减排效益

图 6-7 反映的是不同气态燃料作为炊事能源时的生命周期能源消耗情况。天然气作为炊事用能时，每提供 1 GJ 热的生命周期能源消耗为 1808 MJ，其中 92%来自天然气燃烧阶段。天然气在燃料准备阶段（生产和运输）的能源消耗仅为 142 MJ/GJ，

占总能源消耗的 8%。生物质燃气（木质燃气和秸秆燃气）和沼气的燃料生产成本远高于天然气，但作为可再生能源，采用其作为炊事燃料可分别减少化石能源消耗 74%～76%（生物质燃气）和 85%（沼气）。生物质燃气和沼气的节能效益非常明显。

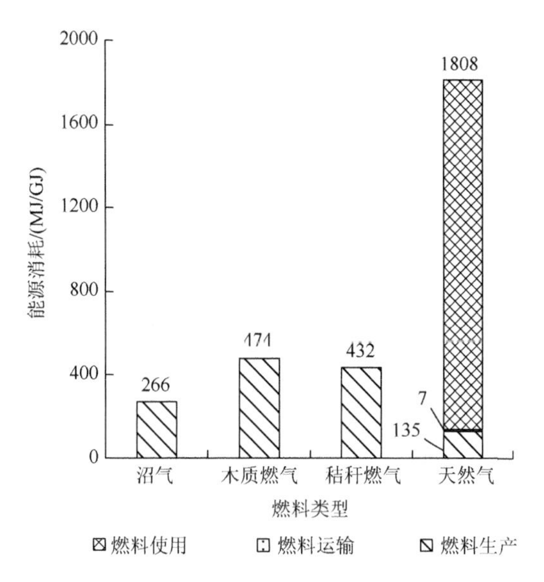

图 6-7　沼气、木质燃气、秸秆燃气和天然气的生命周期能源消耗

与此同时，木质燃气、秸秆燃气和沼气的生命周期水资源消耗却比天然气高，分别为天然气的 8 倍、86 倍和 3 倍（图 6-8）。所有燃料的水资源消耗均发生在燃

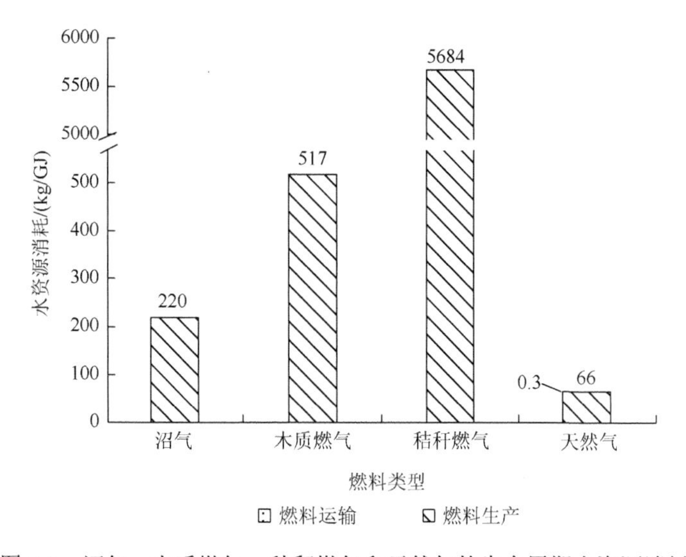

图 6-8　沼气、木质燃气、秸秆燃气和天然气的生命周期水资源消耗

料准备阶段，燃烧阶段不消耗水资源。生物质燃气和沼气的水资源消耗成本在本书 5.3.3 节已经进行了分析，秸秆燃气的高水资源消耗主要来自农业灌溉用水（占 96%）。可见从节水的角度，沼气和生物质燃气替代天然气没有优势。

如图 6-9 所示，天然气的生命周期 GHG 排放量为 213 kg CO_2-eq/GJ，其中 92% 来自燃烧阶段。天然气在燃料准备阶段的 GHG 排放量仅为 16.5 kg CO_2-eq/GJ，远低于沼气和生物质燃气在生产和运输过程中的排放。但在考虑了生物质能源为碳中性能源后，采用生物质燃气作为炊事原料可减少生命周期 GHG 排放 70%～77%。沼气的 GHG 减排量为 572 kg CO_2-eq/GJ（减排率为 269%），除能源替代减排外（159 kg CO_2-eq/GJ），更多的减排量来源于粪便管理过程中避免的 CH_4 排放（413 kg CO_2-eq/GJ）。

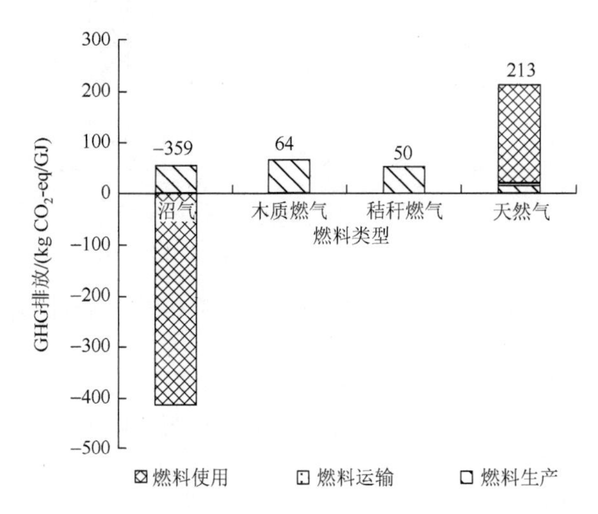

图 6-9　沼气、木质燃气、秸秆燃气和天然气的生命周期 GHG 排放

各类炊事能源的生命周期污染物排放如图 6-10 和图 6-11 所示。虽然生物质燃气和沼气燃烧排放的污染物远少于天然气，但由于燃料准备阶段的排放量较大，其生命周期污染物排放量远高于天然气。沼气和生物质燃气的污染物排放量分别为天然气的 4.1～6.8 倍（SO_2）、1.7～8.1 倍（NO_x）、1.7～4.5 倍（CO）和 4.3～23.7 倍（$PM_{2.5}$）。由此可以推断从污染物减排的角度来说，按照目前的生产技术水平，采用生物质燃气和沼气替代天然气是不明智的做法，这也从另一个角度说明天然气是较为清洁的能源。虽然生物质燃气和沼气运输过程造成的污染物排放可以忽略不计，但其能源生产过程的排放量相对较高，主要原因包括：①生物质燃气和沼气的热值较天然气而言相对较低，从而导致系统单位投入的能量产出远远低于天然气；②生物质燃气的原料运输方式以短途公路为主，其清洁性远远低于以管道运输为主的天然气。

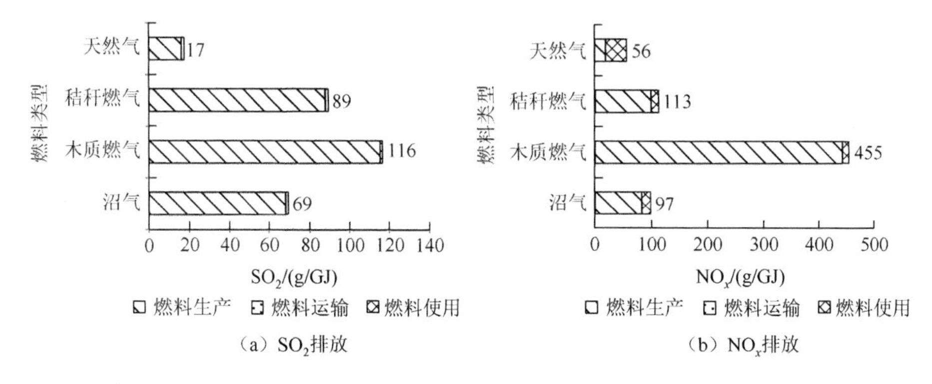

图 6-10　沼气、木质燃气、秸秆燃气和天然气的生命周期 SO_2、NO_x 排放

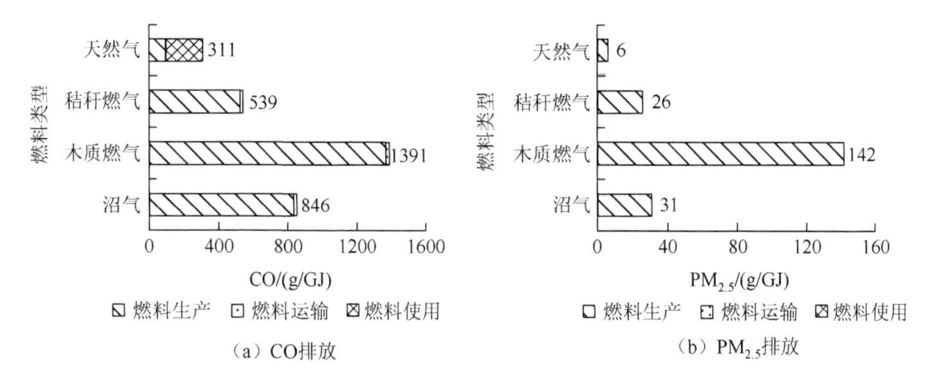

图 6-11　沼气、木质燃气、秸秆燃气和天然气的生命周期 CO、$PM_{2.5}$ 排放

6.3.3　直燃发电的节能减排效益

1. 节能效益分析

如图 6-12 所示，对各发电系统燃料准备阶段的能源消耗进行分析发现，林业剩余物、沙柳和玉米秸秆的能源消耗分别为 19.0 MJ/GJ、18.5 MJ/GJ 和 18.3 MJ/GJ。林业剩余物和沙柳在燃料准备阶段的能源消耗主要来自生产过程（包含种植、砍伐或收割、粉碎等阶段），两者占比均为 58%。玉米秸秆由于采用直接打捆燃烧的方式，生产阶段的能源消耗较低，仅占 25%。但玉米秸秆的热值较低，密度较小，因而其运输阶段的能源消耗高于林业剩余物和沙柳。煤炭生产和运输阶段的能源消耗为 83.3 MJ/GJ，其中 87%来自煤炭开采和洗选过程。

燃煤发电和直燃发电的生命周期能源消耗如图 6-13 所示，其中包含了五种燃煤发电技术和三种不同原料的直燃发电技术。根据前文提供的数据，2012 年我国燃煤发电的平均能源消耗为 10.4 MJ/(kW·h)。其中，燃烧发电阶段的能源消耗为 9.63 MJ，此为燃煤自身的热值，说明我国 2012 年平均燃煤发电效率为 37%左右。

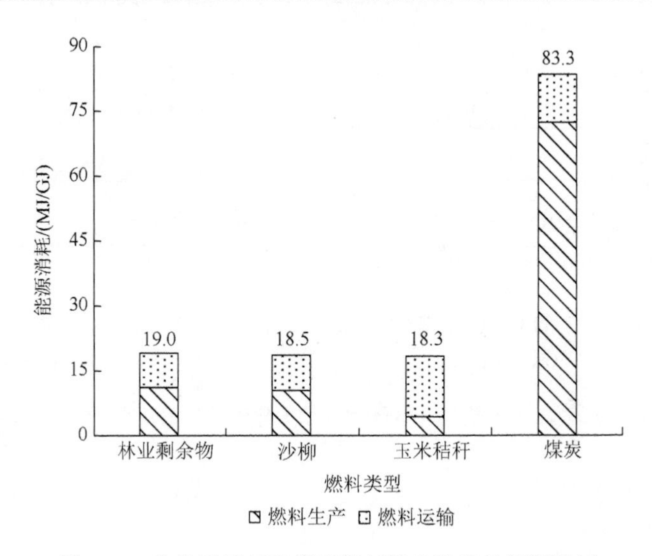

图 6-12　生物质原料和煤炭燃料准备阶段的能源消耗

虽然采取亚临界发电技术的比较优势并不明显，但采用超临界、超超临界和 IGCC 等效率更高的发电技术，可以使能源消耗分别降低 7%、10%和 13%。综合来看，燃煤发电的平均能源消耗为 9.80 MJ/(kW·h)。如图 6-13 所示，虽然发电效率较低（平均约为 17%），但由于生物质能源为可再生能源，三种直燃发电系统的平均化石能源消耗仅为 0.70 MJ/(kW·h)，比燃煤发电节能 93%。

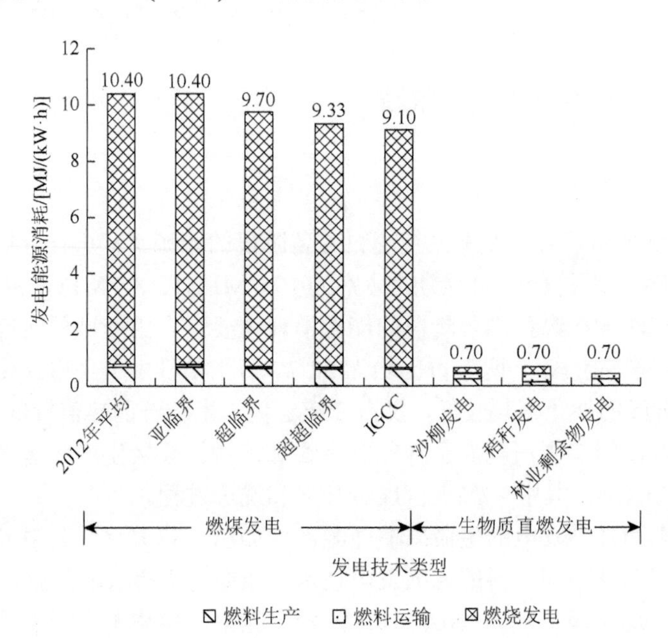

图 6-13　燃煤发电和直燃发电的生命周期能源消耗

2. 节水效益分析

图 6-14 反映的是生物质原料和煤炭在燃料准备阶段的水资源消耗。煤炭在燃料准备阶段的水资源消耗为 59.0 g/MJ，其中 97%来自煤炭开采和洗选过程。煤炭开采和洗选的现场水耗约为 9.2 g/MJ，占燃料生产阶段的 16%。煤炭采选业的上游水耗为 49.8 g/MJ，其中 50%来自“农产品”和“林产品”部门，这一方面是因为我国农业灌溉水用量大，另一方面主要是由于煤炭开采过程使用了大量的木材产品。林业剩余物和沙柳在燃料准备阶段的水资源消耗远低于煤炭，仅分别为 3.1 g/MJ 和 3.2 g/MJ。然而玉米秸秆的生产过程水资源消耗巨大（2087.0 g/MJ），约为煤炭的 35 倍。其中，现场水耗即秸秆在生长过程中消耗的灌溉水资源为 2082.0 g/MJ。

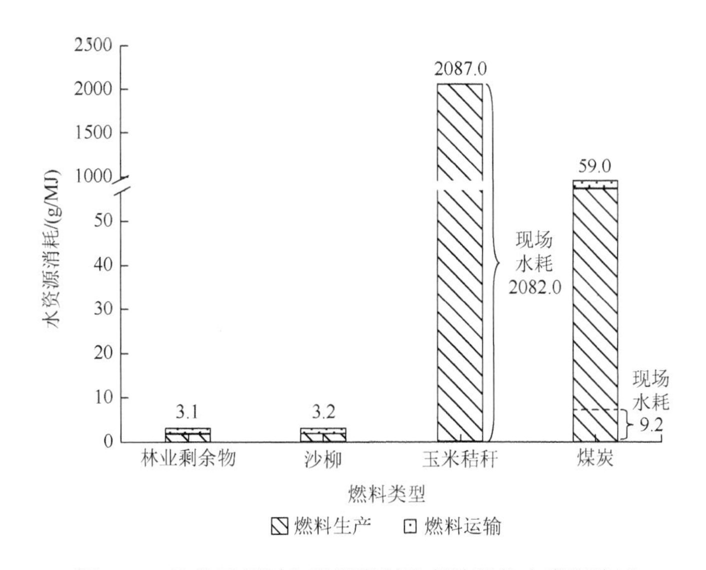

图 6-14　生物质原料和煤炭燃料准备阶段的水资源消耗

进一步从生命周期的角度分析和比较直燃发电和燃煤发电的水资源消耗情况可以发现，2012 年我国燃煤发电平均技术水平的水资源消耗约为 2909 g/(kW·h)（图 6-15），与已发表结果较为接近[3320 g/(kW·h)][252]。采用更为先进的燃煤发电技术，可以使水资源消耗分别降低 38%（亚临界）、44%（超临界）、42%（超超临界）和 41%（IGCC）。综合来看，各种燃煤发电技术的平均生命周期水资源消耗约为 1946 g/(kW·h)。此外，图 6-15 还反映出对于燃烧发电阶段，燃煤发电的生命周期水资源消耗与生物质发电的差距缩小了，这主要是因为燃煤发电效率远高于生物质发电，主要表现在燃烧发电过程中单位生物质发电量的水资源消耗要高于燃煤发电（表 6-7）。沙柳和林业剩余物发电的水资源消耗分别 1480 g/(kW·h)和 1477 g/(kW·h)，约比燃煤发电平均水资源消耗低 24%。然而秸秆发电的生命周期水资源消耗达 51 993 g/(kW·h)，约为燃煤发电的 18～32 倍。综合三种直燃发电类型，本书估算的直燃发电平均水资源消耗为 18.3 kg/(kW·h)，略低于现有研究[24.5 kg/(kW·h)][252]。可以看出，直燃发电的节水效益不明显，制定直燃发电替代燃煤发电相关政策时需谨慎考虑当地的水资源情况。在水资源较为稀缺的北方地区，宜采用林业剩余物或旱生植物作为发电原料，而在南方地区由于水资源较为丰富，可适当采用耗水量较大的农业剩余物作为发电燃料。

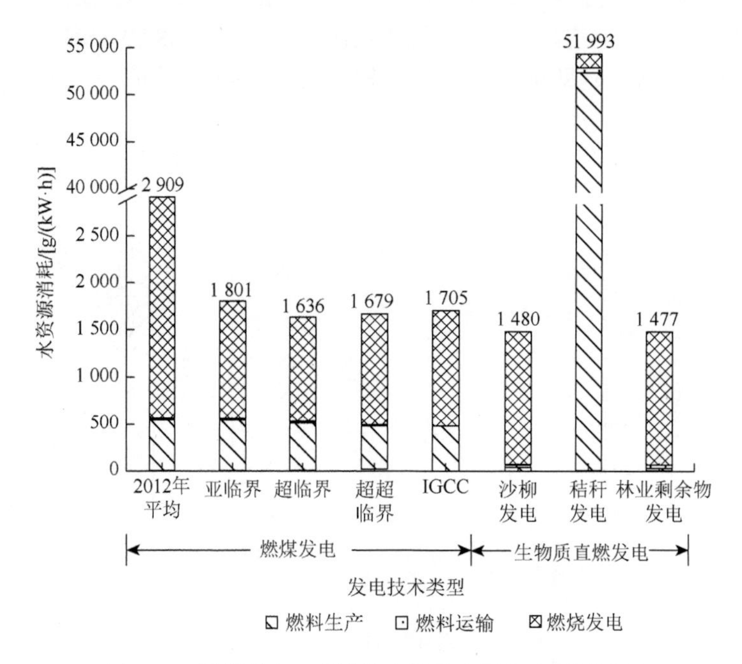

图 6-15　燃煤发电和直燃发电的生命周期水资源消耗

3. 减排效益分析

与能源消耗类似，煤炭在燃料准备过程的 GHG 排放量远大于林业剩余物、沙柳和玉米秸秆，约为生物质原料 GHG 排放的 7～8 倍。如图 6-16 所示，煤炭燃料准备过程的 GHG 排放量为 16.5 g CO_2-eq/MJ，其中开采和洗选过程排放量为 15.4 g CO_2-eq/MJ，占燃料准备阶段的 93%。采选过程的现场排放为 8.8 g CO_2-eq/MJ（占采选和洗选过程的 57%），主要为煤炭开采过程中的 CH_4 逃逸（7.5 g CO_2-eq/MJ，占现场排放的 85%）。

从全生命周期的角度看，2012 年平均技术水平下的燃煤发电 GHG 排放量为 1072 g CO_2-eq/(kW·h)（图 6-17），采用发电效率更高的燃煤发电技术时，排放量可

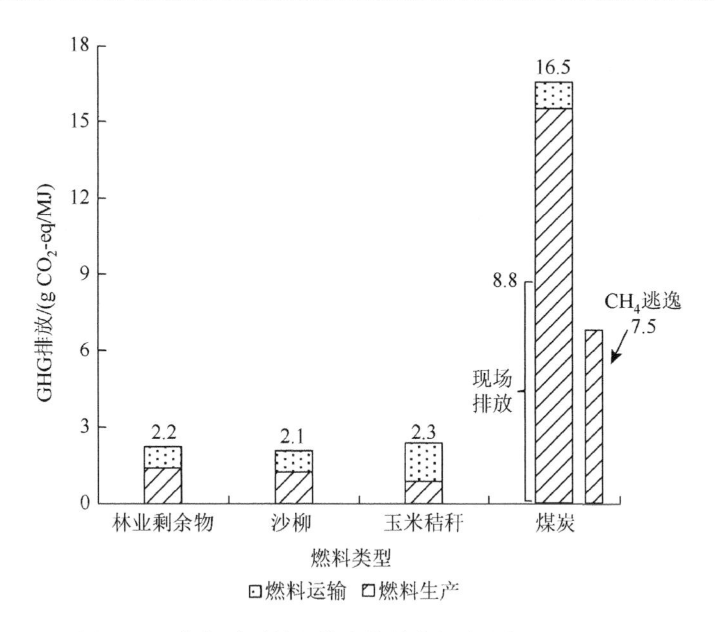

图 6-16　生物质原料和煤炭燃料准备阶段的 GHG 排放

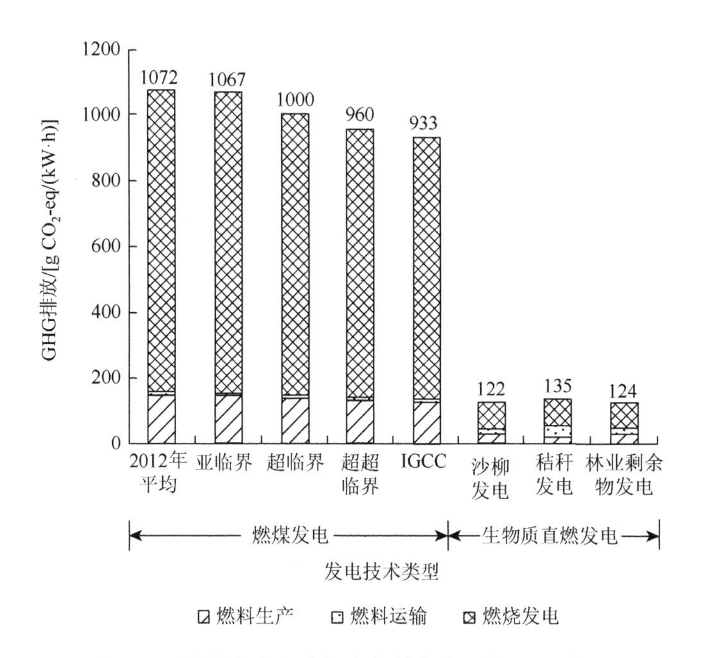

图 6-17　燃煤发电和直燃发电的生命周期 GHG 排放

分别降低 0.5%（亚临界）、7%（超临界）、10%（超超临界）和 13%（IGCC）。可见仅依靠发电效率的提高，GHG 减排空间有限。除了煤炭本身含碳量高之外，燃煤发电的 GHG 排放量大的主要原因是目前发电效率较低，IGCC 技术的效率也仅为 43%。如图 6-17 所示，由于生物质燃烧过程的 CO_2 排放被视为零排放（CH_4 和 N_2O 需计算），生物质直燃发电的平均 GHG 排放仅为 127 g CO_2-eq/(kW·h)。因此，采用生物质直燃发电替代燃煤发电时，可减少 GHG 排放 806～945 g CO_2-eq/(kW·h)。

4. 污染物减排效益分析

表 6-13～表 6-16 分别列出了各类直燃发电和燃煤发电技术的生命周期 SO_2、NO_x、CO 和 $PM_{2.5}$ 排放量。

表 6-13　直燃发电和燃煤发电技术的生命周期 SO_2 排放量［单位：g/(kW·h)］

能源	发电技术	燃料生产	燃料运输	燃烧发电	合计
煤炭	2012 年平均	0.11	0.005	7.44	7.56
	亚临界	0.11	0.003	7.41	7.52
	超临界	0.10	0.002	6.94	7.04
	超超临界	0.10	0.002	6.66	6.76
	IGCC	0.09	0.002	6.48	6.57
生物质	沙柳发电	0.05	0.01	0.12	0.18
	秸秆发电	0.02	0.02	0.12	0.16
	林业剩余物发电	0.05	0.01	0.11	0.17

表 6-14　直燃发电和燃煤发电技术的生命周期 NO_x 排放量［单位：g/(kW·h)］

能源	发电技术	燃料生产	燃料运输	燃烧发电	合计
煤炭	2012 年平均	0.12	0.10	3.93	4.15
	亚临界	0.12	0.10	3.91	4.13
	超临界	0.12	0.10	3.66	3.88
	超超临界	0.11	0.09	3.51	3.71
	IGCC	0.11	0.09	3.42	3.62
生物质	沙柳发电	0.30	0.01	2.67	2.98
	秸秆发电	0.04	0.02	2.96	3.02
	林业剩余物发电	0.29	0.01	2.62	2.92

表 6-15　直燃发电和燃煤发电技术的生命周期 CO 排放量［单位：g/(kW·h)］

能源	发电技术	燃料生产	燃料运输	燃烧发电	合计
煤炭	2012 年平均	0.83	0.07	0.08	0.98
	亚临界	0.83	0.01	0.08	0.92
	超临界	0.78	0.02	0.07	0.87
	超超临界	0.75	0.02	0.07	0.84
	IGCC	0.73	0.05	0.07	0.85
生物质	沙柳发电	0.16	0.05	3.38	3.59
	秸秆发电	0.05	0.10	3.68	3.83
	林业剩余物发电	0.15	0.05	3.32	3.53

表 6-16　直燃发电和燃煤发电技术的生命周期 $PM_{2.5}$ 排放量［单位：g/(kW·h)］

能源	发电技术	燃料生产	燃料运输	燃烧发电	合计
煤炭	2012 年平均	0.27	0.004	0.41	0.68
	亚临界	0.27	0.004	0.41	0.68
	超临界	0.25	0.004	0.38	0.63
	超超临界	0.24	0.004	0.36	0.60
	IGCC	0.23	0.004	0.35	0.58
生物质	沙柳发电	0.03	0.004	0.83	0.86
	秸秆发电	0.01	0.01	0.91	0.93
	林业剩余物发电	0.03	0.004	0.81	0.84

由于生物质含硫量低，其燃烧发电过程的 SO_2 排放量较小（平均为 48.1 g/t 生物质[180]）。从表 6-13 中可见，三种直燃发电的平均 SO_2 排放量约为 0.17 g/(kW·h)，比燃煤发电平均减少 6.9 g/(kW·h)。从表 6-13 中还可以看出，燃煤发电的主要 SO_2 排放来自燃烧发电，占总排放量的 98%以上，这与我国电厂燃煤含硫量高紧密相关。因此，传统火电 SO_2 减排可以通过使用清洁煤、提高发电效率或采用直燃发电替代等途径实现。

比较直燃发电和燃煤发电的 NO_x 排放量可以发现，直燃发电的平均 NO_x 排放约为 2.97 g/(kW·h)，比 2012 年平均燃煤发电水平条件减少排放 28%，但与较为先进的 IGCC 技术相比，仅减排 18%（表 6-14）。目前来看，与燃煤发电相比，直燃发电具有微弱的 NO_x 减排优势。需要注意的是，本书中生物质燃烧的 NO_x 系数参考了荷兰水平（燃煤为我国水平），在实地调研过程中发现大部分生物质电厂都未安装脱氮装置，因此我国生物质发电的实际 NO_x 排放可能比研究结果偏高一些。

表 6-15 和表 6-16 显示直燃发电技术的生命周期 CO 和 $PM_{2.5}$ 排放量超过了燃煤发电。直燃发电技术的生命周期平均 CO 排放为 3.7 g/(kW·h)，约为燃煤发电的 3.8～4.4 倍（表 6-15）。直燃发电 CO 排放量大主要是由于生物质锅炉燃烧不充分，减少 CO 排放需对生物质原料进行粉碎和压缩等处理，并采用更适合生物质燃烧的锅炉，以提高燃烧效率。但这些做法会提高生物质发电的成本，且可能会间接增加燃料准备阶段的污染物排放量。

从表 6-16 中可以看出，直燃发电技术的平均 $PM_{2.5}$ 排放量为 0.88 g/(kW·h)，比燃煤平均发电高约 38%。虽然生物质原料的生产过程相对煤炭开采更加清洁 [0.02 g/(kW·h) vs 0.25 g/(kW·h)]，但生物质燃烧的 $PM_{2.5}$ 排放量约为煤炭燃烧的 1.4 倍。有学者指出秸秆露天焚烧对我国 $PM_{2.5}$ 排放及雾霾天气的贡献不可忽视[253, 254]，因此生物质燃烧发电厂应采用专门的生物质锅炉，且安装除尘装置。

6.3.4　生物柴油的节能减排效益

根据第 6.2 节模型构建部分的相关数据，可以得到油菜籽柴油、麻风树籽柴油及石化柴油在燃料生产、燃料运输和车辆运行等生命周期阶段的能源消耗、水资源消耗、GHG 和污染物排放情况，如表 6-17 所示。

表 6-17　生物柴油和石化柴油生命周期资源消耗、GHG 及污染物排放

原料	能源	阶段	能源消耗/（MJ/km）	水资源消耗/（g/km）	GHG/（g CO_2-eq/km）	SO_2/（g/km）	NO_x/（g/km）	CO/（g/km）	$PM_{2.5}$/（g/km）
油菜籽柴油	BD100	燃料生产	0.98	265 070.60	170.38	0.38	0.28	0.55	0.06
		燃料运输	0.01	1.77	1.07	0.003	0.01	0.01	0.001
		车辆运行	0[a]	0	2.25	0	0.14	0.25	0.01
	BD20	燃料生产	0.97	50 539.08	120.31	0.21	0.24	0.85	0.06
		燃料运输	0.01	1.65	0.99	0.002	0.01	0.01	0.001
		车辆运行	2.54	0	208.81	0.02	0.14	0.25	0.01
麻风树籽柴油	BD100	燃料生产	1.212	288 701.197	142.549	0.423	0.329	0.559	0.062
		燃料运输	0.012	1.771	1.069	0.003	0.012	0.006	0.001
		车辆运行	0[a]	0	2.249	0	0.137	0.255	0.012
	BD20	燃料生产	1.013	54 993.279	115.065	0.217	0.255	0.845	0.062
		燃料运输	0.012	1.647	0.994	0.002	0.012	0.006	0.001
		车辆运行	2.542	0	208.809	0.019	0.137	0.255	0.012

续表

原料	能源	阶段	能源消耗/（MJ/km）	水资源消耗/（g/km）	GHG/（g CO_2-eq/km）	SO_2/（g/km）	NO_x/（g/km）	CO/（g/km）	$PM_{2.5}$/（g/km）
原油	石化柴油	燃料生产	0.969	702.182	108.677	0.168	0.236	0.907	0.062
		燃料运输	0.012	1.616	0.976	0.002	0.012	0.006	0.001
		车辆运行	3.130	0	260.454	0.025	0.137	0.255	0.012

a BD100 柴油为纯生物柴油，因而车辆运行阶段仅有可再生能源投入，化石能源消耗为 0

1. 节能效益分析

将纯生物柴油与石化柴油相比较可以发现，油菜籽柴油（BD100）和麻风树籽柴油（BD100）在燃料准备阶段的能源消耗成本分别比石化柴油高 1%和 25%（表 6-17 和图 6-18）。但由于生物柴油为可再生能源，因此在车辆运行阶段明显比石化柴油能源消耗低。从全生命周期的角度看，油菜籽柴油（BD100）和麻风树籽柴油（BD100）可分别减少能源消耗 76%和 70%。然而，纯生物柴油目前在实际中应用较少，更多的生物柴油应用方式为 BD20。由图 6-18 可知，油菜籽柴油（BD20）和麻风树籽柴油（BD20）的生命周期能源消耗分别为 3.52 MJ/km 和 3.57 MJ/km，比石化柴油分别减少 14%和 13%。

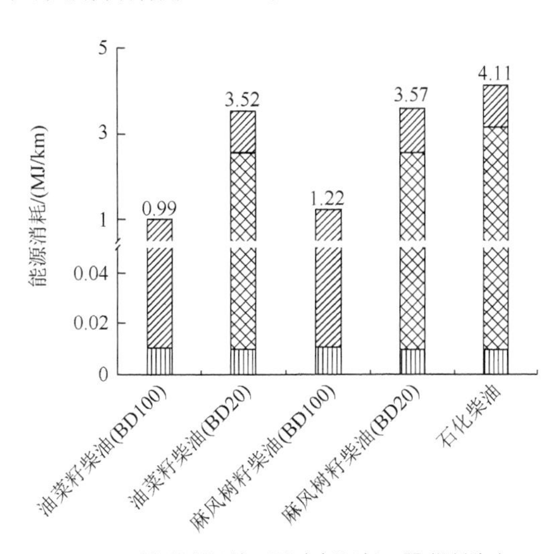

图 6-18　生物柴油和石化柴油生命周期能源消耗比较

2. 节水效益分析

由前文可知，车辆运行阶段不消耗水资源，生物柴油和石化柴油的运输方式与距离相同。因此，柴油生产阶段的水资源投入直接决定了两者的生命周期水资源消耗量。油菜和麻风树种植过程消耗了大量的水资源，使得油菜籽柴油（BD100）和麻风树籽柴油（BD100）的生命周期水资源消耗高达 265.07 kg/km 和 288.70 kg/km，远高于石化柴油的耗水量（0.70 kg/km）。油菜籽柴油（BD20）和麻风树籽柴油（BD20）的生命周期水资源消耗分别为 50.54 kg/km 和 54.99 kg/km，分别为传统柴油的 72 倍和 79 倍（图 6-19）。可见，生物柴油虽然能够节约化石能源，但却需要消耗更多的水资源。油菜和麻风树均种植于我国水资源较为丰富的南方地区，应确保在原料种植过程中合理利用水资源，防止水体污染。

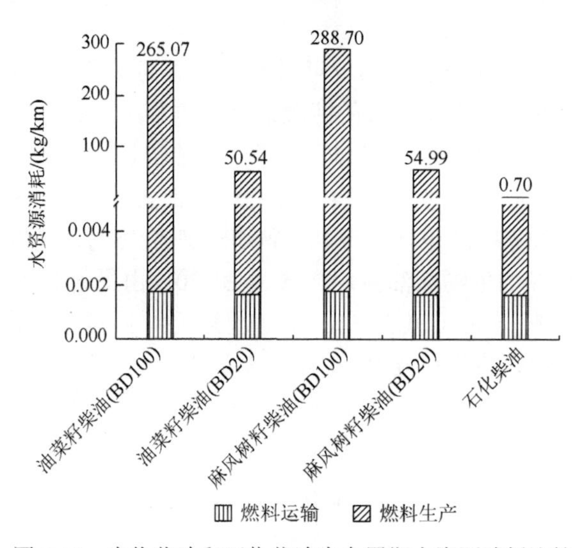

图 6-19　生物柴油和石化柴油生命周期水资源消耗比较

3. 减排效益分析

如图 6-20 所示，比较纯生物柴油和石化柴油，发现纯生物柴油生产阶段的 GHG 排放比石化柴油高 31%～57%，这主要是因为纯生物柴油生产过程的高能耗及油菜和麻风树生长过程的氮肥效应。但考虑到生物质能源的碳中性，油菜籽柴油（BD100）和麻风树籽柴油（BD100）的生命周期 GHG 排放比石化柴油分别低 53%和 61%。两种生物柴油混合燃料生命周期 GHG 排放分别比传统柴油降低 11%[油菜籽柴油（BD20）]和 12%[麻风树籽柴油（BD20）]。

4. 污染物减排效益分析

图 6-21 将生物柴油和石化柴油的生命周期污染物排放量进行了比较。从图中可以看到，生物柴油（BD100）生命周期 SO_2 排放量明显高于石化柴油，其中油菜籽柴油（BD100）和麻风树籽柴油（BD100）分别高出石化柴油 96%和 118%。

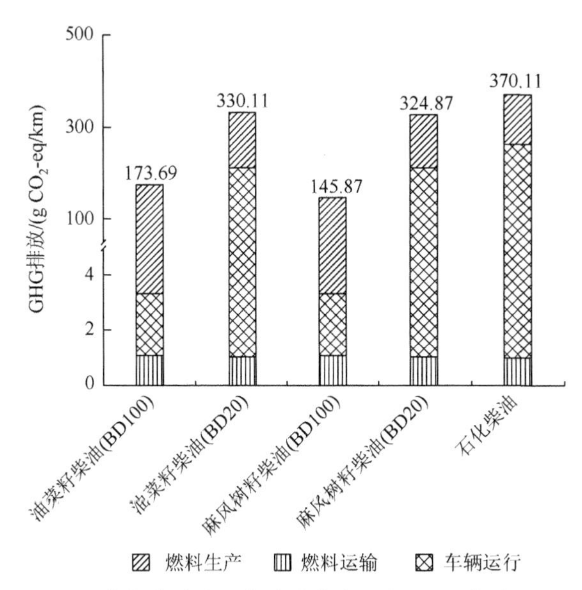

图 6-20　生物柴油和石化柴油生命周期 GHG 排放量比较

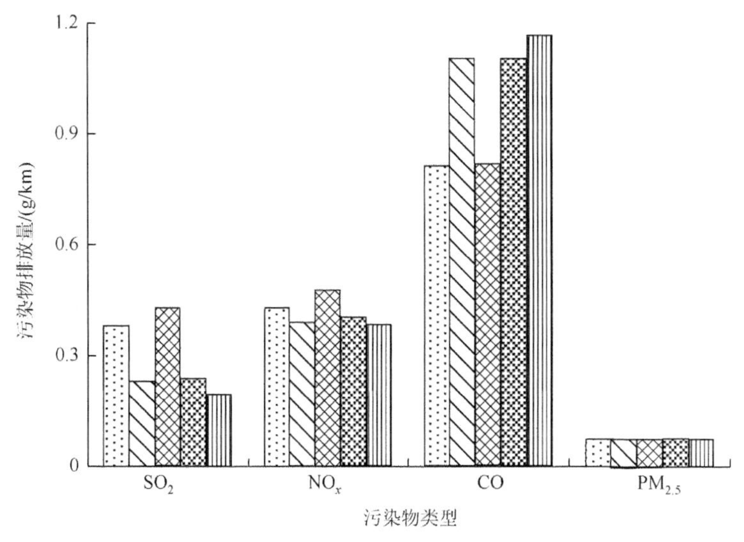

图 6-21　生物柴油和石化柴油生命周期污染物排放量比较

这主要是由于生物柴油生产过程中消耗了大量的煤（图 5-22）。将低比例生物柴油与石化柴油混合使用后，排放量仍分别高出 19%[油菜籽柴油（BD20）]和 22%[麻风树籽柴油（BD20）]。纯生物柴油生命周期 NO_x 排放量约比传统柴油高 11%～24%，与柴油低比例混合后增加比例降至 2%和 5%。CO 排放方面，油菜籽柴油

（BD100）和麻风树籽柴油（BD100）比石化柴油下降 30%左右，低比例混合使用后仍下降 5%左右。生物柴油和石化柴油的 $PM_{2.5}$ 排放量基本持平。

从图 6-22 反映的生物柴油和石化柴油各生命周期阶段的污染物排放比重看，与石化柴油相比，生物柴油的 SO_2 和 NO_x 排放主要来自上游燃料生产和运输阶段，车辆运行阶段分摊的比重有所下降，而 CO 排放在车辆运行阶段的分担率有所上升。生物柴油和石化柴油各阶段的 $PM_{2.5}$ 排放比重基本相同。

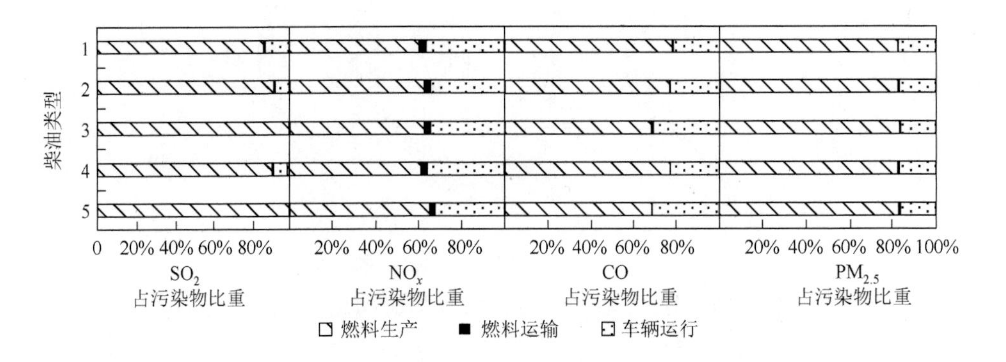

图 6-22　生物柴油和石化柴油各生命周期阶段的污染物排放比重

1-石化柴油，2-麻风树籽柴油（BD20），3-麻风树籽柴油（BD100），4-油菜籽柴油（BD20），5-油菜籽柴油（BD100）

6.3.5　燃料乙醇的节能减排效益

根据前文的分析，可得燃料乙醇和石化汽油在燃料生产、燃料运输及车辆运行阶段的能源消耗、水资源消耗、GHG 及污染物排放情况，如表 6-18 所示。

表 6-18　燃料乙醇和石化汽油生命周期能源消耗、水资源消耗、GHG 及污染物排放

原料	能源	阶段	能源消耗/（MJ/km）	水资源消耗/（g/km）	GHG/（g CO_2-eq/km）	SO_2/（g/km）	NO_x/（g/km）	CO/（g/km）	$PM_{2.5}$/（g/km）
木薯乙醇	E100	燃料生产	2.660	1 526.034	397.932	1.529	0.982	1.038	0.205
		燃料运输	0.019	3.064	1.852	0.006	0.025	0.019	0.001
		车辆运行	0[a]	0	2.417	0	0.112	2.318	0.012
	E10	燃料生产	1.261	887.595	148.359	0.292	0.329	1.087	0.081
		燃料运输	0.012	2.001	1.212	0.006	0.019	0.012	0.001
		车辆运行	3.498	0	272.863	0.006	0.112	2.318	0.012
玉米乙醇	E100	燃料生产	2.858	178 812.293	387.064	1.510	0.969	0.839	0.180
		燃料运输	0.019	3.064	1.852	0.006	0.025	0.019	0.001
		车辆运行	0[a]	0	2.417	0.000	0.112	2.318	0.012

续表

原料	能源	阶段	能源消耗/（MJ/km）	水资源消耗/（g/km）	GHG/（g CO_2-eq/km）	SO_2/（g/km）	NO_x/（g/km）	CO/（g/km）	$PM_{2.5}$/（g/km）
玉米乙醇	E10	燃料生产	1.274	12 981.848	147.620	0.292	0.323	1.075	0.081
		燃料运输	0.012	2.001	1.212	0.006	0.019	0.012	0.001
		车辆运行	3.498	0	272.863	0.006	0.112	2.318	0.012
原油	石化汽油	燃料生产	1.156	840.854	130.090	0.199	0.280	1.087	0.068
		燃料运输	0.012	1.920	1.162	0.006	0.019	0.012	0.001
		车辆运行	3.759	0	302.914	0.006	0.112	2.318	0.012

a E100 汽油为纯燃料乙醇，因而车辆运行阶段仅有可再生能源投入，化石能源消耗为 0

1. 节能效益分析

图 6-23 反映出燃料乙醇的生产过程是高耗能的，木薯乙醇（E100）和玉米乙醇（E100）生产阶段的能源消耗比石化汽油分别高出 130%和 147%。但作为可再生能源，燃料乙醇在车辆运行阶段的节能优势非常明显。车辆运行阶段能源消耗占石化汽油生命周期能源消耗的 76%，但纯燃料乙醇在该阶段的能源消耗为 0（表 6-18 和图 6-23）。因此纯燃料乙醇生命周期能源消耗比传统汽油下降 42%和 46%。但将燃料乙醇与石化汽油低比例混合使用后，木薯乙醇（E10）和玉米乙醇（E10）仅比传统汽油降低 3%左右的能源消耗，节能效益不明显。开发燃料乙醇的节能潜力需要进一步提高其品质，将其以更高的比例与传统汽油混合使用。

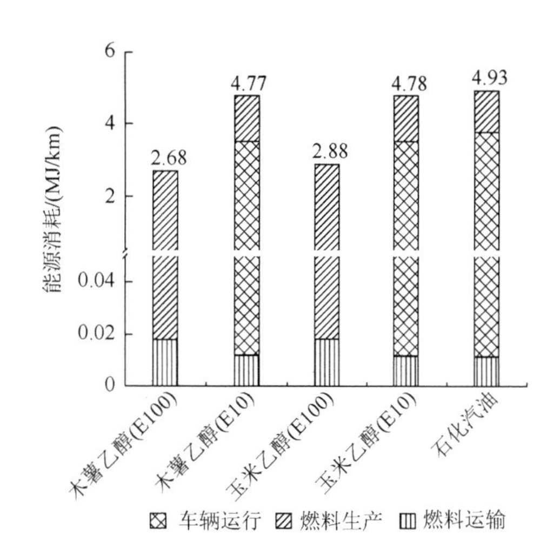

图 6-23　燃料乙醇和石化汽油生命周期能源消耗比较

2. 节水效益分析

与生物柴油类似，由于玉米生产过程需要消耗大量的灌溉水，因而玉米乙醇

（E100）的生命周期水资源消耗高达 178.82 kg/km，远高于石化汽油（0.84 kg/km）（图 6-24）。低比例混合使用后，玉米乙醇（E10）仍高出石化汽油水资源消耗 15 倍左右。采用灌溉需水较少的木薯生产乙醇，水资源消耗降至 1.53 kg/km[木薯乙醇（E100）]。木薯乙醇（E10）的水资源消耗仅比石化汽油高约 6%。

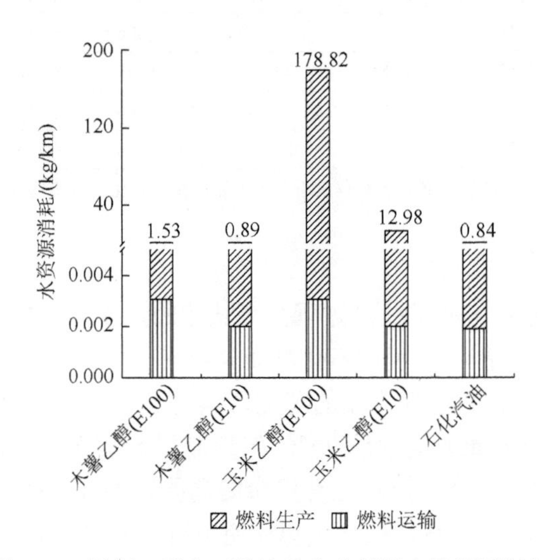

图 6-24　燃料乙醇和石化汽油生命周期水资源消耗比较

3. 减排效益分析

由图 6-25 可知，燃料乙醇的减排效益不明显。虽然燃料乙醇燃烧过程被视为

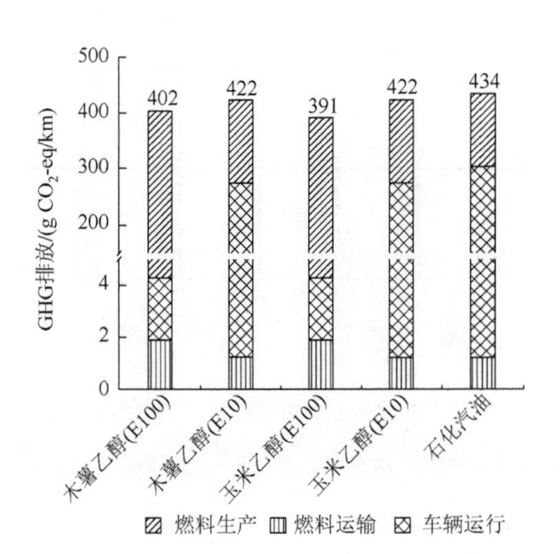

图 6-25　燃料乙醇和石化汽油生命周期 GHG 排放量比较

是零 CO_2 排放的，但纯木薯乙醇生产过程中的 GHG 排放量较大，为石化汽油生产过程的 3 倍左右。究其原因，主要是燃料乙醇生产过程消耗了大量的煤制蒸汽，而煤的碳排放系数较高。将燃料乙醇与石化汽油低比例混合使用后，仅减少约 3% 的 GHG 排放量。

4. 污染物减排效益分析

图 6-26 将燃料乙醇和石化汽油生命周期污染物排放量进行了比较。由第 5 章的分析可知，玉米乙醇和木薯乙醇的低可再生性及以煤消费为主的能源成本结构，导致其生命周期 SO_2 排放量比石化汽油多出 6 倍左右。即使将燃料乙醇以低比例混合的方式使用，仍会导致多排放 40%的 SO_2。纯燃料乙醇生命周期 NO_x 排放量约比传统汽油上升 170%～173%，与汽油低比例混合后上升比例降至 11%～12%。燃料乙醇和石化汽油的生命周期 CO 排放量几乎持平，木薯乙醇（E100）、木薯乙醇（E10）、玉米乙醇（E100）和玉米乙醇（E10）的 CO 排放分别比传统柴油低 1.3%、0.1%、7.1%和 0.4%。液体燃料的细颗粒物排放相对较少，但纯燃料乙醇生命周期 $PM_{2.5}$ 排放量是石化汽油的 1.4～1.7 倍。低比例混合使用后，燃料乙醇和汽油的 $PM_{2.5}$ 排放量基本相同。

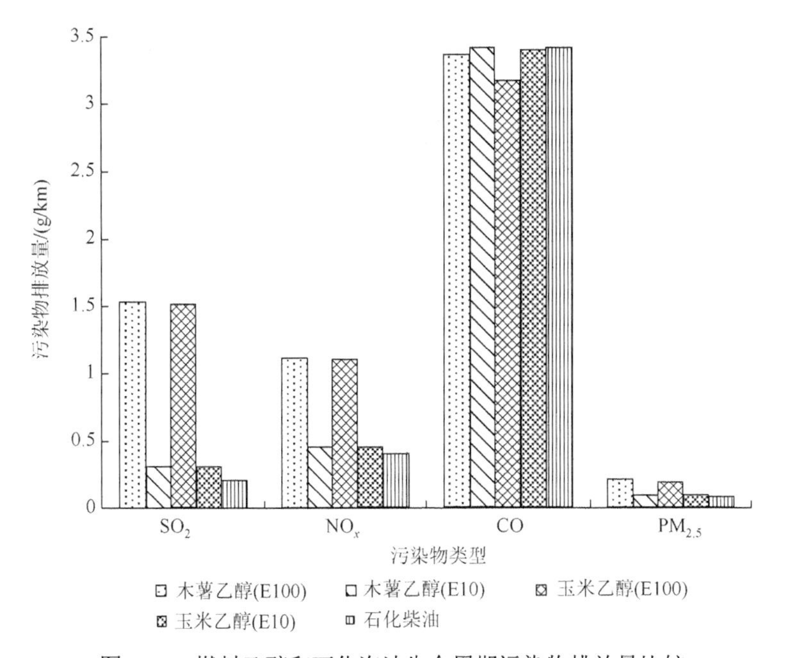

图 6-26　燃料乙醇和石化汽油生命周期污染物排放量比较

进一步分析各类燃料不同生命周期阶段的污染物排放比重，可以看到燃料乙醇和石化汽油的 SO_2 排放均主要来自燃料生产阶段，但相对而言，燃料乙醇生产阶段分担比重更大，车辆运行阶段燃料乙醇具有一定的减排效果（图 6-27）。类似地，燃料乙醇的 NO_x 和 $PM_{2.5}$ 排放也主要来自燃料生产阶段。因此，减少燃料乙醇生产过程的高能源消耗，尤其是煤的消耗，是提高其污染物减排效果的关键。

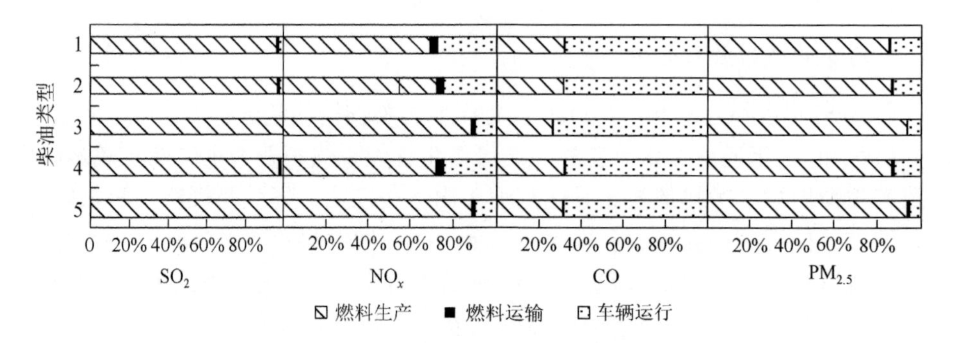

图 6-27　燃料乙醇和石化汽油各生命周期阶段污染物排放比重

1-石化汽油，2-玉米乙醇（E10），3-玉米乙醇（E100），4-木薯乙醇（E10），5-木薯乙醇（E100）

综上所述，各类生物质能源节能减排能力如下：作为供热燃料时，1 t 生物质成型燃料可节约化石燃料 14 695～18 174 MJ，减少 GHG 排放 1878～2333 kg CO_2-eq；作为炊事燃料时，1 m^3 沼气可节约化石燃料 19 MJ，减少 GHG 排放 7 kg CO_2-eq；1 m^3 生物质燃气可节约化石燃料 4～12 MJ，减少 GHG 排放 0.5～1 kg CO_2-eq；作为火力发电的替代燃料时，1 (kW·h)生物质电可节约化石能源 8～10 MJ，减少 GHG 排放 806～945 g CO_2-eq；作为传统车用柴油的替代燃料时，1 t 生物柴油（作为 BD20 燃料）可节能 37 413 MJ，减少 GHG 排放 2816 kg CO_2-eq；作为传统车用汽油的替代燃料时，1 t 燃料乙醇（作为 E10 燃料）可节能 15 449 MJ，减少 GHG 排放 1275 kg CO_2-eq。

6.4　本章小结

本章构建了包含燃料生产、燃料运输和燃料使用三个阶段在内的 HLCA 模型，将不同类型的生物质能源及其替代的化石能源置于统一的系统边界条件下进行资源环境成本比较，从而核算出各类生物质能源的节能减排效益。

通过研究发现，采用生物质颗粒燃料替代煤炭进行供热，可节约化石燃料 1258～1262 MJ/GJ，减少 GHG 排放 162 kg CO_2-eq/GJ。在水资源利用方面，木质颗粒燃料的节水效益为 55 kg/GJ，但秸秆压块燃料的生命周期水资源消耗约比煤炭高 4.1 t/GJ。生物质成型燃料可分别减少 SO_2、NO_x 和 $PM_{2.5}$ 排放达 98%、78%～79%和 58%，但比燃煤供热多出 20%～21%的 CO 排放。

与民用天然气相比，作为炊事燃料，生物质燃气和沼气可分别减少化石能源消耗 74%～76%和 85%，减少 GHG 排放 70%～77%（生物质燃气）和 269%（户用沼气）。在水资源利用方面，木质燃气、秸秆燃气和沼气的生命周期水资源消耗分别为天然气的 8、86 和 3 倍。生物质燃气和沼气的生命周期污染物排放均高于天然气，分别为天然气的 4.1～6.8 倍（SO_2）、1.7～8.1 倍（NO_x）、1.7～4.5 倍（CO）和 4.3～23.7 倍（$PM_{2.5}$）。说明天然气是相对清洁的化石能源。

直燃发电系统的平均化石能源消耗仅为 0.7 MJ/(kW·h)，比燃煤发电节能 93%。采用生物质发电替代燃煤发电时，可减少 GHG 排放 806～945 g CO_2-eq/(kW·h)。沙柳和林业剩余物发电的水资源消耗约比燃煤发电平均水资源消耗低 24%，但秸秆发电的生命周期水资源消耗约为燃煤发电的 18～32 倍。由于生物质含硫量低，直燃发电的 SO_2 排放量比燃煤发电平均减少 6.9 g/(kW·h)。生物质发电具有微弱的 NO_x 减排优势，但其 $PM_{2.5}$ 和 CO 排放均超过传统火力发电。

与石化柴油相较，行驶相同里程，纯油菜籽和纯麻风树籽柴油可分别减少能源消耗 76%和 70%左右，油菜籽柴油（BD20）和麻风树籽柴油（BD20）可分别减少能源消耗 14%和 13%左右。纯油菜籽和纯麻风树籽柴油的生命周期 GHG 排放比石化柴油分别低 53%和 61%，油菜籽柴油（BD20）和麻风树籽柴油（BD20）的生命周期 GHG 排放比石化柴油分别低 11%和 12%。由于原料种植过程耗水量大，生物柴油的生命周期水资源消耗远高于石化柴油。在污染物减排方面，生物柴油的 CO 排放比石化柴油低，$PM_{2.5}$ 排放基本持平，但 SO_2 排放则比传统柴油高 96%～118%（BD100）以及 19%～22%（BD20），NO_x 排放比传统柴油高 11%～24%（BD100）以及 2%～5%（BD20）。

纯燃料乙醇生命周期能源消耗比传统汽油下降 42%和 46%，但与石化汽油低比例混合使用后，仅比传统汽油降低 3%左右的能源消耗，节能效益不明显。燃料乙醇的减排效益同样不明显，将燃料乙醇与石化汽油低比例混合使用后，仅减少约 3%的 GHG 排放量。玉米种植过程需要消耗较多的水资源，这导致玉米乙醇（E10、E100）比传统汽油的生命周期水资源消耗高出 15 倍和 213 倍，但木薯乙醇耗水量较小，略高于石化汽油。燃料乙醇的 SO_2 和 NO_x 排放明显高于石化汽油，CO 和 $PM_{2.5}$ 排放基本持平。

第7章　生物质能生命周期敏感性分析

作为一个庞大且复杂的系统，生物质能源转化过程的资源环境效应受到很多因素的影响。为了识别影响生物质能系统资源环境成本的关键因素，并由此提出改善系统生命周期资源环境表现的措施，有必要开展生命周期敏感性分析。敏感性分析通常用于研究当影响系统表现的相关参数发生特定变动时，系统表征指标的变化程度[256]。除了受IO-LCA模型固有的不确定性的影响外，研究结果还受系统的生命周期运行年限、原料收集半径、能源转化效率、农业产量及能源使用效率等因素的影响。

由前文分析可知，一方面，系统的水资源消耗在以林业剩余物和农作物秸秆为原料的生物质能系统中差别很大，以农作物秸秆为原料的系统，其农业灌溉用水占系统生命周期水资源消耗的比重超过 95%。可见系统水资源消耗与系统绝大部分参数都无明显关联。另一方面，各生物质能系统的GHG和污染物排放与其能耗的相关性较高。因此，本书将以系统能耗成本、GHG排放成本、节能效益和减排效益为表征指标，以反映关键参数变化对系统资源环境效应的影响程度。

7.1　系统的生命周期运行年限

生物质能系统的运行年限直接影响了其生产设备的使用效率，因而决定了系统的生命周期能耗及GHG排放。根据前文所述，生物质能源项目设计的生命周期运行年限一般为15～20年。但在实际运行过程中，由于设备质量不过关、存在技术障碍、生物质原料短缺等原因，生物质能源项目经常不能满负荷运转[10, 28, 257]。因此，本节对不同运行年限情景下的生物质能系统资源环境表现进行了研究。

图7-1和图7-2分别反映了不同运行年限情景下，木质颗粒和秸秆压块的生命周期能耗成本、GHG排放成本及节能减排效益的变化情况。随着系统运行年限的增加，木质颗粒的生命周期能耗成本从 0.062 MJ/MJ 降至 0.056 MJ/MJ，下降了约 10%。秸秆压块的生命周期能耗成本下降了约 11%（从 0.062 MJ/MJ 降至 0.055 MJ/MJ）。相应地，生物质成型燃料的节能效益从16.32 GJ/t上升至16.43 GJ/t，仅上升了约0.7%（图7-1）。在1～15年的运行年限内，木质颗粒的生命周期GHG排放成本从6.6 g CO_2-eq/MJ降至5.8 g CO_2-eq/MJ，下降了约 12%。秸秆压块的生

命周期 GHG 排放成本下降了约 13%（从 7.2 g CO_2-eq/MJ 降至 6.3 g CO_2-eq/MJ）。相应地，生物质成型燃料的减排效益从 2.092 t CO_2-eq/t 上升至 2.106 t CO_2-eq/t，仅上升了约 1%（图 7-2）。这些数据说明生物质压缩成型项目的运行年限对系统资源环境效应的影响较小，同时也进一步说明生物质成型燃料能量投入产出率高、能量投资回收期短。

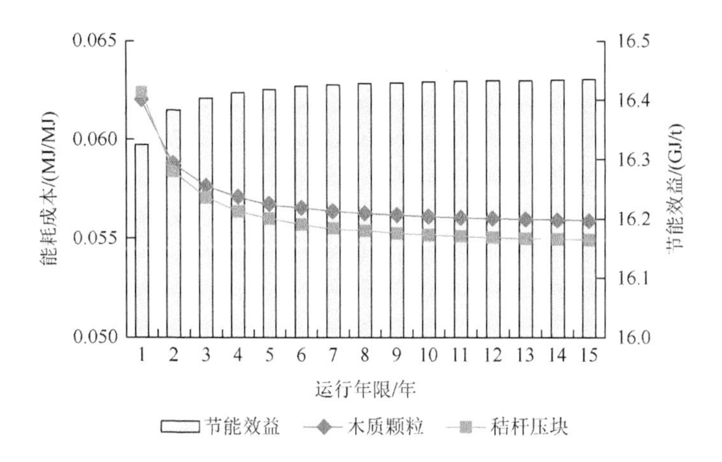

图 7-1　不同运行年限对生物质压缩成型系统能耗成本及节能效益的影响

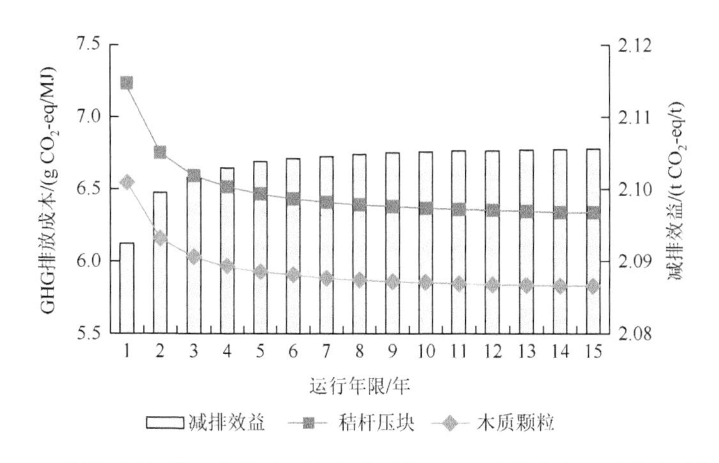

图 7-2　不同运行年限对生物质压缩成型系统 GHG 排放成本及减排效益的影响

图 7-3 和图 7-4 分别反映了不同运行年限情景下，林业剩余物气化系统和秸秆气化系统能耗成本、GHG 排放成本及节能效益和减排效益的变化情况。由图 7-3 可知，随着系统运行年限从 1 年增加至 15 年，林业剩余物气化系统的能耗成本由 2.9 MJ/MJ 降至 0.3 MJ/MJ，GHG 排放成本由 390.8 g CO_2-eq/MJ 降至 38.6 g

CO_2-eq/MJ，下降率均为 90%左右。相应地，林业剩余物气化系统的节能效益由 –26.4 MJ/m^3 增至 11.8 MJ/m^3，减排效益由–3.9 kg CO_2-eq/m^3 增至 1.3 kg CO_2-eq/m^3。为了使系统具备正的节能效益和减排效益，应分别至少运行系统 2 年和 3 年。图 7-4 反映了秸秆气化系统资源环境表现随系统运行年限的变化情况。当系统仅运行 1 年就报废时，系统能耗成本及 GHG 排放成本分别为 1.4 MJ/MJ 和 197.0 g CO_2-eq/MJ。当系统运行完整的生命周期运行年限时（即 15 年），能耗成本和 GHG 排放成本分别降低至 0.3 MJ/MJ 和 30.1 g CO_2-eq/MJ，分别降低了约 79%和 85%。相应地，秸秆气化系统的节能效益从–1.7 MJ/m^3 增至 4.3 MJ/m^3，减排效益由–0.36 kg CO_2-eq/m^3 增至 0.51 kg CO_2-eq/m^3。由图 7-4 还可发现，系统运行超过 1 年后就可获得正的节能效益和减排效益。不难发现，系统运行年限对生物质气化系统的资源环境表现影响较为明显。

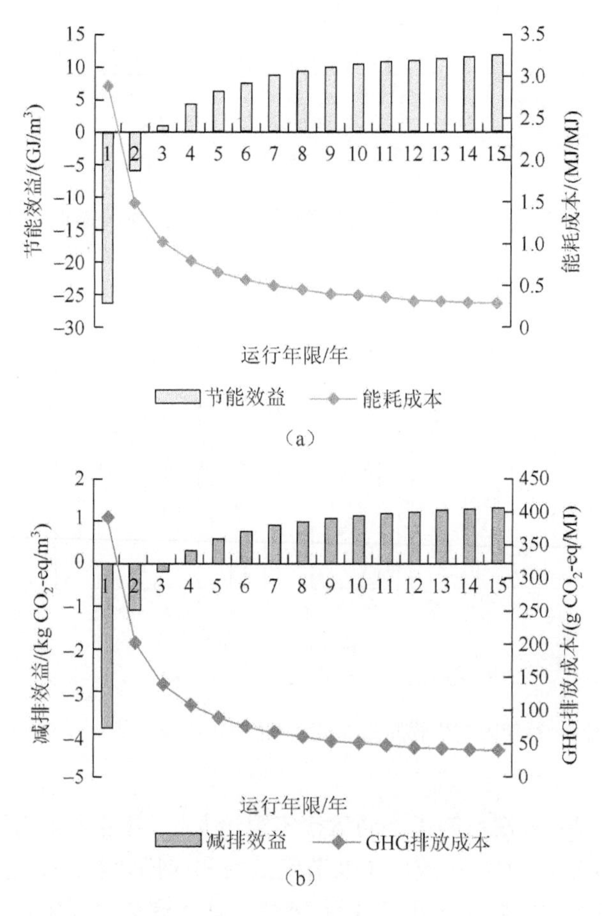

图 7-3　不同运行年限对林业剩余物气化系统能耗成本、GHG 排放成本及节能减排效益的影响

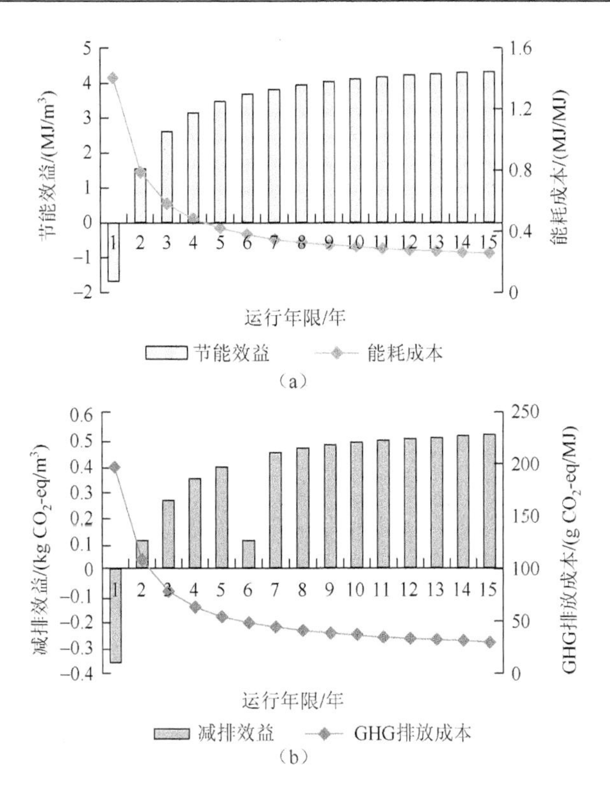

图 7-4 不同运行年限对秸秆气化系统能耗成本、GHG 排放成本及节能减排效益的影响

由图 7-5（a）可知，户用沼气池系统仅运行 1 年就停止时，其能耗成本和 GHG 排放成本分别为 3.2 MJ/MJ 和 651.9 g CO_2-eq/MJ，这比系统运行 20 年（完整生命周期运行年限）要高约 15 和 19 倍（能耗成本为 0.2 MJ/MJ，GHG 排放成本为 32.6 g CO_2-eq/MJ）。相应地，系统仅运行 1 年的节能效益和减排效益分别为–44.0 MJ/m^3 和–5.8 kg CO_2-eq/m^3［图 7-5（b)］。系统需分别运行至少 3 年和 2 年才能获得正的节能效益和减排效益。当系统运行年限为 20 年时，节能效益和减排效益将分

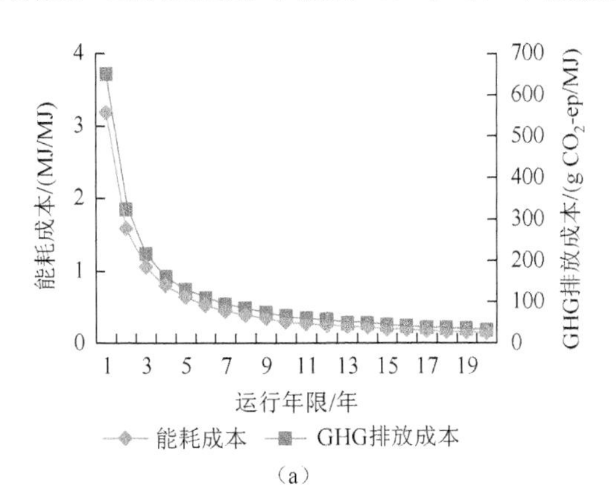

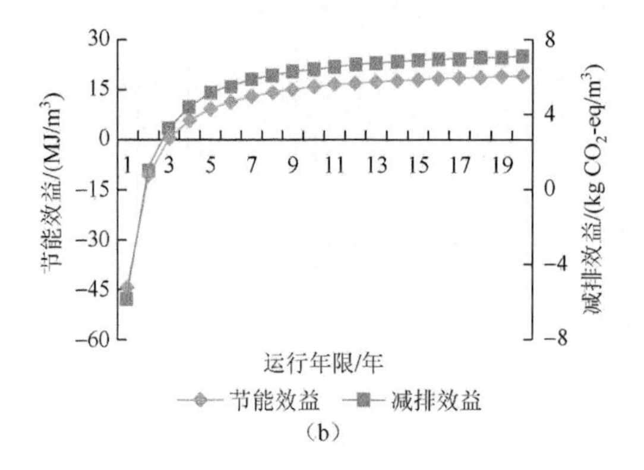

（b）

图 7-5　不同运行年限对户用沼气池系统能耗成本、GHG 排放成本、节能及减排效益的影响

别达到 19.4 MJ/m^3 和 7.2 kg CO_2-eq/m^3。运行年限对于沼气这种以建设成本为主的生物质能系统来说至关重要。

图 7-6 和图 7-7 分别反映了直燃发电系统资源环境表现随系统运行年限增加的变化情况。随着系统运行年限的增加，沙柳、秸秆和林业剩余物发电的平均能耗成本将由 3.4 MJ/(kW·h)减少至 0.7 MJ/(kW·h)，下降率约为 79%。系统的平均节能效益则由 6.4 MJ/(kW·h)增加至 9.1 MJ/(kW·h)，增长率约为 42%。可见，系统的持续运行对于直燃发电的能耗降低和节能效益提升来说非常重要。相应地，直燃发电系统的平均 GHG 排放成本由 474.9 g CO_2-eq/(kW·h)减少至 127.0 g CO_2-eq/(kW·h)，下降率约为 73%。系统的减排效益则从 527.6 g CO_2-eq/(kW·h)上升到 875.5 g CO_2-eq/(kW·h)，增长率约为 66%。

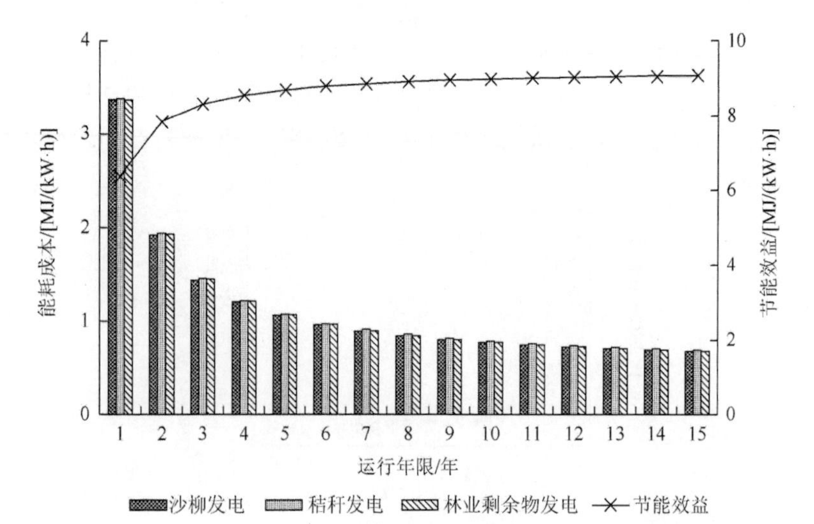

图 7-6　不同运行年限对直燃发电系统能耗成本及节能效益的影响

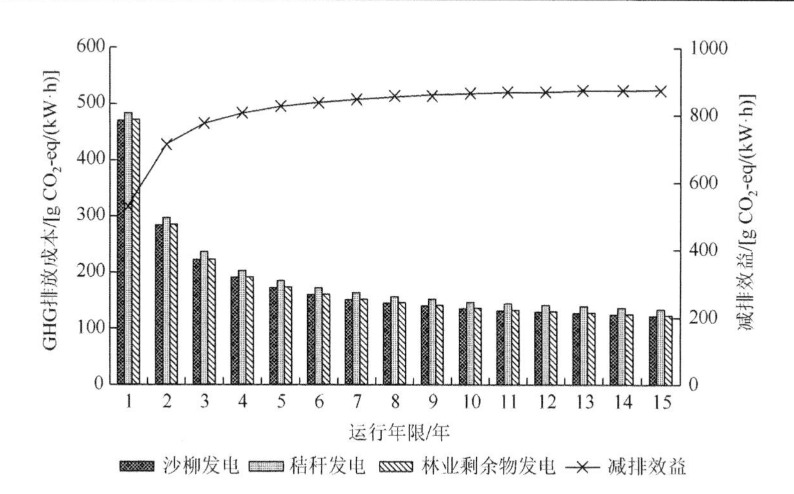

图 7-7　不同运行年限对直燃发电系统 GHG 排放成本及减排效益的影响

图 7-8 和图 7-9 共同反映出，生物柴油系统的资源环境表现对系统运行年限的敏感性一般。油菜籽柴油和麻风树籽柴油的生命周期能耗成本分别由 0.46 MJ/MJ 和 0.53 MJ/MJ（运行 1 年）降至 0.31 MJ/MJ 和 0.39 MJ/MJ（运行 15 年），下降率分别为 33%和 26%。系统节能效益（以 BD20 为例，下同）随运行年限由 31.7 GJ/t 增长至 37.4 GJ/t，增长率为 18%（图 7-8）。相应地，系统 GHG 排放成本的下降率分别为 28%（油菜籽柴油）和 32%（麻风树籽柴油）。系统减排效益由 2.0 t CO_2-eq/t 增长至 2.8 t CO_2-eq/t，增长率约为 40%（图 7-9）。

相比较而言，燃料乙醇系统对系统运行年限的敏感性较弱。木薯乙醇和玉米乙醇的生命周期能耗成本在不同系统运行年限下的变化率仅为 1%（图 7-10），GHG 排放成本的变化率也仅为 1%，略低于能耗的变化率（图 7-11）。相应地，

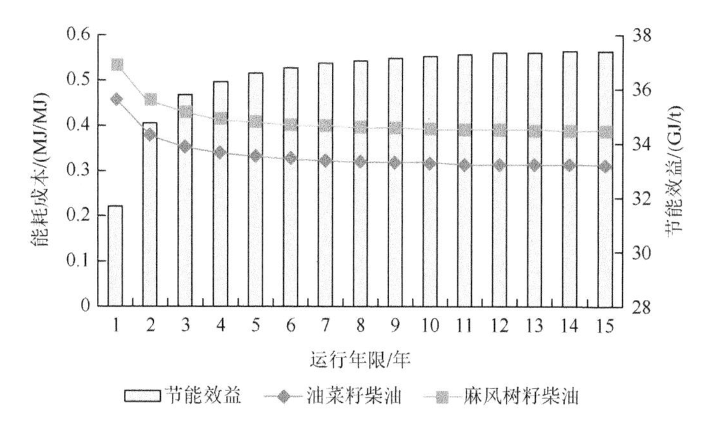

图 7-8　不同运行年限对生物柴油系统能耗成本及节能效益的影响

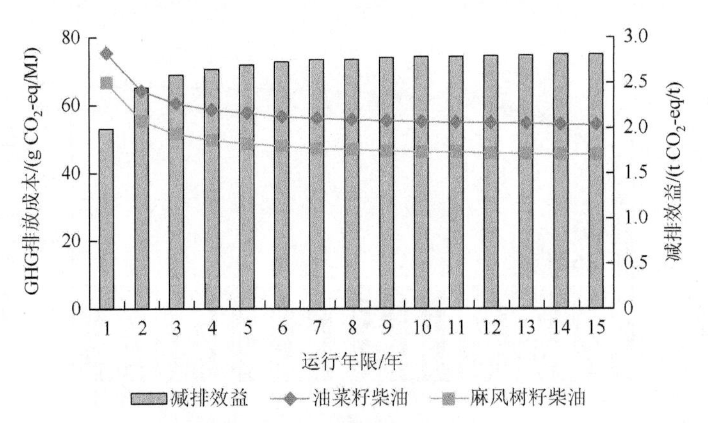

图 7-9 不同运行年限对生物柴油系统 GHG 排放成本及减排效益的影响

在运行年限由 1 年增加至 15 年时，系统的节能效益和减排效益（以 E10 为例，下同）仅增长约 2%。这些数据验证了系统对运行年限长短的弱敏感性。

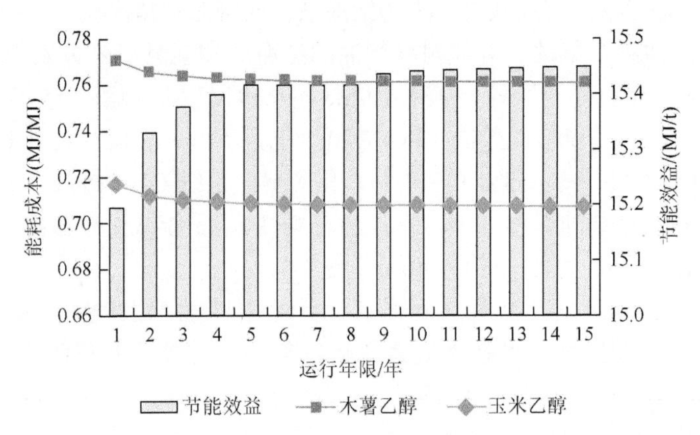

图 7-10 不同运行年限对燃料乙醇系统能耗成本及节能效益的影响

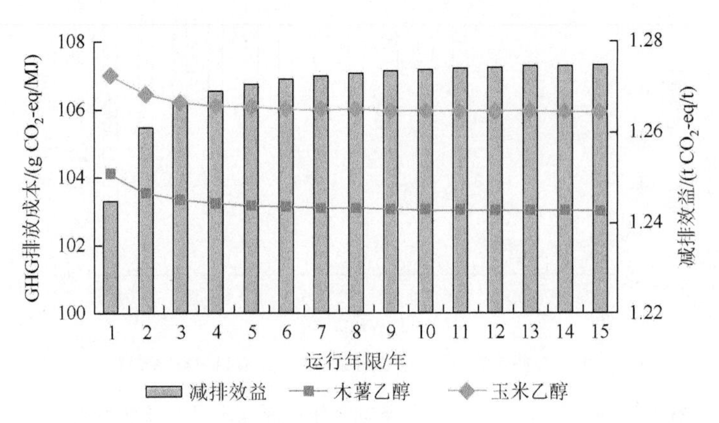

图 7-11 不同运行年限对燃料乙醇系统 GHG 排放成本及减排效益的影响

7.2　原料收集半径

在本书所涉及的 12 种生物质能系统中，除户用沼气池系统外，其他系统均包含生物质原料的运输阶段。我国生物质能源项目面临着生物质原料短缺的问题，主要原因包括同行恶性竞争和与其他行业竞争。由于缺乏合理科学的生物质能源发展规划，生物质能源项目建设过于密集，导致周边生物质原料紧缺。据报道，2009 年至 2012 年江苏省所建设的 11 座生物质发电场中，有 10 座集中建在 200 km 收集半径内，电厂之间原料竞争激烈，导致运输半径增加和原料价格上涨[14]。此外，造纸厂、人造板厂等以生物质为原料的企业的收购价格更高，也导致了生物质能源企业原料短缺情况的恶化。具体到本书的 12 种生物质能系统，原料收集半径为 35～300 km 不等，因此本节将分析当原料收集半径分别为 50 km、100 km、150 km、200 km、250 km 和 300 km 时，生物质能系统（户用沼气池系统除外）的能耗成本、GHG 排放成本及节能和减排效益的变动情况。

下面将分别讨论随着原料收集半径的增大，生物质压缩成型、生物质气化、直燃发电、生物柴油和燃料乙醇系统的能耗成本、GHG 排放成本及节能和减排效益的变化情况。

由图 7-12 可知，对于生物质压缩成型系统来说，当收集半径由 50 km 增大至 300 km 时，木质颗粒和秸秆压块的生命周期能耗成本约分别增加 85%和 124%，而节能效益减少约 6%；木质颗粒和秸秆压块的生命周期 GHG 排放成本约分别增加 85%和 112%，而减排效益减少约 5%。系统的能耗成本和 GHG 排放成本对收集半径敏感性较高，而节能和减排效益的敏感性较低。这是因为节能和减排效益不仅与生物质压缩成型系统自身相关，还与其参照系统燃煤供热相关，燃煤供热的能耗成本和 GHG 排放成本本节未考虑。节能和减排效益对收集半径增大的弱敏感性也说明了生物质成型燃料的节能和减排效益较为显著。

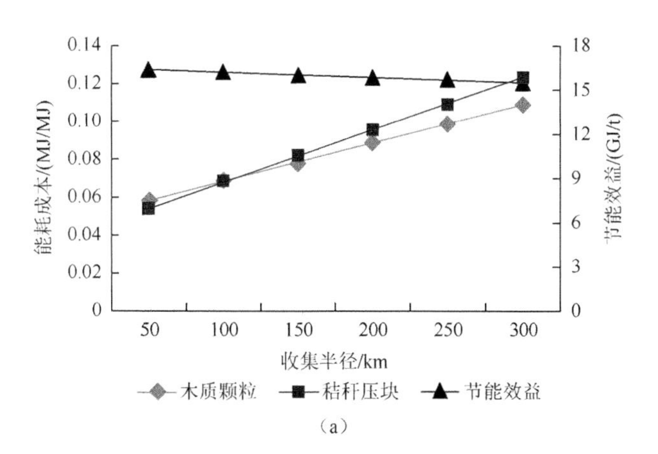

（a）

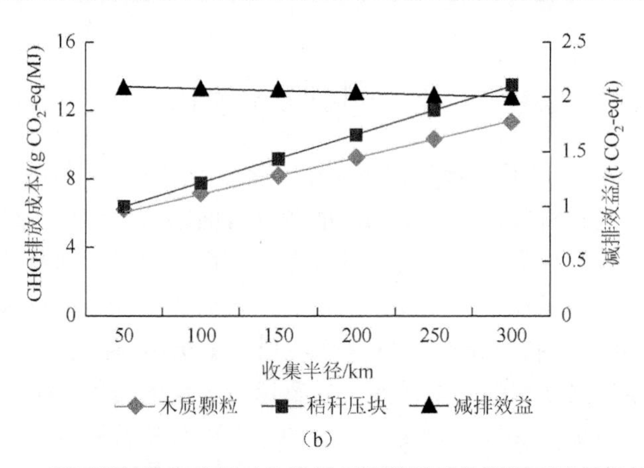

（b）

图 7-12　不同原料收集半径对生物质压缩成型系统资源环境指标的影响

由图 7-13 可知，当原料收集半径由 50 km 增大至 300 km 时，林业剩余物气化系统的生命周期能耗成本和 GHG 排放成本将分别增加约 53%和 40%，系统的节能和减排效益分别减少约 19%和 18%；秸秆气化系统的生命周期能耗成本和 GHG 排放成本将分别增加约 25%和 23%，系统的节能和减排效益分别减少约 8%和 7%。相较于秸秆气化，林业剩余物气化系统对收集半径的敏感性更高，主要原因是林业剩余物气化系统生物质能源收集阶段的资源环境成本占总成本的比重较高，而秸秆气化系统的资源环境成本更多地来自气化站建设阶段。

图 7-14 显示直燃发电系统的生命周期能耗成本及 GHG 排放成本对收集半径的敏感性较高。随着收集半径由 50 km 增大至 300 km，沙柳发电、秸秆发电和林业剩余物发电系统的能耗成本分别增加约 140%、185%和 137%。相应地，系统 GHG 排放成本分别增加约 81%、89%和 78%。发电系统的平均节能和减排效益仅分别减少了约 11%和 12%，这说明直燃发电替代传统火力发电的节能减排优势较为明显。

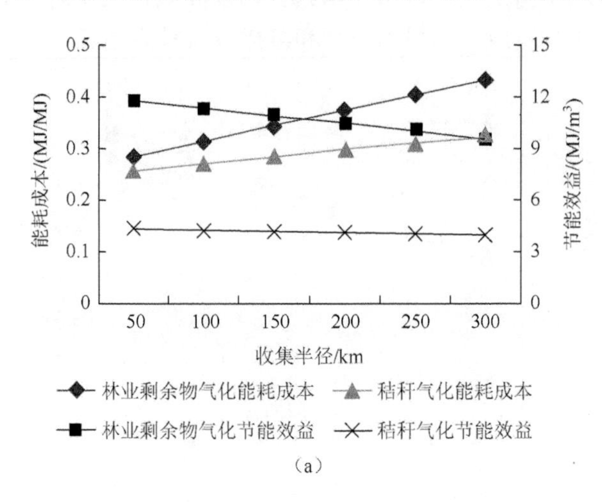

（a）

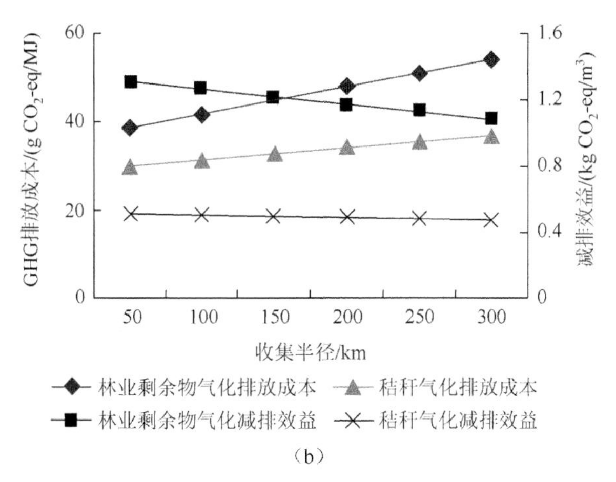

（b）

图 7-13　不同原料收集半径对生物质气化系统资源环境指标的影响

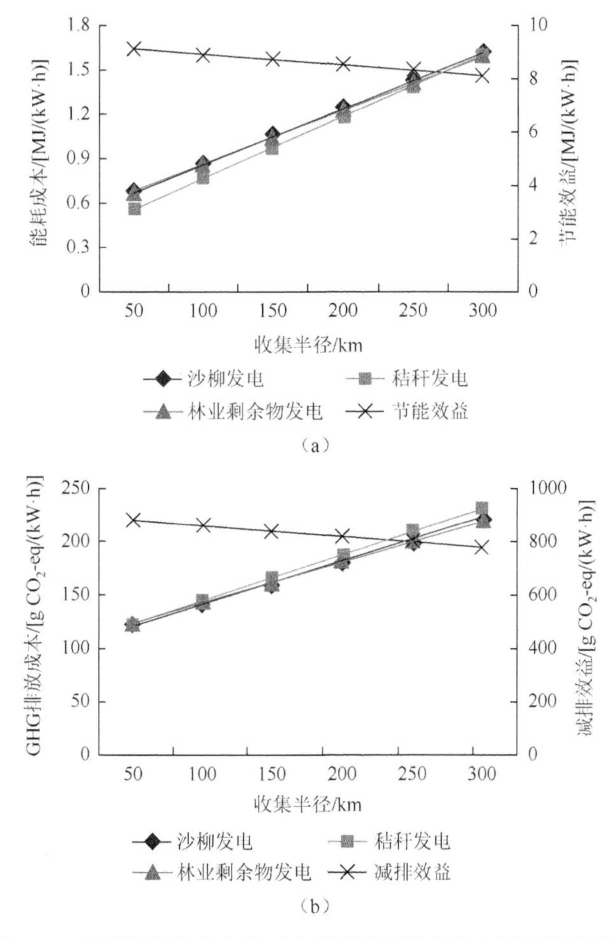

图 7-14　不同原料收集半径对直燃发电系统资源环境指标的影响

生物柴油系统生命周期能耗成本和GHG排放成本对原料收集半径的敏感性较低（图7-15）。当收集半径从50 km增大至300 km时，油菜籽柴油和麻风树籽柴油系统的能耗成本分别增加约15%和13%，而系统的GHG排放成本分别增加约9%和12%，低于以上各生物质能系统的敏感性。系统资源环境指标对收集半径不敏感主要是因为生物柴油的能耗和排放大部分来自柴油生产阶段，而非原料收集阶段（详见第5章的分析）。生物柴油系统的平均节能和减排效益随收集半径的增大分别下降约5%和7%。

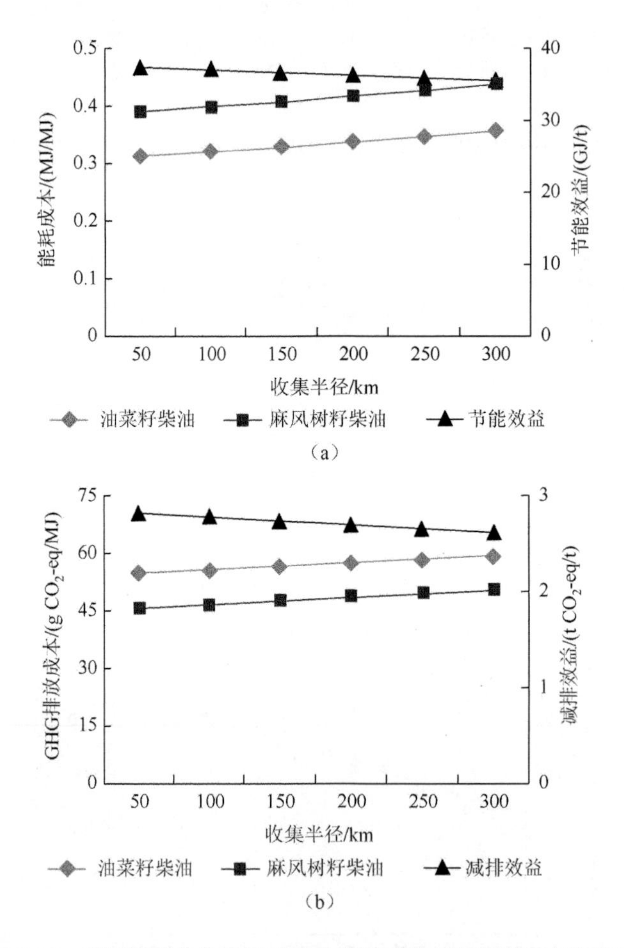

图7-15　不同原料收集半径对生物柴油系统资源环境指标的影响

类似地，燃料乙醇系统由于主要能耗和GHG排放来自乙醇生产阶段，系统的资源环境指标对原料收集半径增大的敏感性较弱（图7-16）。随着收集半径由50 km增至300 km，木薯乙醇和玉米乙醇的生命周期能耗成本将均增加约9%，节能效益下降 10%左右。相应地，系统生命周期 GHG 排放成本分别上升约 6%和 7%，减排效益则下降约 12%。

从以上分析可以看出，从系统生命周期能耗成本指标来看，玉米秸秆直燃发电系统对原料收集半径的敏感性最高；从系统生命周期 GHG 排放成本指标来看，秸秆压块燃料系统对原料收集半径的敏感性最高；从系统生命周期节能和减排效益指标来看，林业剩余物气化系统对原料收集半径的敏感性最高。

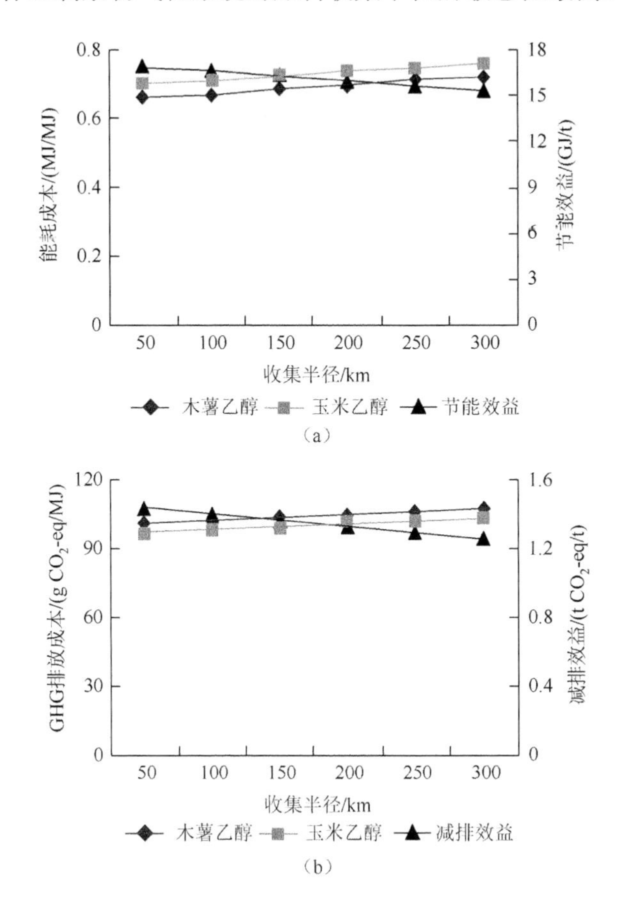

图 7-16　不同原料收集半径对燃料乙醇系统资源环境指标的影响

7.3　其 他 因 素

除生命周期运行年限和原料收集半径外，影响系统的资源环境表现的因素还包括：能源转化效率（即单位生物质原料的能源产出水平或单位能量产出的原料消耗水平）、农业产量（即单位公顷的农作物秸秆或种子产量）、现场能源使用效率及上游产业能源使用效率。本节将分析以上因素变动 10%，对各系统资源环境指标的影响程度。

由图 7-17 可知，当系统能源转化效率提高 10%时，各生物质能系统的资源环境指标将发生不同程度的变动。其中，木质颗粒、户用沼气和秸秆压块系统的能源消耗成本变动较为突出，分别达到 10%、9%和 9%左右。秸秆发电、沙柳发电和秸秆气化系统能源消耗成本受系统能源转化效率影响较大，变化率分别为 7%、7%和 6%左右。相应地，木质颗粒、户用沼气、秸秆压块、秸秆发电、沙柳发电和秸秆气化系统生命周期 GHG 排放也受系统能源转化效率影响较大。当系统能源转化效率提高 10%时，这些系统的 GHG 排放变化率分别为 9%、9%、9%、8%、8%和 6%左右。与能源消耗成本和 GHG 排放不同的是，能源转化效率变化对系统节能和减排效益的影响普遍较小，影响最大的为燃料乙醇系统，节能和减排效益分别变化 6%和 3%左右。总体而言，能源转化效率的提高对系统资源环境表现改善具有较大的促进作用。

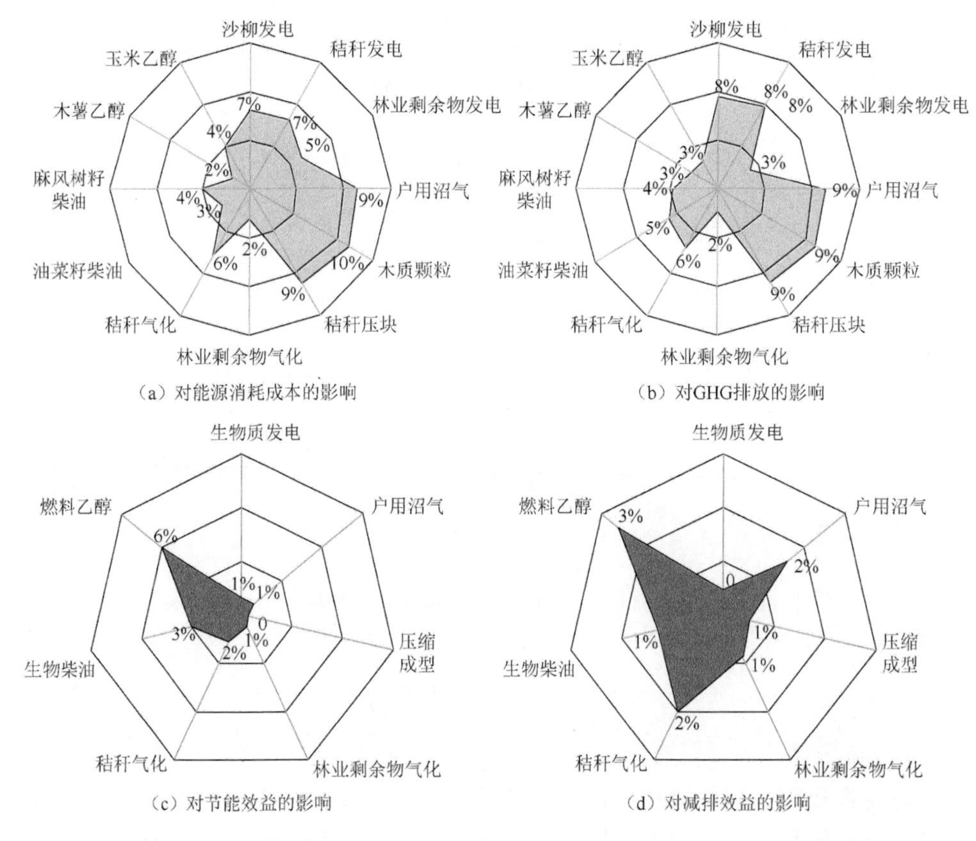

图 7-17　系统能源转化效率提高 10%对各生物质能系统资源环境指标的影响

图 7-18 反映了农业产量下降 10%对各生物质能系统资源环境指标的影响。需要说明的是，农业产量下降仅影响以农业生物质（即农作物秸秆或农作物）为原料的系统的资源环境指标，对以林业剩余物、沙柳或粪便等为原料的系统不产生影响。由图 7-18 可知，农业产量下降 10%，麻风树籽柴油和油菜籽柴油的生命周期能源消耗成本受影响较大，变化率分别为 3.6%和 2.5%左右。从 GHG 排放指标来说，受影响较大的是油菜籽柴油和麻风树籽柴油，排放分别增加约 4.4%和 3.3%。农业产量下降对各系统生命周期节能效益的影响均较小，影响最大的为木薯乙醇系统，变化率约为 1.8%。相比之下，农业产量下降对系统减排效益的影响较大。这是因为农业单产下降不仅使单位农作物秸秆或种子的能源消耗及物料投入增加，同时还使氮肥效应造成的 N_2O 排放增加。如图 7-18 所示，农业产量下降 10%时，木薯乙醇、玉米乙醇和油菜籽柴油的生命周期减排效益分别下降约 5.8%、3.7%和 3.6%。

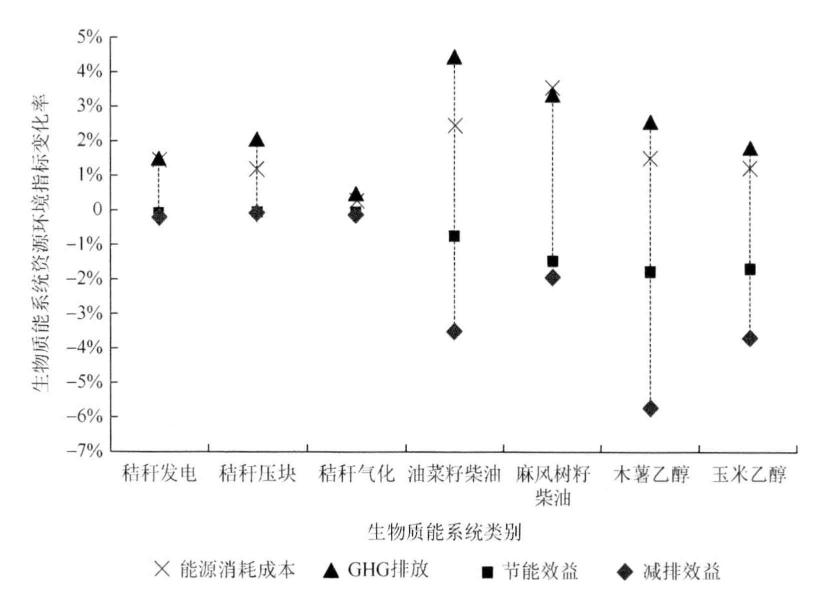

图 7-18　农业产量下降 10%对各生物质能系统资源环境指标的影响

图 7-19 和图 7-20 分别反映了各生物质能系统资源环境指标对现场和上游产业能源使用效率的响应情况。现场和上游产业能源消耗的定义与前文现场排放和上游排放及现场水耗和上游水耗的定义相似。现场能源消耗主要是指生物质能系统从原料收集至产品产出过程的直接化石能源消耗，需要注意的是，本书中电的使用也包含在直接能源消耗的范畴内。设备和材料制作过程的能源消耗则为本书所指的上游产业能源消耗。

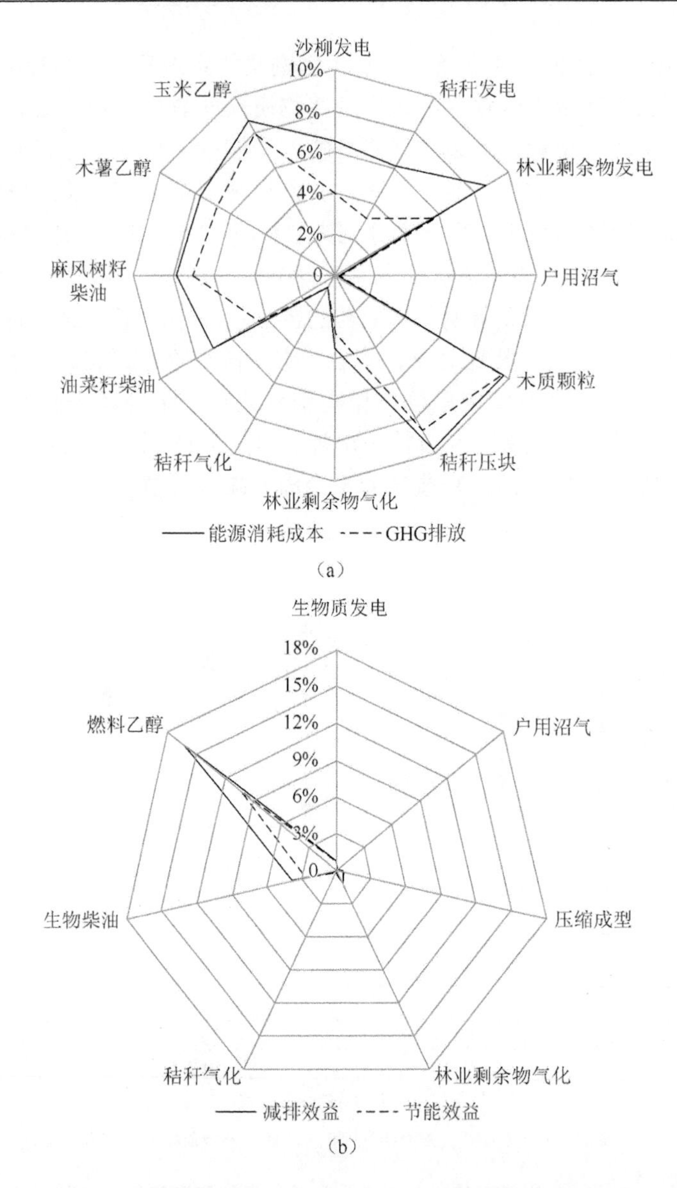

图 7-19　现场能源使用效率提高 10%对各生物质能系统资源环境指标的影响

由图 7-19 可知，各生物质能系统生命周期能源消耗和 GHG 排放对现场能源使用效率的敏感性是一致的。当现场能源使用效率提高 10%时，除户用沼气、秸秆气化、林业剩余物气化和秸秆发电系统外，其他生物质能系统的能源消耗成本和 GHG 排放均有明显的下降（6%以上），木质颗粒和秸秆压块的能源消耗成本均下降约 9.7%，GHG 排放的下降比例分别为 9.5%和 8.6%左右。可见，现场能源消耗的减少是大部分生物质能系统改善资源环境表现的主要手段。燃料乙醇的生命周

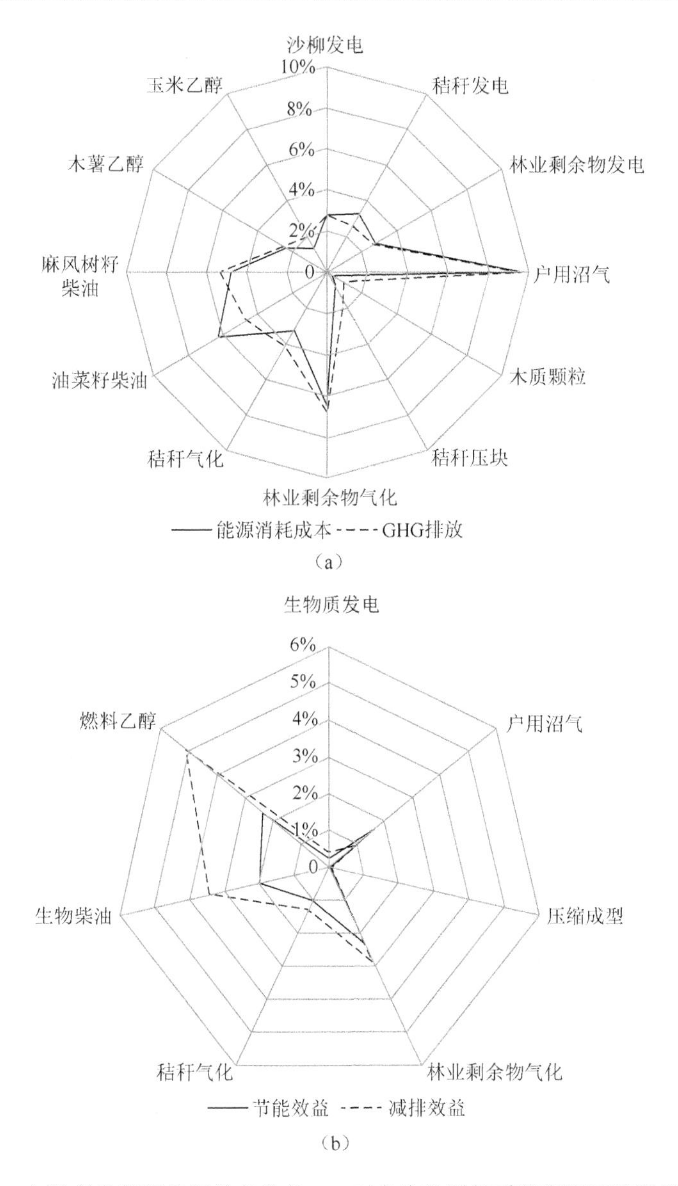

图7-20　上游产业能源使用效率提高10%对各生物质能系统资源环境指标的影响

期节能效益和减排效益受现场能源使用效率提高的影响最为明显，节能效益增加约10.5%，减排效益增加约16.3%。

上游产业能源使用效率的提高（10%），对户用沼气和林业剩余物气化系统的能源消耗和GHG排放影响较大，能源消耗成本分别减少约9.5%和6.5%，GHG排放分别减少约9.8%和6.8%（图7-20）。其他生物质能系统对上游产业能源使用效率提高的敏感性较弱。在节能减排指标方面，各系统受上游产业能源使用效率变化的影响较小，但燃料乙醇仍为对其敏感性最高的能源类型，节能效益和减排效益随上游产业能源使用效率的提高（10%）而分别增加约 2.3%和 5.1%。

7.4 系统改善建议

以上敏感性分析结果反映了关键参数变化对生物质能系统资源环境表现的影响，这些结果可以为未来生物质能源发展政策的制定提供参考和依据。

生物质能源的稳定运行是其实现生命周期节能、减排效益的前提。从研究结果可以发现，系统能源消耗和 GHG 排放随着运行年限的增加逐渐降低，户用沼气、秸秆气化及林业剩余物气化系统在运行年限较短时甚至会出现负的节能、减排效益。系统能够运行满设计年限，一方面需要确保能源转化设备质量过关，另一方面更需要稳定的原料来源。

原料紧缺已经成为生物质能源产业发展的致命挑战。原料紧缺会导致企业扩大原料收集半径，增加运输能源消耗及排放。敏感性分析结果表明随着原料收集半径的增大，生物质压缩成型、直燃发电及生物质气化等系统的资源环境成本上升明显。如前文所述，原料短缺主要由不合理产业规划造成的产业内部恶性竞争及与其他行业的竞争引起。因此未来我国生物质能源产业发展必须立足于科学的产业规划，杜绝生物质企业过密建设，确保企业原料供应充足。河北省发展和改革委员会印发的《关于做好“十三五”生物质发电项目建设实施计划的通知》（冀发改能源〔2017〕323 号）已经明文规定，100 km 半径范围内不得重复布置生物质发电厂。为了确保生物质能源行业在与其他以生物质为原料的行业竞争时不处于劣势地位，国家应对生物质行业的原料收集端进行补贴，或者通过提高税收等方式遏制生物质原料尤其是高热值生物质的非能源化使用。从某种意义上来说，采用高热值生物质原料造纸是一种浪费。以粪便为原料的户用沼气池系统同样存在原料短缺问题。由于养殖模式逐渐由家庭散养模式走向大中型养殖模式，户用沼气的发展开始不适应农村畜禽养殖的现状，未来沼气应更多地朝大中型沼气工程发展。解决原料收集问题有赖于建立完善的生物质原料交易市场，通过多级收储运系统，将分散的原料集中收集、集中转化。

生物质能系统资源环境表现的改善还需要进一步发展各类转化技术，以提高系统的能源转化效率和现场能源使用效率。根据敏感性分析结果，能源转化效率的提高对各类生物质能系统的资源环境表现均具有一定的改善作用。我国生物质产业目前仍缺乏先进的核心设备，如适应多种原料的生物质锅炉、精确的原料湿度检测装备、一体化的原料收储运装备等。政府应将资金更多地用于关键转化技术的研发，而非一味地用于政策补贴，因为技术进步带来的转化效率的提高及能源使用效率的提高，不仅能改善系统资源环境表现，同时也可以使企业减少经济成本。

生物质能源产业的发展也离不开其他相关产业的发展。农业种植技术的进步，如单产水平的提高、化肥和农业机械耗能的减少，都能直接降低生物质能生产过程的资源环境负荷，提升其节能减排潜力。此外，对于户用沼气等以建设材料投入为主的生物质能系统而言，水泥、钢筋生产等上游产业通过技术进步降低能源消耗，也会间接改善系统的资源环境表现。

7.5　本章小结

本章分别从系统的生命周期运行年限、原料收集半径、能源转化效率、农业产量及现场和上游产业能源使用效率等方面对各类生物质能系统的资源环境表现进行了分析，主要结论如下。

生命周期运行年限对户用沼气、秸秆气化、林业剩余物气化系统的能源消耗及 GHG 排放影响较为明显，户用沼气池系统需运行至少 3 年才能产生节能效益，至少运行 2 年才能获得减排效益。类似地，秸秆气化系统需运行 1 年以上才能产生节能和减排效益。林业剩余物气化系统产生节能和减排效益的最低运行年限要求分别为 2 年和 3 年。

原料收集半径对秸秆发电系统的能源消耗指标、秸秆压块系统的 GHG 排放指标和林业剩余物气化系统的节能、减排效益指标影响最为显著。

能源转化效率提高对系统资源环境表现改善具有较大的促进作用。农业产量变化对麻风树籽柴油和油菜籽柴油的生命周期能源消耗成本影响较大，对油菜籽柴油和麻风树籽柴油 GHG 排放指标影响较大。农业产量下降对系统节能效益改变不明显，但对减排效益的影响较大，主要原因是农业产量下降不仅增加了单位农作物秸秆或种子的能源消耗及物料投入，同时还增加了氮肥效应造成的 N_2O 排放。

除户用沼气、秸秆气化和林业剩余物气化系统外，其他生物质能系统的能源消耗成本和 GHG 排放均对现场能源使用效率敏感性较高，燃料乙醇系统的节能和减排效益对上游产业能源使用效率敏感性最高。

根据敏感性分析结果，本章从原料供应、转化技术及相关产业发展等角度提出了改善各生物质能系统资源环境表现的相关措施和政策建议。

第8章　结论及展望

生物质能源的发展在我国受到了高度重视，以期改善能源结构、应对气候变化和减少污染物排放。本书首先解决了评价方法的选择问题，构建了基于2012年投入产出表的HLCA模型，并对模型应用于生物质能资源环境影响评价的不确定性进行了分析。其次，在模型构建和验证的基础上，本书对我国当前发展较为成熟的六大类共12种生物质能源进行了生命周期资源环境成本的核算，分析了生物质能源消耗、水资源消耗、GHG和污染物排放成本的特征。再次，本书选取了各类生物质能源的参照化石燃料，将生物质能源和化石能源置于统一的系统边界条件下，对两者的资源环境成本进行对比，评价了生物质能源的节能减排效益。最后，对影响生物质能源资源环境效应的关键参数进行了敏感性分析，为未来生物质能源产业政策的制定提供了数据支撑和方向指导。

8.1　本书的“明”和“暗”两条线索

贯穿本书始终的有两条线索，即“明”线索和“暗”线索。

“明”线索：本书旨在核算生物质能源的资源环境成本和评价其节能减排效益。通过选取每类生物质能源的典型案例，从全生命周期的角度核算了其能源和水资源消耗、GHG及大气污染物排放量，并分门别类地根据生物质能源的终端使用，选择了相对应的参照化石能源系统，构建了包含燃料生产、燃料运输和燃料使用三个阶段的混合生命周期系统边界，将生物质能源和化石能源进行了资源环境成本的比较，得出了基于功能单位的生物质能源节能减排效益。

“暗”线索：本书在核算生物质能源节能减排效益的同时，还尝试揭示生物质能源转化过程的一些规律，主要包括：①不同能源品质提升路径的能源消耗及可再生性变化规律；②不同生物质能源转化过程（物理过程、化学过程和生物过程）的可再生性变化规律；③生物质能源转化系统资源-环境-经济成本之间的协同变化规律。

8.2　本书的主要结论

HLCA2模型对于生物质能系统评价具有较好的针对性和准确性。本书分别基于不同系统边界和参数选择，设置了包含三大类（PLCA、IO-LCA 和 HLCA）共六种 LCA 评价模型（PLCA 中国 2002、PLCA 中国 2007、PLCA 中国 2012、PLCA 他国 2012、HLCA1 中国 2012、HLCA2 中国 2012），并以玉米秸秆直燃发电系统的 GHG 排放核算为例，分析了各类 LCA 方法的不确定性。本书发现秸秆直燃发电系统 PLCA 的截断误差至少为 9%，时间误差范围为 4%～14%，空间误差范围为 1%～16%；HLCA 模型的聚合误差的最大值约为 7%。所有 LCA 模型都能较好地反映系统真实的 GHG 排放情况，从数据可获得性（即投入的人力、物力和时间）的角度来说，将直接能源消耗采用 PLCA 模型核算，而设备和材料引起的能源消耗、水资源消耗及污染物排放采用 IO-LCA 模型核算的 HLCA2 模型由于最大程度地依赖投入产出表，一方面可以避免截断误差，另一方面还能最大限度地消除 PLCA 模型存在的时间和空间误差，并大大提高了数据的可获得性。针对秸秆直燃发电系统所获得的结论可以进一步推广至其他生物质能系统中。

生物质能源转化过程存在一定的能量流动规律。随着能源品质的不断提升，系统能源消耗不断增加，系统的可再生性下降（生物质成型燃料为 0.06 J/J，生物质发电、生物质气化、户用沼气、生物柴油和燃料乙醇的能源消耗成本分别为 0.19 J/J、0.27 J/J、0.16 J/J、0.35 J/J 和 0.73 J/J）；物理过程（压缩成型）的平均 EROI 最高（12.81），化学过程（气化、液化、发电）的平均 EROI 最低（3.15），生物过程的平均 EROI 居中（4.38）。生物质能系统的各类成本之间存在着两维或三维耦合关系，如能耗-经济成本、能耗-水资源消耗、能耗-GHG 排放、能耗-GHG 排放-经济成本、能耗-GHG 排放-水资源消耗耦合关系等。由此说明生物质能系统的资源-环境-经济成本存在协同性，对生物质能系统来说，节约资源就是改善环境表现，同时也可提升系统经济性。

生物质能源节能减排效益明显，采用统一的系统边界，将生物质能源与其替代的化石能源进行对比，发现各类生物质能源均具有一定的节能和减排效益。然而，生物质能源的节水效益不明显。在污染物减排方面，除代煤能源（成型燃料和直燃发电）具有较为明显的 SO_2 和 NO_x 减排效益外，其他类型能源的污染物减排效益不明显。

系统运行和原料供给的稳定性是影响生物质能资源环境表现的关键因素。户用沼气、秸秆气化、林业剩余物气化系统的能源消耗及 GHG 排放受项目运行年限的影响较为明显，户用沼气池系统产生节能和减排效益需分别运行至少 3 年和 2 年，秸秆气化系统需分别运行 1 年以上，林业剩余物气化系统需分别运行 2 年和 3 年以上。原料收集半径是秸秆发电系统的能源消耗指标、秸秆压块系统的 GHG 排放指标和林业剩余物气化系统的节能、减排效益指标最为显著的影响因素。此外，能源转化效率、现场和上游产业能源使用效率对各类生物质能系统的资源环境表现也都具有不同程度的影响。

8.3　对未来生物质能源产业发展的思考

生物质能源不是免费的午餐，能源品质提升需要较大的经济、资源和环境成本。对生物质能源的发展和使用，切忌盲目上马，必须对其开展综合的经济、资源和环境评价，明晰在能源品质提升过程中所付出的“代价”。

经济不可行往往也暗示着能量的不可行、环境的不可行，能源消耗成本是经济成本，环境成本也是经济成本。生物质能源的发展不可过于依赖政府补贴，因为经济性较差的生物质能源技术一般能耗和排放也比较高，违背国家发展生物质能源以实现节能减排的初衷。此外过度补贴反而会降低生物质能源产业力求行业节能减排技术进步的积极性。建议政府将现有的对企业运行过程的补贴逐渐转为对行业关键技术研发的补贴，从根本上提升生物质能源行业的能源使用效率，进而降低企业经济成本。

当前成型燃料、直燃发电、沼气的能源消耗成本较低，技术成熟度较好，应作为重点商业化发展对象。相对于生物质燃气、生物柴油和燃料乙醇而言，目前成型燃料、直燃发电和沼气的发展规模较大，三者在 2020 年生物质能源节能减排效益中的占比超 90%。生物质发电和成型燃料已部分实现商业化生产，未来可进一步推进其商业化发展。此外，从当前我国面临的 GHG 减排压力及大气污染控制形势来说，成型燃料和直燃发电作为代煤生物质燃料，也应作为行业发展的重中之重。沼气技术在我国经过了较长的发展历史，技术较为成熟，但目前由于农村生活方式正逐渐发生变化，可考虑将发展重点逐步由户用沼气转向大中型沼气工程和生物天然气工程。

可将生物质气化和液化技术作为技术储备，继续加强研发。本书发现当前生物质气化、生物柴油和燃料乙醇系统的资源环境表现相对较差，节能减排效益不明显。然而，我国油气资源相对匮乏，可将生物质气化、生物柴油和燃料乙醇技术作为技术储备，继续加强研发，以期使其成为未来石油和天然气的替代燃料。

8.4　本书的主要创新点

创新点一：基于我国 2012 年投入产出表，构建了适合我国生物质能源资源环境效应评价的 HLCA 模型。设计了评价生命周期模型不确定性的分析框架，并基于案例，定量估算了各类生命周期模型的时间误差、空间误差、截断误差和聚合误差，证明了混合生命周期模型在生物质能源评价中的适用性。

创新点二：揭示了生物质能源转化过程的能量流动规律，发现了随着能源品质提升，系统能耗增加，系统可再生性下降的规律；发现了生物质能系统资源–环境-经济成本耦合关系，为确立各类技术发展的优先级提供了数量化依据。

创新点三：基于不同的能源终端使用，为各类生物质能源选定了参照化石能源，并采用统一的系统边界，对比分析了生物质能源和化石能源的资源环境成本，核算了生物质能源的节能、减排效益，评价了生物质能源对我国 2020 年节能减排目标的实现所做的贡献。

8.5　进一步研究展望

本书构建了 HLCA 模型，对我国生物质能源的资源环境成本进行了系统核算，并评价了其节能、减排效益。但本书仍有不足之处，亟须开展下一步研究。

（1）受条件限制，本书目前仅选取了 12 个典型生物质能源案例，这对于反映六大类生物质能源的真实资源环境效应及不同转化过程的能量流动规律而言还不够充分，未来仍需采用本书所建模型，扩充案例，以更加准确地反映生物质能源的真实资源环境效应。

（2）本书所评价的生物质能源节能、减排效益主要基于转化过程和未来政策发展目标，未能从资源禀赋的角度去衡量生物质能源的最大发展规模及其节能减排潜力。未来应通过实地调研和遥感等手段评估不同生物质原料的种植面积、产量及最大能源化使用量，以准确反映其节能减排能力。

（3）本书仅关注了各类生物质能源的资源和环境效益，未来应对其经济性进行系统研究，为产业发展提供更为全面的信息。

参 考 文 献

[1] International Energy Agency. Renewables information 2018 overview[R]. Paris：International Energy Agency，2018.

[2] Slade R，Bauen A，Gross R. Global bioenergy resources[J]. Nature Climate Change，2014，4（2）：99-105.

[3] 张力小，胡秋红，王长波. 中国农村能源消费的时空分布特征及其政策演变[J]. 农业工程学报，2011，27（1）：1-9.

[4] 赵思语，耿利敏. 我国生物质能源的空间分布及利用潜力分析[J]. 中国林业经济，2019，(5)：75-79.

[5] Chen L J，Xing L，Han L J. Renewable energy from agro-residues in China：solid biofuels and biomass briquetting technology[J]. Renewable and Sustainable Energy Reviews，2009，13（9）：2689-2695.

[6] Zeng X Y，Ma Y T，Ma L R. Utilization of straw in biomass energy in China[J]. Renewable and Sustainable Energy Reviews，2007，11（5）：976-987.

[7] 杜海凤，闫超. 生物质转化利用技术的研究进展[J]. 能源化工，2016，37（2）：41-46.

[8] 国家统计局能源统计司. 中国能源统计年鉴 2018[M]. 北京：中国统计出版社，2019.

[9] Wang C B，Zhang L X，Yang S Y，et al. A hybrid life-cycle assessment of nonrenewable energy and greenhouse-gas emissions of a village-level biomass gasification project in China[J]. Energies，2012，5（8）：2708-2723.

[10] Han J Y，Mol A P J，Lu Y L，et al. Small-scale bioenergy projects in rural China：lessons to be learnt[J]. Energy Policy，2008，36（6）：2154-2162.

[11] 李秀金，周斌，袁海荣，等. 中国沼气产业面临的挑战和发展趋势[J]. 农业工程学报，2011，27（S2）：352-355.

[12] 高立，梅应丹. 我国生物质发电产业的现状及存在问题[J]. 生态经济，2011，(8)：123-127.

[13] 马龙海，邓宇昆，董胜亮. 我国生物质发电现状分析及研究[J]. 电力勘测设计，2012，(3)：70-74.

[14] Zhao X G，Tan Z F，Liu P K. Development goal of 30GW for China's biomass power generation：will it be achieved？[J]. Renewable and Sustainable Energy Reviews，2013，25：310-317.

[15] International Energy Agency. Energy information administration/annual energy outlook 2008：with projections to 2030[R]. Paris：International Energy Agency，2008.

[16] Zhang L，Wang T，Lv M Y，et al. On the severe haze in Beijing during January 2013：unraveling the effects of meteorological anomalies with WRF-Chem[J]. Atmospheric Environment，2015，104：11-21.

[17] Hu Y，Cheng H. Development and bottlenecks of renewable electricity generation in China：a critical review[J]. Environmental Science & Technology，2013，47（7）：3044-3056.

[18] International Energy Agency. CO_2 Emissions from Fuel Combustion 2009[M]. Paris：International Energy Agency，2009.

[19] Tilman D，Socolow R，Foley J A，et al. Beneficial biofuels：the food，energy，and environment trilemma[J]. Science，2009，325（5938）：270-271.

[20] Youngs H，Somerville C. Best practices for biofuels[J]. Science，2014，344（6188）：1095-1096.

[21] Guo M X，Song W P，Buhain J. Bioenergy and biofuels：history，status，and perspective[J]. Renewable and Sustainable Energy Reviews，2015，42：712-725.

[22] Mangoyana R B，Smith T F，Simpson R. A systems approach to evaluating sustainability of biofuel systems[J]. Renewable and Sustainable Energy Reviews，2013，25：371-380.

[23] 洪浩，叶文虎，宋波，等. 中国生物质成型燃料产业化问题及实证研究[J]. 资源科学，2010，32（11）：2172-2178.

[24] Leng R，Wang C T，Zhang C，et al. Life cycle inventory and energy analysis of cassava-based fuel ethanol in China[J]. Journal of Cleaner Production，2008，16（3）：374-384.

[25] Liu Y，Kuang Y Q，Huang N S，et al. Popularizing household-scale biogas digesters for rural sustainable energy development and greenhouse gas mitigation[J]. Renewable Energy，2008，33（9）：2027-2035.

[26] Yu S，Jing T. Simulation based life cycle assessment of airborne emissions of biomass-based ethanol products from different feedstock planting areas in China[J]. Journal of Cleaner Production，2009，17（5）：501-506.

[27] Jiang X Y，Sommer S G，Christensen K V. A review of the biogas industry in China[J]. Energy Policy，2011，39（10）：6073-6081.

[28] Liu J C，Wang S J，Wei Q S，et al. Present situation，problems and solutions of China's biomass power generation industry[J]. Energy Policy，2014，70：144-151.

[29] 高春雨，李铁林，王亚静，等. 中国秸秆气化集中供气工程发展现状·存在问题·对策[J]. 安徽农业科学，2010，38（4）：2181-2183.

[30] Leung D Y C，Yin X L，Wu C Z. A review on the development and commercialization of biomass gasification technologies in China[J]. Renewable and Sustainable Energy Reviews，2004，8（6）：565-580.

[31] Yang B，Lu Y P. The promise of cellulosic ethanol production in China[J]. Journal of Chemical Technology and Biotechnology，2007，82（1）：6-10.

[32] Zhou Z Q，Yin X L，Xu J，et al. The development situation of biomass gasification power generation in China[J]. Energy Policy，2012，51：52-57.

[33] Gosens J，Lu Y L，He G Z，et al. Sustainability effects of household-scale biogas in rural China[J]. Energy Policy，2013，54：273-287.

[34] 田宜水，赵立欣，孙丽英，等. 农业生物质能资源分析与评价[J]. 中国工程科学，2011，13（2）：24-28.

[35] Li J J，Zhuang X，Delaquil P，et al. Biomass energy in China and its potential[J]. Energy for Sustainable Development，2001，5（4）：66-80.

[36] Ogle S M，Del Grosso S J，Adler P R，et al. Soil nitrous oxide emissions with crop production for biofuel：implications for greenhouse gas mitigation[C]. The Lifecycle Carbon Footprint of Biofuels，2008：11-18.

[37] Pimentel D. Ethanol fuels：energy balance，economics，and environmental impacts are negative[J]. Natural Resources Research，2003，12（2）：127-134.

[38] Yang Q，Chen G Q. Nonrenewable energy cost of corn-ethanol in China[J]. Energy Policy，2012，41：340-347.

[39] Lenzen M. Errors in conventional and input-output：based life-cycle inventories[J]. Journal of Industrial Ecology，2000，4（4）：127-148.

[40] Hertwich E G. Life cycle approaches to sustainable consumption：a critical review[J]. Environmental Science & Technology，2005，39（13）：4673-4684.

[41] Blair J. Biofuelling the future[J]. Nature，2006，444（7120）：7.

[42] Chambers R S，Herendeen R A，Joyce J J，et al. Gasohol：Does it or doesn't it produce positive net energy？[J]. Science，1979，206（4420）：789-795.

[43] Dornburg V，Faaij A P C. Efficiency and economy of wood-fired biomass energy systems in relation to scale regarding heat and power generation using combustion and gasification technologies[J]. Biomass and Bioenergy，2001，21（2）：91-108.

[44] Datta A，Ganguly R，Sarkar L. Energy and exergy analyses of an externally fired gas turbine（EFGT）cycle integrated with biomass gasifier for distributed power generation[J]. Energy，2010，35（1）：341-350.

[45] Karamarkovic R，Karamarkovic V. Energy and exergy analysis of biomass gasification at different temperatures[J]. Energy，2010，35（2）：537-549.

[46] 林成先，杨尚宝，陈景文，等. 煤与秸秆成型燃料的复合生命周期对比评价[J]. 环境科学学报，2009，29（11）：2451-2457.

[47] Ptasinski K J，Prins M J，Pierik A. Exergetic evaluation of biomass gasification[J]. Energy，2007，32（4）：568-574.

[48] Nguyen T L T，Gheewala S H. Fossil energy，environmental and cost performance of ethanol in Thailand[J]. Journal of Cleaner Production，2008，16（16）：1814-1821.

[49] Pa A，Bi X T T，Sokhansanj S. A life cycle evaluation of wood pellet gasification for district heating in British Columbia[J]. Bioresource Technology，2011，102（10）：6167-6177.

[50] Shafie S M，Mahlia T M I，Masjuki H H. Life cycle assessment of rice straw co-firing with coal power generation in Malaysia[J]. Energy，2013，57：284-294.

[51] Varun，Bhat I K，Prakash R. LCA of renewable energy for electricity generation systems：a review[J]. Renewable and Sustainable Energy Reviews，2009，13（5）：1067-1073.

[52] Shafie S M，Masjuki H H，Mahlia T M I. Life cycle assessment of rice straw-based power generation in Malaysia[J]. Energy，2014，70：401-410.

[53] Pa A，Craven J S，Bi X T，et al. Environmental footprints of British Columbia wood pellets from a simplified life cycle analysis[J]. The International Journal of Life Cycle Assessment，2012，17（2）：220-231.

[54] Adams P，Shirley J，McManus M. Comparative cradle-to-gate life cycle assessment of wood pellet production with torrefaction[J]. Applied Energy，2015，138：367-380.

[55] Murphy D J，Hall C A S，Powers B. New perspectives on the energy return on（energy）investment（EROI）of corn ethanol[J]. Environment，Development and Sustainability：A Multidisciplinary Approach to the Theory and Practice of Sustainable Development，2011，13（1）：179-202.

[56] Olukoya I A，Ramachandriya K D，Wilkins M R，et al. Life cycle assessment of the production of ethanol from eastern redcedar[J]. Bioresource Technology，2014，173：239-244.

[57] Corti A，Lombardi L. Biomass integrated gasification combined cycle with reduced CO_2 emissions：performance analysis and life cycle assessment（LCA）[J]. Energy，2014，29（12/13/14/15）：2109-2124.

[58] Carpentieri M，Corti A，Lombardi L. Life cycle assessment（LCA）of an integrated biomass gasification combined cycle（IBGCC）with CO_2 removal[J]. Energy Conversion and Management，2005，46（11/12）：1790-1808.

[59] 王明新，夏训峰，柴育红，等. 农村户用沼气工程生命周期节能减排效益[J]. 农业工程学报，2010，26（11）：245-250.

[60] Keoleian G A，Volk T A. Renewable energy from willow biomass crops：life cycle energy，environmental and economic performance[J]. Critical Reviews in Plant Sciences，2005，24（5/6）：385-406.

[61] Reed D，Bergman R，Kim J W，et al. Cradle-to-Gate Life-Cycle inventory and impact assessment of wood fuel pellet manufacturing from hardwood flooring residues in the southeastern united states[J]. Forest Products Journal，2012，62（4）：280-288.

[62] Farrell A E，Plevin R J，Turner B T，et al. Ethanol can contribute to energy and environmental goals[J]. Science，2006，311（5760）：506-508.

[63] Hill J，Nelson E，Tilman D，et al. Environmental，economic，and energetic costs and benefits of biodiesel and ethanol biofuels[J]. Proceedings of the National Academy of Sciences，2006，103（30）：11206-11210.

[64] Pimentel D. The limitations of biomass energy[C]//Meyers R. Encyclopedia on Physical Science and Technology. 3rd ed. San Diego：Academic Press，2001：159-171.

[65] Pimentel D. Ethanol fuels：energy security，economics，and the environment[J]. Journal of Agricultural and Environmental Ethics，1991，4（1）：1-13.

[66] Pimentel D，Patzek T W. Ethanol production using corn，switchgrass，and wood；biodiesel production using soybean and sunflower[J]. Natural Resources Research，2005，14（1）：65-76.

[67] Cleveland C J，Hall C A S，Herendeen R A. Energy returns on ethanol production[J]. Science，2006，312（5781）：1746-1748.

[68] Kucukvar M, Tatari O. A comprehensive life cycle analysis of cofiring algae in a coal power plant as a solution for achieving sustainable energy[J]. Energy，2011，36（11）：6352-6357.
[69] 李小环，计军平，马晓明，等. 基于 EIO-LCA 的燃料乙醇生命周期温室气体排放研究[J]. 北京大学学报（自然科学版），2011，47（6）：1081-1088.
[70] Baral A, Bakshi B R. Comparative study of biofuels vs petroleum fuels using input-output hybrid lifecycle assessment[R]. New York：American Institute of Chemical Engineers，2006.
[71] Zhang C，Anadon L D. Life cycle water use of energy production and its environmental impacts in China[J]. Environmental Science & Technology，2013，47（24）：14459-14467.
[72] Chang Y，Huang R Z，Ries R J，et al. Shale-to-well energy use and air pollutant emissions of shale gas production in China[J]. Applied Energy，2014，125：147-157.
[73] Schnoor J L. Water-energy nexus[J]. Environmental Science & Technology，2011，45（12）：5065.
[74] Hightower M，Pierce S A. The energy challenge[J]. Nature，2008，452（7185）：285-286.
[75] Sovacool B K, Sovacool K E. Identifying future electricity-water tradeoffs in the United States[J]. Energy Policy，2009，37（7）：2763-2773.
[76] Dominguez-Faus R，Powers S E，Burken J G，et al. The water footprint of biofuels：a drink or drive issue？[J]. Environmental Science & Technology，2009，43（9）：3005-3010.
[77] 孔德柱，王玉春，孙健，等. 燃料乙醇生产用生物原料的土地使用、能耗、环境影响和水耗分析[J]. 过程工程学报，2011，11（3）：452-460.
[78] Zhao Z Y，Yan H. Assessment of the biomass power generation industry in China[J]. Renewable Energy，2012，37（1）：53-60.
[79] Christensen T H，Gentil E，Boldrin A，et al. C balance，carbon dioxide emissions and global warming potentials in LCA-modelling of waste management systems[J]. Waste Management & Research，2009，27（8）：707-715.
[80] Searchinger T D，Hamburg S P，Melillo J，et al. Fixing a critical climate accounting error[J]. Science，2009，326（5952）：527-528.
[81] Ou X M，Zhang X L，Chang S Y，et al. Energy consumption and GHG emissions of six biofuel pathways by LCA in（the）People's Republic of China[J]. Applied Energy, 2009, 86: S197-S208.
[82] Heller M C，Keoleian G A，Mann M K，et al. Life cycle energy and environmental benefits of generating electricity from willow biomass[J]. Renewable Energy，2004，29（7）：1023-1042.
[83] de Souza S P，Pacca S，de Ávila M T，et al. Greenhouse gas emissions and energy balance of palm oil biofuel[J]. Renewable Energy，2010，35（11）：2552-2561.
[84] Tabata T，Okuda T. Life cycle assessment of woody biomass energy utilization：case study in Gifu Prefecture，Japan[J]. Energy，2012，45（1）：944-951.
[85] Moreno J，Dufour J. Life cycle assessment of hydrogen production from biomass gasification. Evaluation of different Spanish feedstocks[J]. International Journal of Hydrogen Energy，2013，38（18）：7616-7622.
[86] Yang Q，Chen G Q. Greenhouse gas emissions of corn-ethanol production in China[J].

Ecological Modelling，2013，252：176-184.
[87] Hu J J，Lei T Z，Wang Z W，et al. Economic，environmental and social assessment of briquette fuel from agricultural residues in China：a study on flat die briquetting using corn stalk[J]. Energy，2014，64：557-566.
[88] 朱金陵，王志伟，师新广，等. 玉米秸秆成型燃料生命周期评价[J]. 农业工程学报，2010，26（6）：262-266.
[89] 林琳，赵黛青，魏国平，等. 生物质直燃发电系统的生命周期评价[J]. 水利电力机械，2006，28（12）：18-23，44.
[90] Kaltschmitt M，Reinhardt G A，Stelzer T. Life cycle analysis of biofuels under different environmental aspects[J]. Biomass and Bioenergy，1997，12（2）：121-134.
[91] Cherubini F，Bird N D，Cowie A，et al. Energy-and greenhouse gas-based LCA of biofuel and bioenergy systems：key issues，ranges and recommendations[J]. Resources，Conservation and Recycling，2009，53（8）：434-447.
[92] Wang C B，Chang Y，Zhang L X，et al. A life-cycle comparison of the energy, environmental and economic impacts of coal versus wood pellets for generating heat in China[J]. Energy，2017，120：374-384.
[93] Hoefnagels R，Smeets E，Faaij A. Greenhouse gas footprints of different biofuel production systems[J]. Renewable and Sustainable Energy Reviews，2010，14（7）：1661-1694.
[94] Mckechnie J，Colombo S，Chen J X，et al. Forest bioenergy or forest carbon? Assessing trade-offs in greenhouse gas mitigation with wood-based fuels[J]. Environmental Science & Technology，2011，45（2）：789-795.
[95] Azadi P，Brownbridge G，Mosbach S，et al. Simulation and life cycle assessment of algae gasification process in dual fluidized bed gasifiers[J]. Green Chemistry，2015，17（3）：1793-1801.
[96] Butnar I，Rodrigo J，Gasol C M，et al. Life-cycle assessment of electricity from biomass：case studies of two biocrops in Spain[J]. Biomass and Bioenergy，2010，34（12）：1780-1788.
[97] Huettner D A. Net energy analysis：an economic assessment[J]. Science，1976，192（4235）：101-104.
[98] Chen H，Chen G Q. Energy cost of rapeseed-based biodiesel as alternative energy in China[J]. Renewable Energy，2011，36（5）：1374-1378.
[99] Chen G Q，Yang Q，Zhao Y H. Renewability of wind power in China：a case study of nonrenewable energy cost and greenhouse gas emission by a plant in Guangxi[J]. Renewable and Sustainable Energy Reviews，2011，15（5）：2322-2329.
[100] Chen G Q，Yang Q，Zhao Y H，et al. Nonrenewable energy cost and greenhouse gas emissions of a 1.5MW solar power tower plant in China[J]. Renewable and Sustainable Energy Reviews，2011，15（4）：1961-1967.
[101] Rosenblum J，Horvath A，Hendrickson C. Environmental implications of service industries[J]. Environmental Science & Technology，2000，34（22）：4669-4676.

[102] Rugani B，Panasiuk D，Benetto E. An input-output based framework to evaluate human labour in life cycle assessment[J]. The International Journal of Life Cycle Assessment，2012，17（6）：795-812.

[103] O'Mahoney A，Thorne F，Denny E. A cost-benefit analysis of generating electricity from biomass[J]. Energy Policy，2013，57：347-354.

[104] ISO. ISO 14041：environmental management，life cycle assessment，goal and scope definition and inventory analysis[R]. Geneva：ISO，1998.

[105] Scientific Applications International Corporatio. Life cycle assessment：principles and practice[EB/OL]. [2023.12.17]. https://nepis.epa.gov/Exe/ZyPDF.cgi/P1000L86.PDF?Dockey=P1000L86.PDF.

[106] Fava J，Consoli F，Denison R，et al. A Conceptual Framework for Life-Cycle Impact Assessment[M]. Pensacola：Society of Environmental Toxicology and Chemistry，1993.

[107] Jensen A A，Hoffman L，Møller B T，et al. Life cycle assessment（LCA）：a guide to approaches，experiences and information sources[R]. Copenhagen：European Environment Agency，1997.

[108] Mattila T J，Pakarinen S，Sokka L. Quantifying the total environmental impacts of an industrial symbiosis：a comparison of process-，hybrid and input-output life cycle assessment[J]. Environmental Science & Technology，2010，44（11）：4309-4314.

[109] Joshi S. Product environmental life-cycle assessment using input-output techniques[J]. Journal of Industrial Ecology，1999，3（2/3）：95-120.

[110] Chen G Q，Chen Z M. Carbon emissions and resources use by Chinese economy 2007：a 135-sector inventory and input-output embodiment[J]. Communications in Nonlinear Science and Numerical Simulation，2010，15（11）：3647-3732.

[111] 侯萍，王洪涛，朱永光，等. 中国资源能源稀缺度因子及其在生命周期评价中的应用[J]. 自然资源学报，2012，27（9）：1572-1579.

[112] SETAC. Evolution and Development of the Conceptual Framework and Methodology of Life-Cycle Impact Assessment[M]. Pensacola：SETAC Press，1998.

[113] 徐长春，黄晶，Ridoutt B G，等. 基于生命周期评价的产品水足迹计算方法及案例分析[J]. 自然资源学报，2013，28（5）：873-880.

[114] Zhai P，Williams E D. Dynamic hybrid life cycle assessment of energy and carbon of multicrystalline silicon photovoltaic systems[J]. Environmental Science & Technology，2010，44（20）：7950-7955.

[115] Bilec M M. A hybrid life cycle assessment model for construction processes[D]. University of Pittsburgh，2007.

[116] Sharrard A L. Greening construction processes using an input-output-based hybrid life cycle assessment method[D]. Carnegie Mellon University，2007.

[117] Suh S，Lenzen M，Treloar G J，et al. System boundary selection in Life-Cycle inventories using hybrid approaches[J]. Environmental Science & Technology，2004，38（3）：657-664.

[118] Lave L B，Cobas-Flores E，Hendrickson C T，et al. Using input-output analysis to estimate

economy-wide discharges[J]. Environmental Science & Technology，1995，29（9）：420A-426A.

[119] Bullard C W，Penner P S，Pilati D A. Net energy analysis：handbook for combining process and input-output analysis[J]. Resources and Energy，1978，1（3）：267-313.

[120] Hocking M B. Paper versus polystyrene：a complex choice[J]. Science，1991，251（4993）：504-505.

[121] Camo B. Paper versus polystyrene：environmental impact[J]. Science，1991，252（5011）：1361.

[122] Heijungs R，Suh S. The Computational Structure of Life Cycle Assessment[M]. Dordrecht：Kluwer Academic Publisher，2002.

[123] Heijungs R. A generic method for the identification of options for cleaner products[J]. Ecological Economics，1994，10（1）：69-81.

[124] 王明新，包永红，吴文良，等. 华北平原冬小麦生命周期环境影响评价[J]. 农业环境科学学报，2006，25（5）：1127-1132.

[125] 梁龙，陈源泉，高旺盛. 我国农业生命周期评价框架探索及其应用：以河北栾城冬小麦为例[J]. 中国人口·资源与环境，2009，19（5）：154-160.

[126] Hendrickson C T，Lave L B，Matthews H S. Environmental life cycle assessment of goods and services：an input-output approach[J]. Nihon Heikatsukin Gakkai Zasshi，2006，4（2）：2606-2613.

[127] Leontief W. Environmental repercussions and the economic structure：an input-output approach[J]. The Review of Economics and Statistics，1970，52（3）：262-271.

[128] Leontief W W. Input-Output Economics[M]. 2nd edn. New York：Oxford University Press，1986.

[129] Baral A，Bakshi B R. Emergy analysis using US economic input-output models with applications to life cycles of gasoline and corn ethanol[J]. Ecological Modelling，2010，221（15）：1807-1818.

[130] Chang Y. Double-tier computation of input-output life cycle assessment based on sectoral disaggregation and process data integration[D]. University of Florida，2012.

[131] Breuil J M. Input-output analysis and pollutant emissions in France[J]. The Energy Journal，1992，13（3）：173-184.

[132] Zhou S Y，Chen H，Li S C. Resources use and greenhouse gas emissions in urban economy：ecological input-output modeling for Beijing 2002[J]. Communications in Nonlinear Science and Numerical Simulation，2010，15（10）：3201-3231.

[133] 计军平，刘磊，马晓明. 基于 EIO-LCA 模型的中国部门温室气体排放结构研究[J]. 北京大学学报（自然科学版），2011，47（4）：741-749.

[134] Gerilla G P，Teknomo K，Hokao K. An environmental assessment of wood and steel reinforced concrete housing construction[J]. Building and Environment，2007，42（7）：2778-2784.

[135] Zhang Q F，Karney B，Maclean H L，et al. Life-cycle inventory of energy use and greenhouse gas emissions for two hydropower projects in China[J]. Journal of Infrastructure Systems，2007，13（4）：271-279.

[136] Shao L，Wu Z，Zeng L，et al. Embodied energy assessment for ecological wastewater treatment

by a constructed wetland[J]. Ecological Modelling，2013，252：63-71.
[137] Chen Z M，Chen G Q，Zhou J B，et al. Ecological input-output modeling for embodied resources and emissions in Chinese economy 2005[J]. Communications in Nonlinear Science and Numerical Simulation，2010，15：1942-1965.
[138] 周江波. 国民经济的体现生态要素核算[D]. 北京大学，2008.
[139] Treloar G J. Extracting embodied energy paths from input-output tables：towards an input-output-based hybrid energy analysis method[J]. Economic Systems Research，1997，9（4）：375-391.
[140] Zhang L X，Wang C B，Song B. Carbon emission reduction potential of a typical household biogas system in rural China[J]. Journal of Cleaner Production，2013，47：415-421.
[141] Hondo H，Nishimura K，Uchiyama Y. Energy requirements and CO_2 emissions in the production of goods and services：application of an input-output table to life cycle analysis[R]. Tokyo：CRIEPI Report Y95013，1996.
[142] Wang C B，Zhang L X，Liu J. Cost of non-renewable energy in production of wood pellets in China[J]. Frontiers of Earth Science，2013，7（2）：199-205.
[143] Li Y L，Han M Y，Liu S Y，et al. Energy consumption and greenhouse gas emissions by buildings：a multi-scale perspective[J]. Building and Environment，2019，151：240-250.
[144] Costanza R. Embodied energy and economic valuation[J]. Science，1980，210（4475）：1219-1224.
[145] Shao L，Chen G Q，Chen Z M，et al. Systems accounting for energy consumption and carbon emission by building[J]. Communications in Nonlinear Science and Numerical Simulation，2014，19（6）：1859-1873.
[146] Suh S，Huppes G. Methods for life cycle inventory of a product[J]. Journal of Cleaner Production，2005，13（7）：687-697.
[147] Jespersen P H，Munksgaard J. Transportindholdet i levnedsmidler：en metodesammenlingning[R]. Aalborg：Trafikdage on University of Aalborg，2001.
[148] Peters G P，Hertwich E G. A comment on "Functions，commodities and environmental impacts in an ecological-economic model" [J]. Ecological Economics，2006，59（1）：1-6.
[149] Lee C H，Ma H W. Improving the integrated hybrid LCA in the upstream scope 3 emissions inventory analysis[J]. The International Journal of Life Cycle Assessment，2013，18（1）：17-23.
[150] Suh S. Reply：downstream cut-offs in integrated hybrid life-cycle assessment[J]. Ecological Economics，2006，59（1）：7-12.
[151] Majeau-Bettez G，Strømman A H，Hertwich E G. Evaluation of process- and input-output-based life cycle inventory data with regard to truncation and aggregation issues[J]. Environmental Science & Technology，2011，45（23）：10170-10177.
[152] 韦良中. 北京市生产性服务业投入产出及影响因素研究[D]. 中国农业科学院，2009.
[153] Ukidwe N U，Bakshi B R. Thermodynamic accounting of ecosystem contribution to economic

sectors with application to 1992 U. S. Economy[J]. Environmental Science & Technology，2004，38（18）：4810-4827.

[154] 欧训民，张希良. 中国终端能源的全生命周期化石能耗及碳强度分析[J]. 中国软科学，2009，（S2）：208-214.

[155] 夏丽洪，郝鸿毅，葛玉周. 2012 年中国石油工业综述[J]. 国际石油经济，2013，21（4）：46-55.

[156] 国家发展和改革委员会. 中国物价年鉴 2013[M]. 北京：《中国物价年鉴》编辑部，2012.

[157] 国家统计局能源统计司. 中国能源统计年鉴 2013[M]. 北京：中国统计出版社，2013.

[158] Peters G，Weber C，Liu J R. Construction of Chinese energy and emissions inventory[R]. Trondheim：Norwegian University of Science and Technology（NTNU），2006.

[159] Chang Y，Huang R Z，Ries R J，et al. Life-cycle comparison of greenhouse gas emissions and water consumption for coal and shale gas fired power generation in China[J]. Energy，2015，86：335-343.

[160] 中华人民共和国水利部. 2012 年中国水资源公报[EB/OL]. [2012-12-31]. http://www.mwr.gov.cn/sj/tjgb/szygb/201612/t20161222_776052.html.

[161] Eggleston H S，Buendia L，Miwa K，et al. 2006 IPCC Guidelines for National Greenhouse Gas Inventories[M]. Hayama：Institute for Global Environmental Strategies，2006.

[162] Dhakal S. Urban energy use and carbon emissions from cities in China and policy implications[J]. Energy Policy，2009，37（11）：4208-4219.

[163] 中国气候变化国别研究组. 中国气候变化国别研究[M]. 北京：清华大学出版社，1999.

[164] 中华人民共和国国家统计局. 中国统计年鉴 2013[M]. 北京：中国统计出版社，2013.

[165] 中华人民共和国农业部. 中国农业年鉴 2013[M]. 北京：中国农业出版社，2014.

[166] Zhou J B，Jiang M M，Chen G Q. Estimation of methane and nitrous oxide emission from livestock and poultry in China during 1949-2003[J]. Energy Policy，2007，35（7）：3759-3767.

[167] Fu C，Yu G R. Estimation and spatiotemporal analysis of methane emissions from agriculture in China[J]. Environmental Management，2010，46（4）：618-632.

[168] Zhang B，Chen G Q. Methane emissions by Chinese economy：inventory and embodiment analysis[J]. Energy Policy，2010，38（8）：4304-4316.

[169] Streets D G，Bond T C，Carmichael G R，et al. An inventory of gaseous and primary aerosol emissions in Asia in the year 2000[J]. Journal of Geophysical Research，2003，108（D21）：8809.

[170] Zhang B，Chen G Q. Methane emissions in China 2007[J]. Renewable and Sustainable Energy Reviews，2014，30（5979）：886-902.

[171] 国家海洋局. 中国海洋统计年鉴 2013[M]. 北京：海洋出版社，2014.

[172] 国家统计局，环境保护部. 中国环境统计年鉴 2013[M]. 北京：中国统计出版社，2013.

[173] Zou J W，Lu Y Y，Huang Y. Estimates of synthetic fertilizer N-induced direct nitrous oxide emission from Chinese croplands during 1980-2000[J]. Environmental Pollution，2010，158（2）：631-635.

[174] Chen G Q，Zhang B. Greenhouse gas emissions in China 2007：inventory and input-output analysis[J]. Energy Policy，2010，38（10）：6180-6193.

[175] Zhao Y，Nielsen C P，McElroy M B，et al. CO emissions in China：uncertainties and implications of improved energy efficiency and emission control[J]. Atmospheric Environment，2012，49：103-113.

[176] Dixit M K，Fernández-Solís J L，Lavy S，et al. Identification of parameters for embodied energy measurement：a literature review[J]. Energy and Buildings，2010，42（8）：1238-1247.

[177] Wiedmann T O，Lenzen M，Barrett J R. Companies on the scale：comparing and benchmarking the sustainability performance of businesses[J]. Journal of Industrial Ecology，2009，13（3）：361-383.

[178] Junnila S I. Empirical comparison of process and economic input-output life cycle assessment in service industries[J]. Environmental Science & Technology，2006，40（22）：7070-7076.

[179] Wang M，Huo H，Arora S. Methods of dealing with co-products of biofuels in life-cycle analysis and consequent results within the U.S. context[J]. Energy Policy，2011，39（10）：5726-5736.

[180] The Ecoinvent Centre. Swiss Centre for Life Cycle Inventories Website[EB/OL]. [2023-12-15]. http://www.ecoinvent.org.

[181] 中国钢铁工业协会. 中国钢铁工业年鉴（2013）[M]. 北京：《中国钢铁工业年鉴》编辑部，2013.

[182] 王腊芳，张莉沙. 钢铁生产过程环境影响的全生命周期评价[J]. 中国人口·资源与环境，2012，22（S2）：239-244.

[183] 洪亮. “十二五”水泥行业投资分析[J]. 中国水泥，2011，（1）：24-29.

[184] 姜睿，王洪涛. 中国水泥工业的生命周期评价[J]. 化学工程与装备，2010，159（4）：183-187.

[185] 郭敏晓. 风力、光伏及生物质发电的生命周期 CO_2 排放核算[D]. 清华大学，2012.

[186] 杨梦斐，李兰. 水力发电的生命周期温室气体排放[J]. 武汉大学学报（工学版），2013，46（1）：41-45.

[187] 马忠海，潘自强，谢建伦，等. 我国核电链温室气体排放系数研究[J]. 辐射防护，2001，21（1）：19-24.

[188] 黄坚雄，陈源泉，刘武仁，等. 不同保护性耕作模式对农田的温室气体净排放的影响[J]. 中国农业科学，2011，44（14）：2935-2942.

[189] 胡志远，谭丕强，楼狄明，等. 不同原料制备生物柴油生命周期能耗和排放评价[J]. 农业工程学报，2006，22（11）：141-146.

[190] 武良. 基于总量控制的中国农业氮肥需求及温室气体减排潜力研究[D]. 中国农业大学，2014.

[191] 苏洁. 中国生物质乙醇燃料生命周期分析[D]. 上海交通大学，2005.

[192] Lu W，Zhang T Z. Life-Cycle implications of using crop residues for various energy demands in China[J]. Environmental Science & Technology，2010，44（10）：4026-4032.

[193] Lu F，Wang X K，Han B，et al. Soil carbon sequestrations by nitrogen fertilizer application，straw return and no-tillage in China's cropland[J]. Global Change Biology，2009，15（2）：

281-305.

[194] 罗楠. 中国烧结砖制造过程环境负荷研究[D]. 北京工业大学，2009.

[195] Zhang L X，Wang C B. Energy and GHG analysis of rural household biogas systems in China[J]. Energies，2014，7（2）：767-784.

[196] Kabir M R，Rooke B，Dassanayake G D M，et al. Comparative life cycle energy，emission，and economic analysis of 100 kW nameplate wind power generation[J]. Renewable Energy，2012，37（1）：133-141.

[197] Mongelli I，Suh S，Huppes G. A structure comparison of two approaches to lca inventory data，based on the MIET and ETH databases[J]. The International Journal of Life Cycle Assessment，2005，10（5）：317-324.

[198] 汤云川，张卫峰，马林，等. 户用沼气产气量估算及能源经济效益[J]. 农业工程学报，2010，26（3）：281-288.

[199] Dhingra R，Christensen E R，Liu Y，et al. Greenhouse gas emission reductions from domestic anaerobic digesters linked with sustainable sanitation in rural China[J]. Environmental Science & Technology，2011，45（6）：2345-2352.

[200] 邢爱华，马捷，张英皓，等. 生物柴油全生命周期经济性评价[J]. 清华大学学报（自然科学版），2010，50（6）：923-927.

[201] 朱祺. 生物柴油的生命周期能源消耗、环境排放与经济性研究[D]. 上海交通大学，2008.

[202] Dai D，Hu Z Y，Pu G Q，et al. Energy efficiency and potentials of cassava fuel ethanol in Guangxi region of China[J]. Energy Conversion and Management，2006，47（13/14）：1686-1699.

[203] Jansson C，Westerbergh A，Zhang J M，et al. Cassava，a potential biofuel crop in（the）People's Republic of China[J]. Applied Energy，2009，86：S95-S99.

[204] 薛拥军，向仕龙，刘文金. 中密度纤维板产品的生命周期评价[J]. 林业科技，2006，31（6）：47-49.

[205] 冯鹏. 油菜高产灌溉技术[J]. 农业开发与装备，2011，（6）：39.

[206] 丁文武，原林，汤晓玉，等. 玉米燃料乙醇生命周期能耗分析[J]. 哈尔滨工程大学学报，2010，31（6）：773-779.

[207] Benbi D K. Greenhouse gas emissions from agricultural soils：sources and mitigation potential[J]. Journal of Crop Improvement，2013，27：752-772.

[208] 梁靓. 生物质能源的成本分析：以燃料乙醇为例[D]. 南京林业大学，2008.

[209] 莫凡，黄忠华，廖婷，等. 木薯高效节水灌溉方式对比研究与应用探讨[J]. 黑龙江水利，2015，1（7）：17-20.

[210] Liu H T，Polenske K R，Xi Y M，et al. Comprehensive evaluation of effects of straw-based electricity generation：a Chinese case[J]. Energy Policy，2010，38（10）：6153-6160.

[211] 国家统计局. 国民经济行业分类（GB/T 4754-2011）[EB/OL]. [2023-12-15]. https://hr.tongji.edu.cn/__local/3/B3/85/B5AC34BAE481D52B18D19FAC4B8_08E03101_AAA11.pdf?e=.pdf.

[212] 霍丽丽，田宜水，孟海波，等. 生物质固体成型燃料全生命周期评价[J]. 太阳能学报，2011，32（12）：1875-1880.

[213] 胡艳霞，周连第，李红，等. 北京郊区生物质两种气站净产能评估与分析[J]. 农业工程学报，2009，25（8）：200-203.
[214] Aruga K，Murakami A，Nakahata C，et al. Discussion on economic and energy balances of forest biomass utilization for small-scale power generation in Kanuma，Tochigi Prefecture，Japan[J]. Croatian Journal of Forest Engineering，2011，32（2）：571-586.
[215] Song J H，Huang Z H，Kan W M，et al. The energy consumption and environmental impacts of biomass power generation system in China[J]. Advanced Materials Research，2012，512-515：587-595.
[216] 戴杜，刘荣厚，浦耿强，等. 中国生物质燃料乙醇项目能量生产效率评估[J]. 农业工程学报，2005，21（11）：121-123.
[217] 蒋剑春. 生物质能源应用研究现状与发展前景[J]. 林产化学与工业，2002，22（2）：75-80.
[218] Berthiaume R，Bouchard C，Rosen M A. Exergetic evaluation of the renewability of a biofuel[J]. Exergy，an International Journal，2001，1（4）：256-268.
[219] Malça J，Freire F. Renewability and life-cycle energy efficiency of bioethanol and bio-ethyl tertiary butyl ether（bioETBE）：assessing the implications of allocation[J]. Energy，2006，31（15）：3362-3380.
[220] Wang C B，Zhang L X，Zhou P，et al. Assessing the environmental externalities for biomass-and coal-fired electricity generation in China：a supply chain perspective[J]. Journal of Environmental Management，2019，246：758-767.
[221] van der Horst G H，Hovorka A J. Reassessing the "energy ladder"：household energy use in Maun，Botswana[J]. Energy Policy，2008，36（9）：3333-3344.
[222] Magelli F，Boucher K，Bi H T，et al. An environmental impact assessment of exported wood pellets from Canada to Europe[J]. Biomass and Bioenergy，2009，33（3）：434-441.
[223] 陈永生，曹光乔，张宗毅，等. 村级秸秆气化集中供气工程的技术、经济性评价[J]. 农业开发与装备，2007，（11）：11-15.
[224] Gauthier G，Jossart J M，Calderón C. Aebiom statistical report：pellet market overview[R]. Brussels：European Pellet Council，2017.
[225] 黄其励. 我国清洁高效燃煤发电技术[J]. 华电技术，2008，30（3）：1-8.
[226] 欧训民，张希良. 中国车用能源技术路线全生命周期分析[M]. 北京：清华大学出版社，2011.
[227] 袁宝荣，聂祚仁，狄向华，等. 中国化石能源生产的生命周期清单（Ⅱ）：生命周期清单的编制结果[J]. 现代化工，2006，26（4）：59-61.
[228] 丁宁，杨建新. 中国化石能源生命周期清单分析[J]. 中国环境科学，2015，35（5）：1592-1600.
[229] 国家铁路局. 2014年铁道统计公报[EB/OL]. [2015-04-27]. https://www.mot.gov.cn/tongjishuju/tielu/201510/t20151016_1906182.html.
[230] Huo H，He K B，Wang M，et al. Vehicle technologies，fuel-economy policies，and fuel-consumption rates of Chinese vehicles[J]. Energy Policy，2012，43：30-36.
[231] Fantozzi F，Buratti C. Life cycle assessment of biomass chains：wood pellet from short rotation coppice using data measured on a real plant[J]. Biomass and Bioenergy，2010，34（12）：

1796-1804.

[232] Cespi D，Passarini F，Ciacci L，et al. Heating systems LCA：comparison of biomass-based appliances[J]. The International Journal of Life Cycle Assessment，2014，19：89-99.

[233] Benetto E，Jury C，Kneip G，et al. Life cycle assessment of heat production from grape marc pellets[J]. Journal of Cleaner Production，2015，87：149-158.

[234] 庞军，吴健，马中，等. 我国城市天然气替代燃煤集中供暖的大气污染减排效果[J]. 中国环境科学，2015，35（1）：55-61.

[235] 薛亦峰，闫静，魏小强. 燃煤控制对北京市空气质量的改善分析[J]. 环境科学研究，2014，27（3）：253-258.

[236] Fu X，Wang S X，Zhao B，et al. Emission inventory of primary pollutants and chemical speciation in 2010 for the Yangtze River Delta region，China[J]. Atmospheric Environment，2013，70：39-50.

[237] Chau J，Sowlati T，Sokhansanj S，et al. Techno-economic analysis of wood biomass boilers for the greenhouse industry[J]. Applied Energy，2009，86（3）：364-371.

[238] Pa A，Bi X T，Sokhansanj S. Evaluation of wood pellet application for residential heating in British Columbia based on a streamlined life cycle analysis[J]. Biomass and Bioenergy，2013，49：109-122.

[239] Sultana A，Kumar A. Development of energy and emission parameters for densified form of lignocellulosic biomass[J]. Energy，2011，36（5）：2716-2732.

[240] 沈连峰，王谦，轩辗，等. 户用沼气池建设的节能减排和农民增收效果[J]. 农业工程学报，2009，25（10）：220-225.

[241] 赵兰，冷云伟，任恒星，等. 大型秸秆沼气集中供气工程生命周期评价[J]. 安徽农业科学，2010，38（34）：19462-19464.

[242] 吴罗发，邓顺民，廖国朝，等. 基于 CDM 的农村沼气项目经济评价[J]. 江西能源，2007，（3）：41-43.

[243]《中国电力年鉴》编辑部. 中国电力年鉴 2013[M]. 北京：中国电力出版社，2013.

[244] Liang X Y，Wang Z H，Zhou Z J，et al. Up-to-date life cycle assessment and comparison study of clean coal power generation technologies in China[J]. Journal of Cleaner Production，2013，39：24-31.

[245] 宋然平，朱晶晶，侯萍，等. 准确核算每一吨排放：企业外购电力温室气体排放因子解析[R]. 北京：世界资源研究所，2013.

[246] Luo T Y，Otto B，Maddocks A. Majority of China's proposed coal-fired power plants located in water-stressed regions[EB/OL]. [2023-12-15]. https://www.idc-online.com/technical_references/pdfs/civil_engineering/Majority_of_Chinas_proposed_Coal_Fired_Power_Plants.pdf.

[247] Odeh N A，Cockerill T T. Life cycle analysis of UK coal fired power plants[J]. Energy Conversion and Management，2008，49：212-220.

[248] 全国发电机组技术协作会. 关于公示 2012 年度全国火电 300MW 级机组能效对标及竞赛数据的通知[EB/OL]. [2016-04-22]. http://www.chinapower.com.cn/kjfwduibiao/20160422/21837.html.

[249] 全国发电机组技术协作会. 关于公示 2012 年度全国火电 600MW 级机组能效对标及竞赛数据的通知[EB/OL]. [2016-04-22]. http://www.chinapower.com.cn/kjfwduibiao/20160422/21834.html.

[250] Meldrum J，Nettles-Anderson S，Heath G，et al. Life cycle water use for electricity generation：a review and harmonization of literature estimates[J]. Environmental Research Letters，2013，8（1）：1-18.

[251] Wang M Q. GREET 1.5：transportation fuel-cycle model volume 1：methodology，development，use，and results[R]. Argonne：Argonne National Laboratory，2012.

[252] Feng K S，Hubacek K，Siu Y L，et al. The energy and water nexus in Chinese electricity production：a hybrid life cycle analysis[J]. Renewable and Sustainable Energy Reviews，2014，39：342-355.

[253] 朱艳. 大范围露天焚烧加剧雾霾 中华大地的秸秆困局[J]. 环境与生活，2013，（11）：16-19.

[254] Zhang L B，Liu Y Q，Hao L. Contributions of open crop straw burning emissions to $PM_{2.5}$ concentrations in China[J]. Environmental Research Letters，2016，11（1）：1-9.

[255] 中华人民共和国国家统计局. 中国统计年鉴 2006[M]. 北京：中国统计出版社，2006.

[256] 李书华. 电动汽车全生命周期分析及环境效益评价[D]. 吉林大学，2014.

[257] Zhao X G，Wang J Y，Liu X M，et al. Focus on situation and policies for biomass power generation in China[J]. Renewable and Sustainable Energy Reviews，2012，16（6）：3722-3729.

附　　录

附表 1　中国 2012 年投入产出表部门分类（对“石油和天然气开采产品”进行了拆分）

部门编号	部门名称	部门编号	部门名称
1	农产品	28	毛纺织及染整精加工品
2	林产品	29	麻、丝绢纺织及加工品
3	畜牧产品	30	针织或钩针编织及其制品
4	渔产品	31	纺织制成品
5	农、林、牧、渔服务	32	纺织服装服饰
6	煤炭采选产品	33	皮革、毛皮、羽毛及其制品
7	石油开采产品	34	鞋
8	天然气开采产品	35	木材加工品和木、竹、藤、棕、草制品
9	黑色金属矿采选产品	36	家具
10	有色金属矿采选产品	37	造纸和纸制品
11	非金属矿采选产品	38	印刷品和记录媒介复制品
12	开采辅助服务和其他采矿产品	39	文教、工美、体育和娱乐用品
13	谷物磨制品	40	精炼石油和核燃料加工品
14	饲料加工品	41	炼焦产品
15	植物油加工品	42	基础化学原料
16	糖及糖制品	43	肥料
17	屠宰及肉类加工品	44	农药
18	水产加工品	45	涂料、油墨、颜料及类似产品
19	蔬菜、水果、坚果和其他农副食品加工品	46	合成材料
20	方便食品	47	专用化学产品和炸药、火工、焰火产品
21	乳制品	48	日用化学产品
22	调味品、发酵制品	49	医药制品
23	其他食品	50	化学纤维制品
24	酒精和酒	51	橡胶制品
25	饮料和精制茶加工品	52	塑料制品
26	烟草制品	53	水泥、石灰和石膏
27	棉、化纤纺织及印染精加工品	54	石膏、水泥制品及类似制品

续表

部门编号	部门名称	部门编号	部门名称
55	砖瓦、石材等建筑材料	84	电池
56	玻璃和玻璃制品	85	家用器具
57	陶瓷制品	86	其他电气机械和器材
58	耐火材料制品	87	计算机
59	石墨及其他非金属矿物制品	88	通信设备
60	钢、铁及其铸件	89	广播电视设备和雷达及配套设备
61	钢压延产品	90	视听设备
62	铁合金产品	91	电子元器件
63	有色金属及其合金和铸件	92	其他电子设备
64	有色金属压延加工品	93	仪器仪表
65	金属制品	94	其他制造产品
66	锅炉及原动设备	95	废弃资源和废旧材料回收加工品
67	金属加工机械	96	金属制品、机械和设备修理服务
68	物料搬运设备	97	电力、热力生产和供应
69	泵、阀门、压缩机及类似机械	98	燃气生产和供应
70	文化、办公用机械	99	水的生产和供应
71	其他通用设备	100	房屋建筑
72	采矿、冶金、建筑专用设备	101	土木工程建筑
73	化工、木材、非金属加工专用设备	102	建筑安装
74	农、林、牧、渔专用机械	103	建筑装饰和其他建筑服务
75	其他专用设备	104	批发和零售
76	汽车整车	105	铁路运输
77	汽车零部件及配件	106	道路运输
78	铁路运输和城市轨道交通设备	107	水上运输
79	船舶及相关装置	108	航空运输
80	其他交通运输设备	109	管道运输
81	电机	110	装卸搬运和运输代理
82	输配电及控制设备	111	仓储
83	电线、电缆、光缆及电工器材	112	邮政

续表

部门编号	部门名称	部门编号	部门名称
113	住宿	127	生态保护和环境治理
114	餐饮	128	公共设施管理
115	电信和其他信息传输服务	129	居民服务
116	软件和信息技术服务	130	其他服务
117	货币金融和其他金融服务	131	教育
118	资本市场服务	132	卫生
119	保险	133	社会工作
120	房地产	134	新闻和出版
121	租赁	135	广播、电视、电影和影视录音制作
122	商务服务	136	文化艺术
123	研究和试验发展	137	体育
124	专业技术服务	138	娱乐
125	科技推广和应用服务	139	社会保障
126	水利管理	140	公共管理和社会组织

附表 2　中国 2012 年 140 部门完全资源环境负荷

部门	完全能强度/(MJ/万元)	完全水强度/(m^3/万元)	完全 GHG 排放强度/(t CO_2-eq/万元)	完全 SO_2 排放强度/(t/万元)	完全 NO_x 排放强度/(t/万元)	完全 CO 排放强度/(t/万元)	完全 $PM_{2.5}$ 排放强度/(t/万元)
1	1.11×10^{4}	5.18×10^{2}	1.92	2.20×10^{-3}	2.35×10^{-3}	2.91×10^{-2}	9.46×10^{-4}
2	1.00×10^{4}	3.80×10^{2}	1.42	1.32×10^{-3}	1.71×10^{-3}	9.30×10^{-3}	5.56×10^{-4}
3	6.14×10^{3}	1.48×10^{2}	1.52	1.23×10^{-3}	1.55×10^{-3}	1.08×10^{-2}	4.43×10^{-4}
4	7.41×10^{3}	1.18×10^{2}	1.23	1.10×10^{-3}	1.43×10^{-3}	8.87×10^{-3}	3.89×10^{-4}
5	1.03×10^{4}	6.26×10^{2}	1.55	1.43×10^{-3}	2.16×10^{-3}	1.29×10^{-2}	5.68×10^{-4}
6	2.32×10^{4}	1.84×10^{1}	4.95	3.60×10^{-3}	4.14×10^{-3}	2.78×10^{-2}	8.97×10^{-3}
7	1.76×10^{4}	1.24×10^{1}	1.99	3.06×10^{-3}	3.61×10^{-3}	1.79×10^{-2}	1.10×10^{-3}
8	2.54×10^{4}	1.24×10^{1}	2.42	3.06×10^{-3}	3.61×10^{-3}	1.82×10^{-2}	1.10×10^{-3}
9	2.90×10^{4}	2.97×10^{1}	2.91	5.37×10^{-3}	7.01×10^{-3}	2.05×10^{-2}	1.59×10^{-3}
10	2.63×10^{4}	2.54×10^{1}	2.71	5.44×10^{-3}	6.21×10^{-3}	2.46×10^{-2}	1.68×10^{-3}
11	2.41×10^{4}	2.37×10^{1}	2.58	4.96×10^{-3}	5.68×10^{-3}	2.28×10^{-2}	1.69×10^{-3}
12	2.45×10^{4}	3.04×10^{1}	2.81	4.32×10^{-3}	4.83×10^{-3}	3.42×10^{-2}	2.33×10^{-3}
13	1.14×10^{4}	3.77×10^{2}	1.70	2.40×10^{-3}	2.83×10^{-3}	2.40×10^{-2}	9.01×10^{-4}

续表

部门	完全能强度/（MJ/万元）	完全水强度/（m^3/万元）	完全GHG排放强度/（t CO_2-eq/万元）	完全SO_2排放强度/（t/万元）	完全NO_x排放强度/（t/万元）	完全CO排放强度/（t/万元）	完全$PM_{2.5}$排放强度/（t/万元）
14	1.13×10^{4}	2.79×10^{2}	1.58	2.71×10^{-3}	2.86×10^{-3}	1.98×10^{-2}	8.77×10^{-4}
15	1.07×10^{4}	3.34×10^{2}	1.57	2.38×10^{-3}	2.58×10^{-3}	2.20×10^{-2}	8.67×10^{-4}
16	1.41×10^{4}	2.72×10^{2}	1.78	3.90×10^{-3}	3.40×10^{-3}	2.07×10^{-2}	1.08×10^{-3}
17	8.03×10^{3}	1.11×10^{2}	1.34	1.69×10^{-3}	2.85×10^{-3}	1.16×10^{-2}	5.87×10^{-4}
18	9.05×10^{3}	9.37×10^{1}	1.20	1.80×10^{-3}	2.20×10^{-3}	1.08×10^{-2}	5.80×10^{-4}
19	1.22×10^{4}	2.85×10^{2}	1.65	2.92×10^{-3}	3.20×10^{-3}	2.14×10^{-2}	9.72×10^{-4}
20	1.18×10^{4}	2.03×10^{2}	1.48	3.08×10^{-3}	3.16×10^{-3}	1.82×10^{-2}	8.95×10^{-4}
21	1.11×10^{4}	9.71×10^{1}	1.47	2.97×10^{-3}	3.63×10^{-3}	1.45×10^{-2}	8.73×10^{-4}
22	1.50×10^{4}	2.08×10^{2}	1.78	4.25×10^{-3}	3.95×10^{-3}	2.07×10^{-2}	1.12×10^{-3}
23	1.29×10^{4}	1.91×10^{2}	1.59	3.14×10^{-3}	3.44×10^{-3}	1.84×10^{-2}	9.44×10^{-4}
24	1.29×10^{4}	1.70×10^{2}	1.50	3.90×10^{-3}	3.37×10^{-3}	1.74×10^{-2}	1.20×10^{-3}
25	1.28×10^{4}	1.32×10^{2}	1.45	3.12×10^{-3}	3.48×10^{-3}	1.78×10^{-2}	1.08×10^{-3}
26	5.00×10^{3}	4.91×10^{1}	5.59×10^{-1}	1.25×10^{-3}	1.28×10^{-3}	6.39×10^{-3}	4.53×10^{-4}
27	1.81×10^{4}	1.99×10^{2}	2.02	4.58×10^{-3}	4.32×10^{-3}	1.86×10^{-2}	1.42×10^{-3}
28	1.31×10^{4}	9.92×10^{1}	1.71	3.76×10^{-3}	3.80×10^{-3}	1.48×10^{-2}	1.24×10^{-3}
29	1.48×10^{4}	1.96×10^{2}	1.78	3.96×10^{-3}	3.72×10^{-3}	1.73×10^{-2}	1.26×10^{-3}
30	1.89×10^{4}	1.11×10^{2}	2.01	4.69×10^{-3}	4.59×10^{-3}	1.69×10^{-2}	1.53×10^{-3}
31	1.54×10^{4}	1.04×10^{2}	1.68	3.94×10^{-3}	3.88×10^{-3}	1.57×10^{-2}	1.33×10^{-3}
32	1.45×10^{4}	1.09×10^{2}	1.58	3.45×10^{-3}	3.61×10^{-3}	1.49×10^{-2}	1.18×10^{-3}
33	9.54×10^{3}	7.70×10^{1}	1.20	2.27×10^{-3}	2.78×10^{-3}	1.20×10^{-2}	9.14×10^{-4}
34	1.43×10^{4}	6.53×10^{1}	1.54	3.24×10^{-3}	3.57×10^{-3}	1.50×10^{-2}	1.24×10^{-3}
35	1.82×10^{4}	1.17×10^{2}	1.99	3.81×10^{-3}	4.43×10^{-3}	2.06×10^{-2}	1.50×10^{-3}
36	1.62×10^{4}	7.18×10^{1}	1.82	3.55×10^{-3}	4.10×10^{-3}	2.41×10^{-2}	1.39×10^{-3}
37	2.49×10^{4}	8.43×10^{1}	2.63	9.56×10^{-3}	7.18×10^{-3}	2.40×10^{-2}	2.79×10^{-3}
38	1.70×10^{4}	4.70×10^{1}	1.78	5.17×10^{-3}	4.63×10^{-3}	1.81×10^{-2}	1.73×10^{-3}
39	1.82×10^{4}	5.34×10^{1}	1.96	4.78×10^{-3}	4.63×10^{-3}	2.35×10^{-2}	1.59×10^{-3}
40	2.03×10^{4}	1.42×10^{1}	2.10	3.17×10^{-3}	3.73×10^{-3}	1.63×10^{-2}	1.26×10^{-3}
41	2.80×10^{4}	1.77×10^{1}	3.60	1.83×10^{-2}	1.15×10^{-2}	2.21×10^{-2}	2.27×10^{-2}
42	4.79×10^{4}	3.56×10^{1}	5.81	1.12×10^{-2}	1.05×10^{-2}	7.25×10^{-2}	5.00×10^{-3}

续表

部门	完全能强度/（MJ/万元）	完全水强度/（m^3/万元）	完全GHG排放强度/（t CO_2-eq/万元）	完全SO_2排放强度/（t/万元）	完全NO_x排放强度/（t/万元）	完全CO排放强度/（t/万元）	完全$PM_{2.5}$排放强度/（t/万元）
43	3.54×10^4	4.24×10^1	3.87	1.01×10^{-2}	8.69×10^{-3}	3.36×10^{-2}	5.40×10^{-3}
44	2.90×10^4	5.08×10^1	3.30	6.66×10^{-3}	6.72×10^{-3}	3.60×10^{-2}	2.92×10^{-3}
45	2.67×10^4	4.63×10^1	3.02	6.17×10^{-3}	6.38×10^{-3}	3.64×10^{-2}	2.82×10^{-3}
46	3.04×10^4	2.70×10^1	3.36	6.58×10^{-3}	6.74×10^{-3}	3.36×10^{-2}	2.83×10^{-3}
47	2.82×10^4	6.17×10^1	3.17	7.21×10^{-3}	6.74×10^{-3}	3.24×10^{-2}	3.65×10^{-3}
48	1.80×10^4	7.46×10^1	2.00	3.92×10^{-3}	4.37×10^{-3}	2.31×10^{-2}	1.69×10^{-3}
49	1.50×10^4	1.04×10^2	1.75	3.70×10^{-3}	4.02×10^{-3}	1.79×10^{-2}	1.20×10^{-3}
50	2.99×10^4	3.67×10^1	3.26	7.94×10^{-3}	7.58×10^{-3}	2.93×10^{-2}	3.49×10^{-3}
51	2.09×10^4	7.28×10^1	2.30	4.78×10^{-3}	5.01×10^{-3}	2.63×10^{-2}	2.15×10^{-3}
52	2.42×10^4	3.57×10^1	2.59	5.33×10^{-3}	5.64×10^{-3}	2.59×10^{-2}	2.26×10^{-3}
53	4.93×10^4	2.82×10^1	1.65×10^1	1.30×10^{-2}	1.72×10^{-2}	2.05×10^{-1}	5.83×10^{-3}
54	3.54×10^4	3.19×10^1	6.63	8.96×10^{-3}	1.17×10^{-2}	7.92×10^{-2}	4.02×10^{-3}
55	4.42×10^4	3.11×10^1	5.42	1.19×10^{-2}	1.58×10^{-2}	1.77×10^{-1}	5.73×10^{-3}
56	3.39×10^4	3.02×10^1	3.69	8.02×10^{-3}	1.01×10^{-2}	2.86×10^{-2}	3.49×10^{-3}
57	4.11×10^4	4.01×10^1	3.78	7.17×10^{-3}	9.23×10^{-3}	2.92×10^{-2}	3.14×10^{-3}
58	2.84×10^4	2.19×10^1	3.05	7.60×10^{-3}	1.01×10^{-2}	1.92×10^{-2}	3.51×10^{-3}
59	3.76×10^4	2.12×10^1	3.90	1.01×10^{-2}	1.30×10^{-2}	1.96×10^{-2}	5.19×10^{-3}
60	2.89×10^4	2.38×10^1	4.82	1.01×10^{-2}	8.24×10^{-3}	6.86×10^{-1}	5.55×10^{-3}
61	2.99×10^4	2.35×10^1	5.30	1.05×10^{-2}	8.50×10^{-3}	1.61×10^{-1}	5.57×10^{-3}
62	3.76×10^4	2.54×10^1	5.54	8.52×10^{-3}	9.70×10^{-3}	5.54×10^{-2}	3.51×10^{-3}
63	3.36×10^4	2.19×10^1	3.35	1.10×10^{-2}	8.34×10^{-3}	2.08×10^{-2}	2.39×10^{-3}
64	2.81×10^4	2.05×10^1	2.85	9.60×10^{-3}	7.14×10^{-3}	1.93×10^{-2}	2.07×10^{-3}
65	2.69×10^4	2.63×10^1	3.36	7.11×10^{-3}	6.95×10^{-3}	9.40×10^{-2}	2.90×10^{-3}
66	2.14×10^4	2.20×10^1	2.58	5.02×10^{-3}	5.02×10^{-3}	5.62×10^{-2}	2.23×10^{-3}
67	1.99×10^4	2.48×10^1	2.36	4.99×10^{-3}	5.09×10^{-3}	7.10×10^{-2}	1.98×10^{-3}
68	1.90×10^4	2.40×10^1	2.42	4.93×10^{-3}	5.03×10^{-3}	6.58×10^{-2}	2.13×10^{-3}
69	2.13×10^4	2.58×10^1	2.54	5.58×10^{-3}	5.53×10^{-3}	6.74×10^{-2}	2.08×10^{-3}
70	1.89×10^4	2.67×10^1	2.05	4.31×10^{-3}	4.78×10^{-3}	2.81×10^{-2}	1.70×10^{-3}
71	2.13×10^4	2.82×10^1	2.50	5.17×10^{-3}	5.41×10^{-3}	5.70×10^{-2}	2.04×10^{-3}
72	1.83×10^4	2.28×10^1	2.28	4.64×10^{-3}	4.84×10^{-3}	5.63×10^{-2}	2.02×10^{-3}
73	2.16×10^4	2.32×10^1	2.78	5.69×10^{-3}	5.62×10^{-3}	7.28×10^{-2}	2.57×10^{-3}

续表

部门	完全能强度/（MJ/万元）	完全水强度/（m^3/万元）	完全GHG排放强度/（t CO_2-eq/万元）	完全SO_2排放强度/（t/万元）	完全NO_x排放强度/（t/万元）	完全CO排放强度/（t/万元）	完全$PM_{2.5}$排放强度/（t/万元）
74	1.89×10^4	2.64×10^1	2.24	4.56×10^{-3}	4.90×10^{-3}	6.32×10^{-2}	1.98×10^{-3}
75	2.08×10^4	2.69×10^1	2.45	5.09×10^{-3}	5.39×10^{-3}	5.70×10^{-2}	2.10×10^{-3}
76	1.68×10^4	2.41×10^1	1.94	3.98×10^{-3}	4.31×10^{-3}	4.21×10^{-2}	1.63×10^{-3}
77	2.00×10^4	2.55×10^1	2.28	4.92×10^{-3}	5.06×10^{-3}	4.82×10^{-2}	1.85×10^{-3}
78	2.08×10^4	2.41×10^1	2.43	5.24×10^{-3}	5.29×10^{-3}	5.61×10^{-2}	2.04×10^{-3}
79	1.74×10^4	2.06×10^1	2.16	4.38×10^{-3}	4.42×10^{-3}	4.92×10^{-2}	1.85×10^{-3}
80	1.98×10^4	2.72×10^1	2.21	4.90×10^{-3}	5.00×10^{-3}	4.02×10^{-2}	1.83×10^{-3}
81	2.01×10^4	2.27×10^1	2.34	5.51×10^{-3}	5.29×10^{-3}	3.99×10^{-2}	1.92×10^{-3}
82	2.08×10^4	2.65×10^1	2.35	5.39×10^{-3}	5.41×10^{-3}	3.76×10^{-2}	1.91×10^{-3}
83	2.41×10^4	2.30×10^1	2.50	7.01×10^{-3}	6.19×10^{-3}	2.32×10^{-2}	1.89×10^{-3}
84	2.61×10^4	2.94×10^1	2.77	6.54×10^{-3}	6.60×10^{-3}	2.98×10^{-2}	2.27×10^{-3}
85	1.97×10^4	2.90×10^1	2.17	4.79×10^{-3}	5.08×10^{-3}	3.51×10^{-2}	1.77×10^{-3}
86	2.37×10^4	2.74×10^1	2.48	6.05×10^{-3}	6.03×10^{-3}	2.74×10^{-2}	1.89×10^{-3}
87	1.58×10^4	2.35×10^1	1.65	3.60×10^{-3}	3.99×10^{-3}	1.90×10^{-2}	1.29×10^{-3}
88	1.65×10^4	2.65×10^1	1.71	3.73×10^{-3}	4.22×10^{-3}	1.95×10^{-2}	1.33×10^{-3}
89	1.60×10^4	2.68×10^1	1.69	3.74×10^{-3}	4.17×10^{-3}	2.36×10^{-2}	1.32×10^{-3}
90	1.56×10^4	2.34×10^1	1.62	3.57×10^{-3}	4.01×10^{-3}	1.86×10^{-2}	1.27×10^{-3}
91	1.89×10^4	2.70×10^1	1.97	4.42×10^{-3}	4.77×10^{-3}	2.10×10^{-2}	1.49×10^{-3}
92	1.69×10^4	2.35×10^1	1.74	3.81×10^{-3}	4.52×10^{-3}	2.16×10^{-2}	1.32×10^{-3}
93	1.71×10^4	2.52×10^1	1.88	4.03×10^{-3}	4.54×10^{-3}	2.86×10^{-2}	1.48×10^{-3}
94	2.14×10^4	8.60×10^1	2.25	6.95×10^{-3}	5.30×10^{-3}	2.50×10^{-2}	3.29×10^{-3}
95	5.99×10^3	1.67×10^1	6.39×10^{-1}	1.36×10^{-3}	1.53×10^{-3}	7.93×10^{-3}	5.54×10^{-4}
96	2.46×10^4	2.82×10^1	2.70	5.66×10^{-3}	5.94×10^{-3}	4.20×10^{-2}	2.02×10^{-3}
97	1.49×10^5	2.77×10^1	1.46×10^1	2.64×10^{-2}	3.38×10^{-2}	2.04×10^{-2}	3.28×10^{-3}
98	2.24×10^4	1.46×10^1	2.29	3.52×10^{-3}	4.02×10^{-3}	1.54×10^{-2}	4.68×10^{-3}
99	3.29×10^4	3.08×10^2	3.12	5.67×10^{-3}	7.20×10^{-3}	1.37×10^{-2}	1.21×10^{-3}
100	2.25×10^4	3.11×10^1	3.57	5.91×10^{-3}	6.80×10^{-3}	6.85×10^{-2}	2.92×10^{-3}
101	2.19×10^4	2.76×10^1	3.36	5.45×10^{-3}	6.42×10^{-3}	6.65×10^{-2}	2.83×10^{-3}
102	2.52×10^4	2.71×10^1	3.08	5.69×10^{-3}	6.79×10^{-3}	4.63×10^{-2}	2.37×10^{-3}
103	1.70×10^4	4.21×10^1	2.11	4.00×10^{-3}	4.87×10^{-3}	3.49×10^{-2}	1.96×10^{-3}
104	5.58×10^3	1.10×10^1	5.25×10^{-1}	9.44×10^{-4}	1.55×10^{-3}	4.83×10^{-3}	6.43×10^{-4}

续表

部门	完全能强度/（MJ/万元）	完全水强度/（m^3/万元）	完全GHG排放强度/（t CO_2-eq/万元）	完全 SO_2 排放强度/（t/万元）	完全 NO_x 排放强度/（t/万元）	完全CO排放强度/（t/万元）	完全 $PM_{2.5}$ 排放强度/（t/万元）
105	2.14×10^{4}	2.44×10^{1}	2.00	4.35×10^{-3}	6.25×10^{-2}	1.47×10^{-2}	1.83×10^{-3}
106	2.53×10^{4}	2.11×10^{1}	2.12	2.06×10^{-3}	1.13×10^{-2}	8.50×10^{-2}	1.83×10^{-3}
107	2.95×10^{4}	2.42×10^{1}	2.48	1.96×10^{-3}	5.53×10^{-3}	1.64×10^{-2}	1.85×10^{-3}
108	3.78×10^{4}	2.45×10^{1}	3.14	2.56×10^{-3}	9.94×10^{-3}	1.60×10^{-2}	2.06×10^{-3}
109	2.74×10^{4}	2.17×10^{1}	2.44	3.32×10^{-3}	4.41×10^{-3}	1.28×10^{-2}	1.93×10^{-3}
110	3.07×10^{4}	1.71×10^{1}	2.59	2.13×10^{-3}	5.35×10^{-3}	1.88×10^{-2}	9.82×10^{-4}
111	1.59×10^{4}	1.38×10^{2}	1.70	2.55×10^{-3}	4.78×10^{-3}	2.18×10^{-2}	1.40×10^{-3}
112	1.26×10^{4}	1.90×10^{1}	1.21	2.15×10^{-3}	1.36×10^{-2}	1.36×10^{-2}	1.09×10^{-3}
113	1.82×10^{4}	8.58×10^{1}	1.66	3.40×10^{-3}	4.04×10^{-3}	1.24×10^{-2}	9.95×10^{-4}
114	8.09×10^{3}	9.53×10^{1}	9.73×10^{-1}	1.66×10^{-3}	2.17×10^{-3}	1.03×10^{-2}	7.50×10^{-4}
115	9.23×10^{3}	1.63×10^{1}	9.08×10^{-1}	1.91×10^{-3}	2.24×10^{-3}	6.81×10^{-3}	8.59×10^{-4}
116	8.69×10^{3}	1.84×10^{1}	8.87×10^{-1}	1.95×10^{-3}	2.32×10^{-3}	9.82×10^{-3}	1.09×10^{-3}
117	5.38×10^{3}	1.56×10^{1}	5.29×10^{-1}	1.02×10^{-3}	1.50×10^{-3}	5.18×10^{-3}	7.11×10^{-4}
118	4.06×10^{3}	1.48×10^{1}	3.96×10^{-1}	7.93×10^{-4}	1.01×10^{-3}	3.34×10^{-3}	5.78×10^{-4}
119	5.23×10^{3}	2.60×10^{1}	5.18×10^{-1}	1.03×10^{-3}	1.42×10^{-3}	5.13×10^{-3}	7.86×10^{-4}
120	3.39×10^{3}	1.08×10^{1}	3.39×10^{-1}	6.31×10^{-4}	8.54×10^{-4}	3.32×10^{-3}	5.60×10^{-4}
121	1.24×10^{4}	1.44×10^{1}	1.15	1.68×10^{-3}	2.41×10^{-3}	1.21×10^{-2}	1.01×10^{-3}
122	1.36×10^{4}	3.31×10^{1}	1.36	2.69×10^{-3}	3.33×10^{-3}	1.61×10^{-2}	1.34×10^{-3}
123	1.33×10^{4}	4.85×10^{1}	1.41	2.79×10^{-3}	3.65×10^{-3}	1.63×10^{-2}	1.35×10^{-3}
124	1.16×10^{4}	2.05×10^{1}	1.18	2.26×10^{-3}	2.80×10^{-3}	1.39×10^{-2}	1.25×10^{-3}
125	1.41×10^{4}	2.83×10^{1}	1.47	2.87×10^{-3}	3.86×10^{-3}	2.33×10^{-2}	1.44×10^{-3}
126	1.76×10^{4}	9.01×10^{1}	1.73	3.27×10^{-3}	5.14×10^{-3}	1.62×10^{-2}	1.25×10^{-3}
127	1.67×10^{4}	1.29×10^{3}	1.66	3.74×10^{-3}	6.75×10^{-3}	1.70×10^{-2}	1.34×10^{-3}
128	1.46×10^{4}	8.95×10^{1}	1.51	2.74×10^{-3}	3.75×10^{-3}	1.47×10^{-2}	1.27×10^{-3}
129	1.02×10^{4}	4.27×10^{1}	9.94×10^{-1}	1.91×10^{-3}	2.78×10^{-3}	8.12×10^{-3}	9.35×10^{-4}
130	1.07×10^{4}	4.34×10^{1}	1.11	2.33×10^{-3}	2.85×10^{-3}	1.43×10^{-2}	1.14×10^{-3}
131	5.38×10^{3}	2.30×10^{1}	5.32×10^{-1}	1.03×10^{-3}	1.74×10^{-3}	4.88×10^{-3}	6.43×10^{-4}
132	9.86×10^{3}	5.57×10^{1}	1.08	2.25×10^{-3}	2.93×10^{-3}	1.19×10^{-2}	1.00×10^{-3}
133	8.36×10^{3}	6.93×10^{1}	8.52×10^{-1}	1.63×10^{-3}	2.55×10^{-3}	7.34×10^{-3}	7.52×10^{-4}
134	1.32×10^{4}	3.61×10^{1}	1.33	3.34×10^{-3}	4.43×10^{-3}	1.37×10^{-2}	1.43×10^{-3}
135	7.85×10^{3}	2.51×10^{1}	8.00×10^{-1}	1.51×10^{-3}	2.43×10^{-3}	8.01×10^{-3}	9.34×10^{-4}

续表

部门	完全能强度/（MJ/万元）	完全水强度/（m^3/万元）	完全GHG排放强度/（t CO_2-eq/万元）	完全SO_2排放强度/（t/万元）	完全NO_x排放强度/（t/万元）	完全CO排放强度/（t/万元）	完全$PM_{2.5}$排放强度/（t/万元）
136	7.56×10^3	3.46×10^1	7.46×10^{-1}	1.48×10^{-3}	2.47×10^{-3}	7.55×10^{-3}	8.56×10^{-4}
137	9.73×10^3	3.72×10^1	9.42×10^{-1}	1.74×10^{-3}	2.74×10^{-3}	7.74×10^{-3}	9.39×10^{-4}
138	6.04×10^3	4.21×10^1	6.37×10^{-1}	1.28×10^{-3}	1.64×10^{-3}	6.74×10^{-3}	7.36×10^{-4}
139	4.36×10^3	1.51×10^1	4.29×10^{-1}	7.94×10^{-4}	1.50×10^{-3}	3.92×10^{-3}	5.76×10^{-4}
140	8.31×10^3	2.36×10^1	8.05×10^{-1}	1.48×10^{-3}	2.67×10^{-3}	7.66×10^{-3}	8.25×10^{-4}